高职高专教育“十二五”规划建设教材

U0821173

计算机应用基础教程

（第2版）

张士萍　李贺江　主编

中国农业大学出版社
·北京·

内 容 简 介

本书是高等职业技术院校非计算机专业的一本计算机应用教材，全书共分7章，按照循序渐进的方式介绍了计算机基础应用方面的知识，目的在于指导读者顺利地进行计算机办公自动化方面的应用。内容包括计算机的基本知识、计算机的正确操作与安全使用、Windows 7 操作系统和 Office 2007 系列软件应用，每一章后配有习题和操作提示。

图书在版编目(CIP)数据

计算机应用基础教程/张士萍，李贺江主编. —2版. —北京：中国农业大学出版社，2011.8

ISBN 978-7-5655-0378-8

Ⅰ.①计… Ⅱ.①张…②李… Ⅲ.①电子计算机-高等学校-教材 Ⅳ.①TP3

中国版本图书馆 CIP 数据核字(2011)第 158439 号

书　　名　计算机应用基础教程(第2版)

作　　者　张士萍　李贺江　主编

策划编辑　姚慧敏　伍　斌　　**责任编辑**　姚慧敏

封面设计　郑　川　　**责任校对**　陈　莹　王晓凤

出版发行　中国农业大学出版社

社　　址　北京市海淀区圆明园西路2号　　**邮政编码**　100193

电　　话　发行部 010-62731190,2620　　读者服务部 010-62732336

编辑部 010-62732617,2618　　出　版　部 010-62733440

网　　址　http://www.cau.edu.cn/caup　　**e-mail** cbsszs @ cau.edu.cn

经　　销　新华书店

印　　刷　北京鑫丰华彩印有限公司

版　　次　2011年8月第2版　　2013年10月第3次印刷

规　　格　787×980　　16开本　　19.5印张　　360千字

定　　价　29.00元

第2版前言

随着信息时代的到来和计算机信息技术的飞速发展，快速地掌握一些计算机应用的基础知识是广大计算机初学者的迫切要求，为此我们结合教学过程中的经验，在第 1 版的基础上编写了这本《计算机应用基础教程》。

在使用第 1 版的过程中我们发现，把几种软件组合在一起编写的提纲很受读者欢迎，因为初学者一般不大愿意问津单一软件书籍，他们更喜欢这种比较综合性的教材，既经济实用，又简单易学。现代社会讲究快节奏，这种综合性的教材可以使初学者快速掌握计算机日常应用所需要的基本知识，所以我们把提纲加上我们在教学过程中的一些经验、体会等写出来，并细化整理成目前的书稿。

全书在结构安排上共分 7 章，按照循序渐进的方式全面介绍了计算机基础应用方面的知识。第 1 章简要介绍了计算机的基本构成，包括计算机硬件组成及其主要技术性能指标、软件组成部分及操作系统和应用软件等方面的知识。第 2 章主要介绍了计算机的正确操作与安全使用以及几种常用中文输入法的学习。学习这两章的目的在于使读者对计算机基本原理、系统构成和正确使用有一个基本的了解，并能掌握一种以上的中文输入法。第 3 章介绍了当前最常用的操作 Windows 系统的功能与操作方法。掌握这一章的内容是学习本教材后续章节的基础，也是使用其他 Windows 操作系统和 Windows 环境下应用软件的基础。第 4 章、第 5 章和第 6 章是中文 Word 2007、Excel 2007 和 PowerPoint 2007 应用软件的使用，讲解了 Word 2007 强大的字表处理功能、Excel 2007 强大的数据处理功能和 PowerPoint 2007 强大的演示文稿制作功能以及三者的操作方法。学习这三章可以迅速提高读者的文档处理水平、数据处理水平和幻灯片的制作水平。第 7 章是网络知识，教会读者怎样上网并在网络中获取对工作或生活方面的帮助，掌握有力的信息处理工具。

本书在编写的过程中本着简明、易学、实用的原则，语言流畅、通俗易懂、图文并茂。初学者只要对照本书所讲述的内容上机操作，即可一看就懂、一学就会。

本书由辽宁农业职业技术学院张士萍、李贺江担任主编，由王佩霞、范咏红、刘福涛、史迎新、张振东和郑州牧业工程高等专科学校刘俊辉任副主编，参与编写和提出宝贵意见的人员还有金燕、范晓娟、杜晓军、张玉岚、王迎宾、李崎、田川、王莹、刘来毅、韩冬艳等。

由于编者水平所限，加上编写时间仓促，错误和不足之处在所难免，敬请广大读者、同行批评指正。

编 者

2011 年 4 月

第1版前言

随着信息时代的到来和计算机信息技术的飞速发展，快速地掌握一些计算机应用的基础知识是广大计算机初学者的迫切要求，为此，我们结合在教学过程中的经验，编写了这本《计算机应用基础教程》。

本书基础原是计算机教学方面的一个讲课提纲，在使用的过程中我们发现这种把几种软件组合在一起编写的提纲很受读者欢迎，因为初学者一般不太愿意问津单一软件书籍，他们更喜欢这种比较综合性的教材，既经济实用，又简单易学。现在什么都讲究快节奏，这种综合性的教材可以使初学者快速掌握计算机日常应用所需要的基本知识，所以我们就把提纲加上我们在教学过程中的一些经验、体会等整理出来，并细化整理成目前的书稿。

全书在结构安排上共分 9 章，按照循序渐进的方式全面介绍了计算机基础应用方面的知识。第 1 章简要介绍了计算机的基本构成，包括计算机硬件组成及其主要技术性能指标、软件组成部分及操作系统和应用软件等方面的知识。第 2 章主要介绍了计算机的正确操作与安全使用以及几种常用中文输入法的学习。学习这两章的目的在于使读者对计算机基本原理、系统构成和正确使用有一个基本的了解，并能掌握一种以上的中文输入法。第 3 章介绍了当前最常用的操作 Windows XP 系统的功能与操作方法。掌握这一章的内容是学习本教材后续章节的基础，也是使用其他 Windows 操作系统和 Windows 环境下应用软件的基础。第 4 章、第 5 章和第 6 章是中文 Word 2003、Excel 2003 和 PowerPoint 2003 应用软件的使用，讲解了 Word 2003 强大的文字处理功能、Excel 2003 强大的数据处理功能和 PowerPoint 2003 强大的演示文稿制作功能以及三者的操作方法。学习这三章可以迅速提高读者的文档处理水平、数据处理水平和幻灯片的制作水平，实现办公自动化。第 7 章是网络知识，教会读者怎样上网并在网络中获取对工作或生活方面的帮助，掌握最有力的信息处理工具。第 8 章是 FrontPage 2003 应用软件，讲解了利用 FrontPage 2003 建立个人站点和制作网页的基本方法。在读者掌握了一定的操作知识的基础上，最后在第 9 章介绍了自己怎样安装计算机操作系统和应用软件的安装和卸载，使读者能在掌握电脑知识的情况下，做到当系统出现问题时能够自己进行必要的处理，从而使计算机知识和操作水平有一个跨越式的提高。

本书在编写的过程中本着以简明、易学、实用为原则，语言流畅、通俗易懂、图文并茂。初学者只要对照本书所讲述的内容上机操作，即可一看就懂、一学就会。

本书由辽宁农业职业技术学院李贺江老师担任主编，由张士萍、王佩霞、范咏红、刘福涛、史迎新老师任副主编，金燕、范晓娟、史迎新、李崎、杜晓军等同志参编。参加编写的还有信阳农业高等专科学校商信华、江苏畜牧兽医职业技术学院徐冬寅以及黑龙江生物科技职业学院石秋丽。

由于编者水平所限，加上编写时间仓促，错误和不足之处在所难免，敬请广大读者朋友批评指正。

编　者

2007 年 6 月

目录

第1章　计算机的基本构成

本章导读

计算机是由硬件和软件两部分构成的。

所谓硬件，是指组成计算机的物理部件，包括我们平时所看到的主机箱、显示器、键盘、鼠标以及其他外部设备等实物。计算机的硬件发展很快，采用超大规模集成电路技术，上千万个晶体管可以集成在几平方毫米的硅片上，即使是巨型机，体积也只有一两个机柜那么大，占地仅一两平方米，微型机更是越做越小，不仅我们经常使用的台式机小巧美观，还有更小的便携机、笔记本电脑、掌上电脑等。这些计算机耗电小，价格便宜，个人普及率越来越高，已经成为人们工作、学习、生活中不可缺少的好助手。

计算机的软件是指使计算机实现其功能的各种程序以及开发、使用和维护程序的各种指令的集合，也就是实现人与机器交互的工具。计算机的软件发展同样很快，软件设计得易学、易用，一般都有友好的界面，形象化的图标，计算机已不再是专业人员应用的"专利"，而成为普通百姓的日常工具。

在学习计算机的应用之前。我们有必要了解一下计算机的基本构成。

第一节　计算机的基本硬件设备

计算机的基本硬件设备主要包括主机箱、显示器、键盘、鼠标以及其他可选外部设备，如音箱、打印机、扫描仪等。其中主机箱里面又有主板、CPU、内存、显卡、声卡、硬盘、光驱、软驱、电源等。下面简要介绍这些部件的名称、外部形状及基本功能。

一、主板

主板可以说是主机的整体框架，它上面除了一些重要的芯片和电路外，还有很多插槽、接口、总线等，用来接插CPU、内存、显卡、声卡，并连接其他所有部件。主板的好坏，对计算机整体性能有很大的影响。大体上说，主板上的插槽、总线，是计算机各硬件间进行数据交换的通道，它的速度将直接影响到计算机的速度；主板上的各个芯片组，对计算机的各种数据起着控制、诊断、存储、检测等作用。因此，选择一块好的主板，等于为计算机奠定了一个好的基础。图 1-1 为一款常见的主板。

图 1-1 主板

二、CPU

CPU 是英文 Central Processing Unit 的缩写，中文意思是中央处理器。中央处理器是决定计算机性能的关键部件，可以说是计算机的心脏。CPU 按功能可以分为三部分，即运算器、控制器、存储器。其中，运算器担负着计算机所有算术运算和逻辑运算任务；控制器负责读取各种指令并对指令进行分析处理，做出相应的控制；存储器是指内部寄存器，它暂时寄存运算器的运算结果，随时供运算器调用。

CPU 的发展速度令人惊叹，单以 Intel 公司生产的 CPU 为例：从 8088 到奔腾 4 经历了不到 20 年的时间，最初的 8088 集成了29 000个晶体管，主频几十兆赫兹，如今的奔腾 4 集成了1 000万个以上的晶体管，主频在2 000 MHz 到3 000 MHz 以上，是 G 时代(1 024 M 为 1 G)，现在市面上已经开始流行奔腾 4 主频在 3.0 GHz 以上的 CPU。

正因为 CPU 芯片集成度和运算速度的大幅度提高，才使得计算机对各种数据具有了前所未有的处理能力，如今的个人计算机，不仅能处理数字、文字、图形、图像，而且可以处理活动的视频信息、声音信息、三维动画等，甚至实现了部分的智能化。CPU的进一步发展，必将使计算机的功能更强大，职能化程度更高。图1-2为Socket478构架的Pentium4处理器及其Socket478插座。

图1-2　CPU和插座

三、内存

内存是用来存储计算机工作过程中产生的数据信息的，如图1-3所示。内存的容量越大，所存储的信息就越多，系统到内存中读取信息的速度就越快。内存的单位用兆字节(MB)来表示，(1 MB=1 024 KB，1 KB=1 024 B，1个汉字占两个字节，1 MB相当于50万个汉字的容量)。目前，主流计算机的内存容量一般为256 MB以上。内存的指标除了容量以外，还有时钟频率，频率越高，内存读取数据的速度就越快，目前市场上的内存频率大多是333～533 MHz。

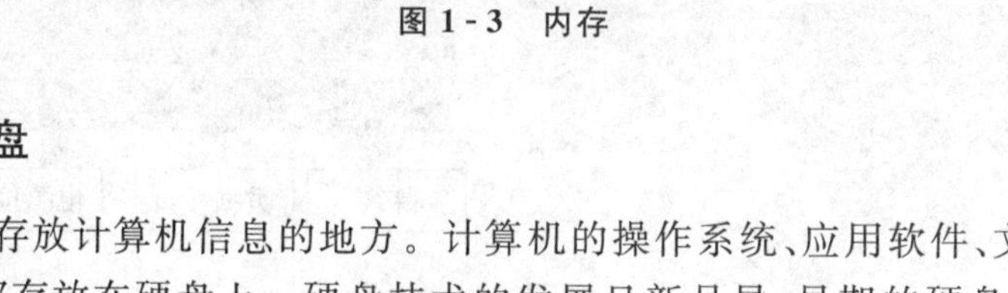

图1-3　内存

四、硬盘

硬盘是存放计算机信息的地方。计算机的操作系统、应用软件、文档、数据以及游戏等，都存放在硬盘上。硬盘技术的发展日新月异，早期的硬盘只有几十兆(MB)，后来发展到几百兆，现在的硬盘已达到几十GB(1 GB=1 024 MB)。目前市场上流行的硬盘有40 GB，60 GB，80 GB，120 GB等。硬盘容量大幅度增加，对计算机的发展功不可没，我们目前使用的各种大容量软件以及对各种图像、动画、声音信息的处理，都有赖于大容量硬盘的支持。

硬盘的技术指标主要有：转速、平均寻道时间、平均访问时间、最大内部数据传输率以及缓冲时间等。硬盘的转速是决定硬盘内部传输速率的关键因素之一，也是区分硬盘档次的重要指标。目前市场上硬盘的转速主要为7 200 r/min 以上。硬盘的其他技术指标一般用户可以忽略，如果读者需要了解这方面知识，可以查阅相关资料。

硬盘的外形如图 1-4 所示。

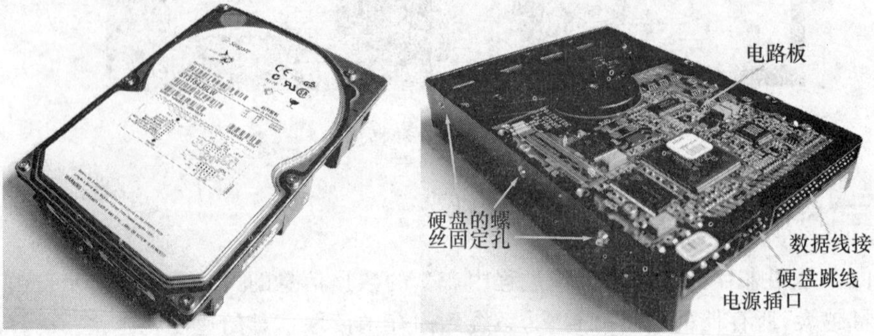

图 1-4　硬盘

五、光驱

光驱也叫 CD-ROM 驱动器。其意思是只读存储器，即只能读，不能写。光驱是用来驱动光盘的。一张光盘的存储容量一般是 650 MB，能存储较大的软件、游戏或影视节目等信息。光驱的外形如图 1-5 所示。

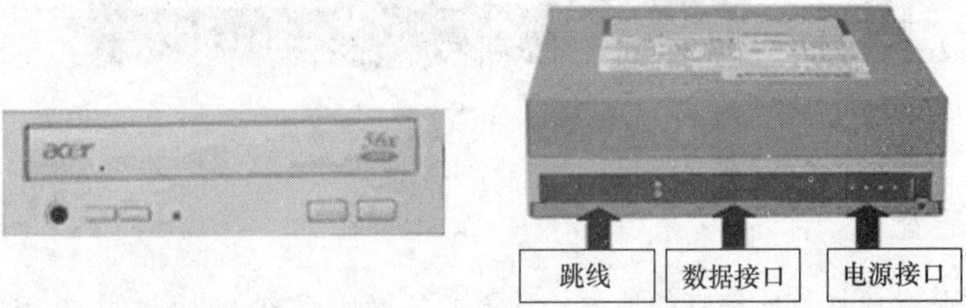

图 1-5　光驱

光驱的主要技术指标是“倍速”，光驱最初读取信息的速度是每秒 150 KB

(1 KB=1 024 B)，后来光驱读取速度成倍提高，出现了8倍速光驱、16倍速光驱，多少倍速的光驱是指每秒读取信息速度乘以倍速的系数，如目前常用的40倍速光驱，是指光驱的读取速度为每秒150 KB乘以40，即150 KB×40=6 000 KB。目前市场上有50倍速、甚至100倍速的光驱。

六、DVD-ROM驱动器

DVD(数字多功能，也称为数字影像)光盘是代替CD的下一代存储媒体。它有电影院级的声像，强大的交互功能。可存储数倍于CD-ROM的数据，DVD-ROM驱动器外观如图1-6所示。

图1-6　DVD-ROM和DVD光盘

DVD是数字视盘和数字万用盘的缩写，它是一种容量更大，运行速度更快的新一代光存储技术。虽然DVD光盘的外观和尺寸与现在广泛使用的CD光盘没有什么区别，但二者在结构上有较大不同，DVD-ROM以1 350 KB/s定义为1倍速，DVD光盘的容量是CD光盘的7～20倍。为进一步提高DVD光盘的存储容量，还采取了提高盘面利用率、减少纠错码位数、修改信号调制方式以及减少每个扇区字节数等措施，这使得DVD光盘的单面容量高达4.7 GB，是CD光盘容量的7倍多。

DVD-R/RW目前有3种可写DVD-ROM的版本，它们是DVD-R、DVD-RAM和DVD-RW。DVD-R可记录一次数据(仅能按顺序)，而DVD-RAM和DVD-RW可重写数千次。DVD-R和CD-R一样，采用有机染料聚合物技术，可与几乎所有的DVD光驱兼容。

DVD的主要特点表现在高存储量、高清晰度、高保真音效、强大的兼容性和稳定的可靠性等方面。

七、刻录机

通常将CD-R和CD-RW驱动器称为刻录机。CD-R是一种可录式光盘，非常适合存储大量的数据文件。它的尺寸和普通 CD - ROM 盘相同,只多了一层由有机染料或金属构成的记录介质层,与之配套的 CD - R 驱动器,也叫光盘刻录机,里面的激光器比标准 CD - ROM 驱动器的激光器功率要大,具有重复擦写光盘技术的驱动器就称为 CD - RW 刻录机,全称是 CD - ReWritable,代表“重复写入”技术,所使用的盘片称为 CD - RW 光盘。它不但可刻录 CD - RW 盘片,还可刻录 CD - R盘片。如图 1 - 7 所示。

刻录机有内置式和外置式两种,外置式刻录机的安装方便,密封性和散热性较好。不过其价格要比内置的贵得多,所以一般用户不使用它。内置式价格较便宜,且节省空间,内置式刻录机外形酷似光驱,它的连接和使用方式也与光驱相同。

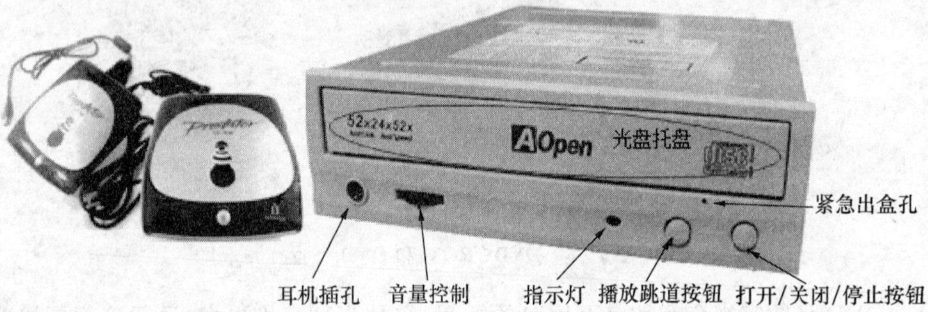

图 1 - 7 外置式与内置式刻录机

读写速度是刻录机的一个主要技术指标,与普通 CD - ROM 光驱一样,所有光存储器的读取速度都是按 150 Kbit/s 来划分。一般在刻录机的面板上都有标注“52×24×52×”之类的字样,其含义分别是当前刻录机的最大 CD 刻录速度(CD - R)/最大 CD 复写速度(CD - RW)/最大 CD 读取速度(CD - ROM)。其中的写入速度是刻录机的一个重要技术指标,写入速度直接决定了刻录机的性能、档次与价格。更快的读写速度能节约大量的时间,有效提高工作效率。目前,市场上流行的刻录机基本上是 24、32、40、52 倍速的产品。刻录的光盘也能被大多数 CD - ROM、CD - R/RW、DVD - ROM,甚至家用 VCD/DVD 机等读取,具有较好的数据兼容性。它的接口目前一般采用 SCSI 接口、IDE 接口、并口、USB 和 IEEE1394 接口。

八、可移动存储器

其实,3.5 英寸软盘就是可移动存储器,不过,近年来市场上出现了多种形式的大容量可移动存储器，即U盘，这种存储器形式多样，外观小巧优美，如图1-8所示。它的容量从32 MB一直到GB级以上，目前主流为4～16 GB，最多达64 GB以上，使用时直接插在计算机USB接口上，可以带电插拔，并且多数不用安装驱动程序。操作简单，携带方便，由于容量大，因而作用也更大。

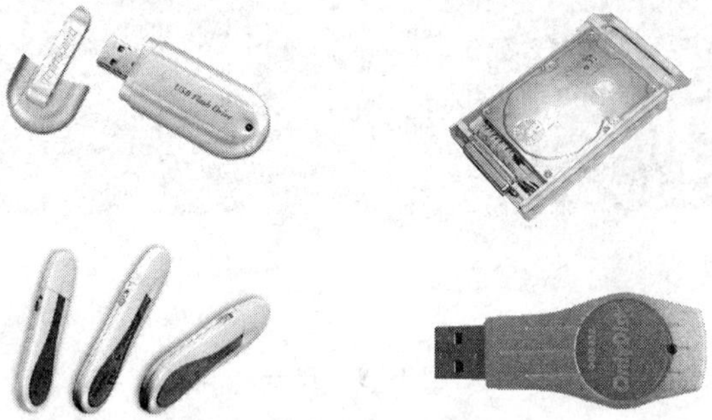

图1-8 可移动存储器

九、显卡

显卡是计算机与显示器之间的一种扩展卡。显卡的作用主要是负责图形处理，把计算机的数据传输给显示器并控制显示器的数据组织方式。如图1-9所示。有的显卡还可以把计算机信号转换成电视信号直接输出到电视机上。显卡的性能主要决定于显卡上的图形处理芯片，早期的图形处理主要由CPU负责，显卡只负责把CPU处理好的数据传输给显示器，随着Windows系统大量图形操作的应用，这些图形的处理如果全部由CPU负责，会加重CPU的负担，从而影响整机的运行。所以，现在的图形处理主要由显卡负责。显卡的性能直接决定计算机图形图像以及颜色的显示的效果。

显卡的主要技术指标主要由显存容量、显存位宽、显存类型和AGP标准决定，显存与系统内存一样，也是多多益善，显存越大，可以存储的图像数据就越多，支持的分辨率与颜色数也就越高，目前主流产品的显存容量为512 M～1 G。显存位宽指的是在一个时钟周期之内能传送的bit数，它是决定显存带宽的重要因素，与显卡性能息息相关，目前一般为128～256 bit，显存种类相同并且工作频率相同时，数据位数越大，它的性能就越高。目前主流显存类型为DDR，AGP标准为8×。

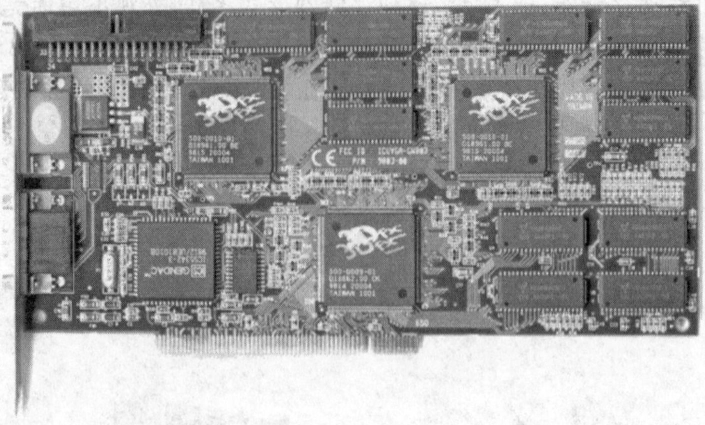

图 1-9 显卡

十、声卡

声卡(也叫音效卡),它是多媒体电脑的重要部件之一。声卡上有数/模转换芯片,可以把计算机处理过的数字音频信号转换成模拟音频信号传送给声音播放设备;还有模/数转换芯片,可以把从声源来的模拟音频信号转换成数字音频信号传送给计算机。

声卡具有录制与播放语音和音乐的功能,具有选择单声道或双声道的功能,具有声音信号的采样功能等。

声卡的技术指标主要由声卡的信号采样频率和采样精度来决定。所谓采样频率是指系统每秒钟采集声音信号的次数,模拟声音信号是由一连串表示声音高低的电压值体现的,对这些数值的采样次数越高,声音的保真度就越高。声卡的采样频率一般有 11 KHz、22 KHz、44 KHz 等;采样精度决定记录声音的动态范围,它以"位(bit)"为单位,比如 8 位,16 位。8 位可以把声波分为 256 个等级,而 16 位可以把同样的声波分为 65 536 个等级。所以,位数越高,声音的保真度就越高。图 1-10所示是一款声卡的外形图。

十一、显示器

显示器的作用是把计算机处理信息的过程和结果显示出来。显示器是计算机系统的重要组成部分,显示器质量好坏,直接影响计算机信息显示的效果。

显示器根据制造材料不同可以分为阴极射线管显示器(CRT)、液晶显示器(LCD)、等离子显示器、发光二极管显示器等,目前常用的主要是前两种显示器,如

图 1 - 11 所示。

图 1 - 10　声卡

图 1 - 11　CRT 显示器和 LCD 显示器

显示器的技术参数主要有：

(1)屏幕尺寸。屏幕尺寸是指显示器屏幕对角线的尺寸，目前市场上流行的主要有 19 英寸、21 英寸及更大的显示器。

(2)屏幕类型。早期显示器屏幕呈球面状，屏幕边缘的图像有变形。后来发展为柱面型、平面直角型，现在流行的是纯平型。

(3)点距。点距是荧光屏上两个最临近的同色荧光点间的直线距离。点距越小，显示出来的图像清晰度就会越高。现在大多数显示器采用 0.28 mm 的点距，有些高档显示器采用更小的点距，如 0.26 mm、0.25 mm 等。

(4)刷新频率。刷新频率是指图像每秒钟刷新的次数，刷新频率越低，图像的闪烁和抖动就越厉害，人的眼睛就越容易疲劳，显示器的刷新频率达到 75 Hz 时，人眼基本上感觉不到闪烁和抖动了，所以 75 Hz 的刷新频率是显示器稳定工作的最低频率。

(5)分辨率。分辨率是显示器的重要指标。分辨率与显示器屏幕大小和点距直接相关，屏幕越大，点距越小，分辨率就越高，现在显示器分辨率一般设置在

1 024×768,即 SVGA 模式,市场上销售的显示器分辨率一般达到1 280×1 024。

(6)带宽。带宽决定显示器可以处理的信息范围,带宽越宽,显示器处理的信号频率范围就越大,反映在画面上,图像的边缘就越清晰。一般情况下,带宽等于最大分辨率乘以刷新频率。不同带宽的显示器,价格相差会很大。

(7)辐射与环保。随着人们环保意识的不断增强,越来越多的用户要求使用低辐射、无公害的环保型“绿色”显示器。阴极射线管显示器由于需要工作在高电压、高脉冲状态下,所以会辐射和放射各种对人体有害的电磁波和射线,同时,用于制造显示器的各种原材料都会对环境造成不同程度的破坏。由于这些原因,国际上出现了几种关于显示器环保的认证标准,如 TCO92 及后续系列标准,就是瑞典国家测量局制定的、世界上最严格的低辐射、低放射控制和电源管理标准,符合该标准的显示器被认为是目前最安全的环保显示器。

十二、键盘和鼠标

(一)键盘

键盘是最常用的也是最主要的输入设备,通过键盘可以把英文字母、数字、中文文字、标点符号等输入计算机,从而对计算机发出指令,输入数据。

自 IBM PC 推出以来,键盘经历了 83 键、84 键和 101、102 键,后来在 102 键的基础上又增加了两个“Windows”按键,成为 104 键,我们现在常用的大多是 104 键的键盘。

在保证基本功能的前提下,键盘也有不同的形状,如图 1 - 12 所示,比如为了使人操作起来更加舒适,右边这一款键盘设计成人体工程学键盘,特别适合人两手的摆放姿势,操作起来比较轻松。

图 1 - 12 键盘

(二)鼠标

鼠标首先用于苹果电脑,随着 Windows 操作系统的流行,鼠标变成了不可缺少的工具。各种类型的鼠标如图 1 - 13 所示。

鼠标的构造有机械式和光电式两种。机械式鼠标是利用鼠标内的圆球滚动来触发传导杆控制鼠标指针的移动；光电式鼠标则是利用光的反射来启动鼠标内部的红外线发射和接收装置，使用时需要配备一块专用的感光板。光电式鼠标要比机械式鼠标定位精度高。

机械鼠标　光电鼠标　无线鼠标　网络鼠标

图 1 - 13　鼠标

鼠标有单键、双键和三键鼠标，现在还有网络鼠标和无线鼠标，网络鼠标是在双键鼠标的两键中间设置了一个滚轮，滑动滚轮可以快速翻动屏幕窗口。

无线鼠标有两种：红外无线型鼠标和电波无线型鼠标。红外无线型鼠标使用时需要对准计算机红外线发射装置，否则不起作用。电波无线型鼠标可以随时随地使用，使用起来比较方便。

此外，还有音箱、打印机、扫描仪等可选硬件设备，这里不再一一介绍。

第二节　计算机的软件

计算机软件包括系统软件和应用软件。系统软件又分操作系统、语言处理程序和服务程序等。我们这里只简要介绍操作系统和应用软件的基本概念。

初学者常常搞不清操作系统和应用软件的关系，经常有学员问到“怎么又是 98 又是2000的，到底怎么回事？”（指 Windows 98 和 Word 2000）、“我的电脑装了 Windows 2000，为什么还要再装 Word 2000？”等。其实，Windows 系列就是操作系统，而 Word 系列则是应用软件。操作系统是计算机的第一层软件，也叫操作平台，它为应用软件提供支持和服务。我们可以打个这样的比喻：假设我们要写一篇文章，写文章需要笔和纸，还需要一个操作平台，办公桌或写字台，这样才能舒适地写作。而操作系统就可以比作办公桌或写字台，应用软件就可以比作纸和笔。明白了这两者的关系，有利于我们更好地学习使用操作系统和应用软件。

一、操作系统

操作系统是计算机最基本的软件。我们常说的计算机，一般是指装有操作系统的计算机系统,而没有安装操作系统的计算机则形象地称为"裸机"。操作系统是用户与裸机的接口。它的作用是管理和控制系统的硬件资源,组织协调计算机的运行,方便用户对计算机的使用。

1. 操作系统的功能概括起来有以下四个方面

(1)对 CPU 的管理和控制。

(2)对存储器的管理和控制。

(3)对输入输出设备的管理和控制。

(4)对文件和数据的管理和控制。

2. 操作系统按使用环境的不同可以分为以下四大类型

(1)单用户操作系统。

(2)网络操作系统。

(3)批处理系统。

(4)分时/实时操作系统。

最早的 PC 操作系统主要是 DOS,DOS 是全英文的命令式操作系统,需要背诵很多英文命令语句,才能对计算机下达指令,操作起来比较麻烦。

在英文操作系统的基础上,我国开发出了 CCDOS、UCDOS 等中文操作系统。这些操作系统虽然实现了部分中文界面,但仍然需要键入英文命令语句来操作计算机。在出现了 Windows 操作系统以后,DOS、CCDOS、UCDOS 等操作系统逐渐用得少了,但仍然没有完全消失。

微软公司开发的 Windows 图形化界面操作系统,形象直观,使用简便,直接用鼠标点击图标就可以操作计算机,再不用背诵枯燥难记的命令语句,所以深受广大用户的欢迎,成为使用最多的操作系统。从 Windows 3.0、Windows 95 一直到目前流行的 Windows 98/XP/NT/2000,都是人们熟悉和喜爱的操作系统,此外还有 IBM 公司开发的 OS/2 操作系统,用于网络服务器的 Unix 操作系统以及现在比较流行的 Linux 操作系统等。

二、应用软件

应用软件是为了某些应用需要或为解决某些特定的问题而编制的程序或系统管理软件。比如我们目前使用的 Word 是中文字处理软件、Excel 是表格数据处理软件,另外还有不同用途的各种软件,如动画制作软件 Animator、3D Studio、Macromedia Flash,图像处理软件 Photoshop,网页浏览软件 Internet Explorer,网页制作软件 FrontPage、Macromedia Dreamweaver 等。此外还有各种高级语言、汇编语言的编译程序和数据库管理软件如:Borland C++、Visual Basic、Visual Fox-

Pro 等。还有诸如财务管理软件、档案管理软件，各种工业控制软件、商业管理软件，各种计算机辅助设计软件包，各种数字信号处理及科学计算程序包等。

应用软件需要在操作系统的支持下才能运行。一般情况下，基于低级操作平台的应用软件可以在升级后的同类平台中使用，而基于高级操作平台的软件不能在低级操作平台运行。也就是说，基于 Windows 98 的软件可以在 Windows 2000/XP 上运行，而基于 Windows XP 的软件不一定能在 Windows 98 上运行。

应用软件在使用前需要安装在计算机的操作系统平台上。对于已经不需要的应用软件可以删除或卸载。安装和卸载应用软件我们将在以后的章节中讲到。

习　题

一、选择题

1. 一张光盘的存储容量一般是________。

A. 650 KB　B. 650 MB　C. 720 KB　D. 1.44 MB

2. 刻录机的接口方式有________。

A. SCSI、IDE 和 PCI 接口

B. SCSI、IDE 和 AGP 接口

C. SCSI、IDE 和 PS/2 接口

D. SCSI 接口、IDE 接口、并口、USB 和 IEEE1394 接口

3. CRT 显示器屏幕刷新率为________的时候，眼睛就感觉不到闪烁。

A. 60 Hz　B. 65 Hz　C. 70 Hz　D. 75 Hz

4. 键盘和鼠标都可使用的主板接口主要是________和________。

A. COM　B. LPT　C. USB　D. PS/2

5. 市场上通常所说的高速硬盘，其转速为________。

A. 4 400 r/min　B. 5 400 r/min　C. 7 200 r/min　D. 10 000 r/min

二、简答题

1. 计算机的基本硬件设备主要包括哪些？

2. 早期的光电鼠标与新型光电鼠标在使用上有何区别？

3. 人体工程学键盘有什么特点？

4. 目前市面上常见的鼠标主要有几种？

5. 试比较 CD-ROM 与 DVD-ROM 有什么不同？

6. 刻录机的面板上类似标注“52×24×52×”之类的字样代表什么意思？

7. 操作系统的功能主要体现在哪几个方面？

8. 什么是计算机应用软件？它是用于哪些方面？

三、操作题

1. 试参观本地计算机市场，并比较各种 CPU 的差异。

2. 试找出一根内存条，识别其内存芯片的标志。

3. 有一根 256 MB 的 PC－133SDRAM 安装后只能识别 128 MB，试分析原因。

4. 试找出一块显卡，识别其基本结构。

5. 结合主板 AGP 插槽比较不同的 AGP 接口。

6. 试找出一块声卡，认识基本结构。

7. 分别观察 AT 机箱和 ATX 机箱，说出各自的结构特点。

第 2 章　计算机的基本操作

本章导读

在计算机应用的过程中，最直接地对计算机硬件部分的操作主要有开机、关机和使用键盘及鼠标。这些操作都非常简单，但要掌握一些基本知识和方法，掌握了这些基本知识和方法，会有助于保护机器和提高操作效率。下面我们就来介绍怎样正确开机和关机，怎样正确使用键盘和鼠标。

第一节　正确开机和关机

一、正确开机

当我们坐下来，准备使用计算机时，第一次打开电源的顺序应该是先开显示器电源；如果还要使用其他外围设备，比如要听音乐，先打开音箱电源；要上网，先打开调制解调器电源；如果准备打印文件，再把打印机电源打开；外围设备电源都打开以后，再打开主机电源。

打开主机电源以后，需要等待一会，这是因为计算机在进行自检运行，等计算机自检一切正常后，就会出现 Windows 桌面。如果你的计算机连接了局域网，第一次开机时桌面通常会有一个对话框，提示输入密码，如果有密码，输入密码后用鼠标左键单击“确定”，否则单击“取消”，即出现开始界面。

二、正确关机

计算机的关机不能像其他家用电器一样，直接关闭电源，因为直接关闭电源，计算机还处于工作状态，程序正在运行，突然断电会造成数据丢失，如果计算机正在往硬盘上写入数据，可能会造成硬盘文件结构或目录结构的破坏，严重时甚至会造成硬盘的物理损坏或其他硬件的损坏。

所以，关闭计算机必须按照正确的顺序：先关闭我们已打开的所有工作窗口。

图 2-1 关机对话框

然后用鼠标单击“开始”菜单按钮。在弹出的菜单中单击“关闭系统”，这时系统会弹出如图 2-1 所示的关机对话框。

关机对话框有 3 个选项，分别为：

(1)“待机”：如果你有一段时间不操作计算机，但也没必要关闭计算机时，可以选择此项，这是 Windows XP 设计的节电保护功能，计算机待机时，整个系统处于低功耗状态，这样您就能快速恢复您的 Windows 会话。将鼠标放在待机按钮上，系统提示：要将计算机处于休眠状态，按住【Shift】键，然后用鼠标左键单击该项图标，然后单击“是”，计算机便转入待机状态，同时关闭计算机。如果要继续使用计算机，可重新给计算机加电，系统便恢复至休眠前工作状态。

(2)“关闭”：要关闭计算机时，单击“关闭”按钮，系统提示是否真的关机，单击“是”。计算机便进行关机过程，现在的计算机一般都在关机过程中自动断电，不需要我们再按下电源开关，只把外围设备的电源关闭即可；稍老一点的计算机，在关机过程完毕后，会显示“现在可以安全地关闭电源了”的字样，这时可以按下计算机电源开关。

(3)“重新启动”：如果我们在操作的过程中需要重新启动计算机，我们可以选中这一项，当单击“重新启动”按钮时，计算机就会在关闭后立即重新启动进入 Windows 系统。

三、计算机出现“死机”后的三种启动方式

计算机在运行的过程中，有时会由于种种原因而出现“死机”现象，“死机”后要遵循以下三种重新启动计算机的方式：

(1)热启动：同时按下【Ctrl】、【Alt】、【Del】3 个键，如图 2-2 所示，计算机便重新启动；有时进行完这一步操作后，屏幕出现对话框，显示“结束任务”、“等待”、“关机”等字样，你可以单击“结束任务”，计算机才能重新启动，有时一次不行，得再次重复按下上述 3 个热启动键才能奏效。

(2)按下复位按钮：如果上述操作还不能热启动计算机，则可以按下主机箱上的复位按钮【Reset】让计算机重新启动。

(3)按下电源开关：如果前两种方法都不能启动计算机则只好按下电源开关 4 秒钟后松开，就如同第一次开机一样，这是不得已的行为，因为在“死机”的情况下直接关闭电源开关对计算机损害很大。

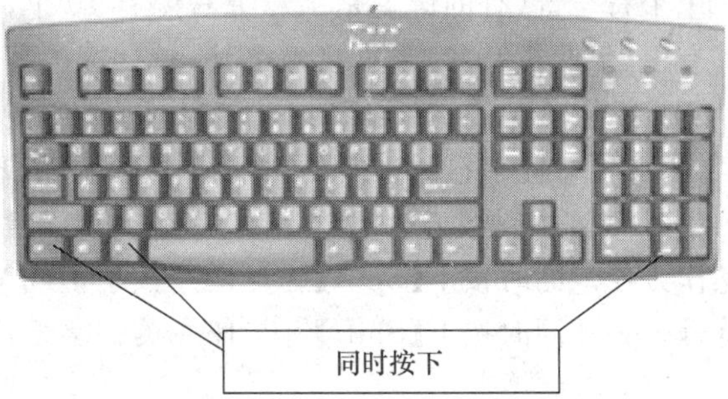

图 2-2　热启动计算机

第二节　认识和使用键盘

键盘是计算机系统必不可少的也是最主要的输入设备，如图 2-3 所示。我们可以通过键盘把信息和指令输入到计算机，从而指挥计算机工作。

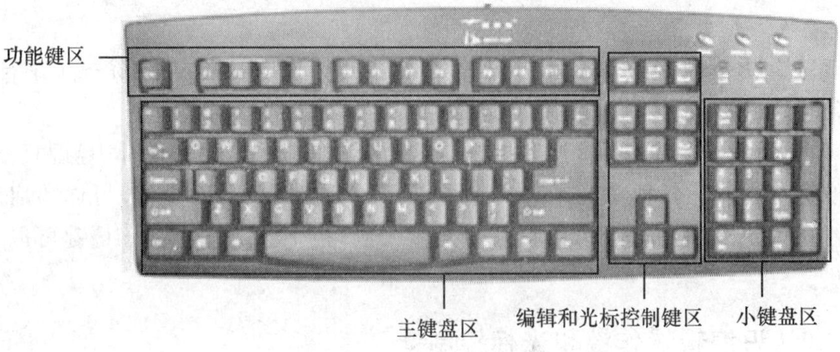

图 2-3　认识键盘

键盘大体上可分为 4 个部分，即功能键区、主键盘区、编辑和光标控制键区、小键盘区。

一、认识主键盘

主键盘是我们平时用得最多的部分。主键盘区主要包括：

(1)英文字母键。26 个英文字母键可以作为英文字母输入，也可以作为中文拼音字母或五笔字符码输入。

(2)数字、符号键。在英文字母键的上方有 0～9 共 10 个阿拉伯数字键，在英文字母键右侧，有 11 个符号键(有的键盘是字母键右侧有 10 个，左侧有 1 个)，这组符号键键面上都有上、下两排符号，当直接敲击某一键时，屏幕上显示的是该键下排符号，当需要输入上排符号时，必须同时按下【Shift】键与该键，如数字键【2】的上排字符是“@”，当要输入此字符时，必须同时按下【Shift】与【2】键。

(3)【Shift】键：上档键。主键盘左右两边各有一个【Shift】键，功能相同，这种重复设置是为了操作方便。同时按下【Shift】键与任一数字键或符号键，输入数字或符号键的上排符号。另外同时按下【Shift】键与任一英文字母，可以输入该英文大写字母。

(4)【Caps Lock】键：大写字母锁定。主要用于连续输入大写字母。计算机启动后，直接敲击英文字母键输入的是小写字母，按下该键，键盘右边的【Caps Lock】指示灯点亮，此时输入的英文字母为大写字母。如果要恢复小写字母，再按一次【Caps Lock】键即释放大写字母锁定。

(5)【Enter】键：回车换行。如果输入过程中，需要换行可以按回车键。另外，按下此键也可以作为某项执行操作的确认键。

(6)空格键。键盘最下面的长键为空格键，按下此键输入空格或确认某项操作。

(7)【Backspace】键：退格。每按一次该键，光标后退一格，并删除一个字符。

(8)【Esc】键：退出。此键用于退出菜单或中断正运行的程序。

(9)【Alt】和【Ctrl】键：转换和控制。这两个键的操作方法与【Shift】键相似，常与其他键组合执行各种功能，如按下【Ctrl】+【Alt】+【Del】三个键，可以热启动计算机；按下【Ctrl】+空格键可以打开中文输入法；按下【Ctrl】+【Shift】键可以切换输入法。

二、认识编辑操作键和光标控制键

编辑操作键和光标控制键区位于主键盘区与数字小键盘区的中间。

(1)光标控制键：光标控制的四个键分别用【←】、【↑】、【↓】、【→】表示，按任一键光标按箭头方向移动一个格。

(2)【Insert】键：插入。该键用于插入和改写转换，当在插入状态时，可以把光标插入屏幕上任何位置进行插入输入，即在一行字中间插入光标，每输入一个字，光标连同后面的字一同后移一个格；按一次该键，变为改写状态，这时，如在一行字中间插入光标，每输入一个字，后面的一个字便被自动覆盖掉。

(3)【Delete】键：删除。每按一次该键，删除光标右边一个字符，同时光标右边的所有字符向左移动一格。

(4)【Home】键:按该键光标移到行首。同时按下【Ctrl】+【Home】光标移到文档的开头。

(5)【End】键:按该键光标移动到行尾。同时按下【Ctrl】+【End】光标移到文档的结尾。

(6)【Page Up】键:按该键光标上移一屏。

(7)【Page Down】键:按该键光标下移一屏。

(8)【Print Screen】键:屏幕打印。单独按下此键,可以把屏幕显示的所有内容转换成图画存放在剪贴板上,同时按下【Alt】键和该键,可以将活动窗口的内容转换成图画存放在剪贴板上,用【Ctrl】+【V】可将其粘贴到需要的地方并修改存储。同时按下【Shift】键和该键,可以把屏幕显示的内容在打印机上打印出来。

(9)【Scroll Lock】键:屏幕暂停。按下该键暂停屏幕滚动。当打开电源,计算机进行自检时按下该键,可以暂停屏幕滚动,以便查看计算机配置。

(10)【Pause】键:暂停。按下此键屏幕暂停显示,再按一次屏幕恢复显示;同时按下该键和【Ctrl】键,可强制中止程序运行。

三、认识功能键

功能键区位于键盘最上面一排。每一个键的功能由软件定义,一般的【F1】为帮助键,按下【F1】可以获得帮助。

四、认识小键盘

小键盘位于键盘的最右边,其实小键盘区的键几乎全是其他键区键的重复。这种重复键的设置,主要是为了提高纯数字的输入速度,小键盘可以一只手操作。

小键盘的 10 个数字键都是上、下两档,除了上档的数字键以外,下档还有与编辑操作键区相同的符号键。上、下两档的功能转换由数字锁定键【Num Lock】来控制。该键位于小键盘上方。按下该键,其上方的指示灯亮,表示锁定在数字状态,这时可以输入数字。再次按下该键,指示灯灭,锁定在编辑状态,数字输入无效。

五、操作键盘的姿势

操作键盘时要保持的姿势如图 2-4 所示。

(1)平坐在椅子上,腰背挺直,稍偏于键盘右方,肩膀放平,肌肉放松,两脚平放在地上,身微向前倾。

图 2-4 操作键盘时保持的姿势

(2)手腕和肘部成一直线,手指弯曲自然适度,轻放于基本键上,手臂不要张开。

(3)将显示器屏幕调整到合适的位置。

六、指法练习

1. 十指分工

打字时可以把键盘划分为左右两部分,左手打左边部分,右手打右边部分,每个字母键都由固定的手指负责,十指分工如图 2-5 所示。

图 2-5 所示的这种十指分工法是一种比较科学的分工方法,这种方法把看似复杂的键盘变得简单了。而且这种分工是快速、准确地进行键盘输入的基本保证。有不少使用电脑的人,不按这种指法分工进行练习,如操作时不使用小指和无名指,这样最初运用起来好像很简便,但速度无法提高,并且时间长了想改掉这个习

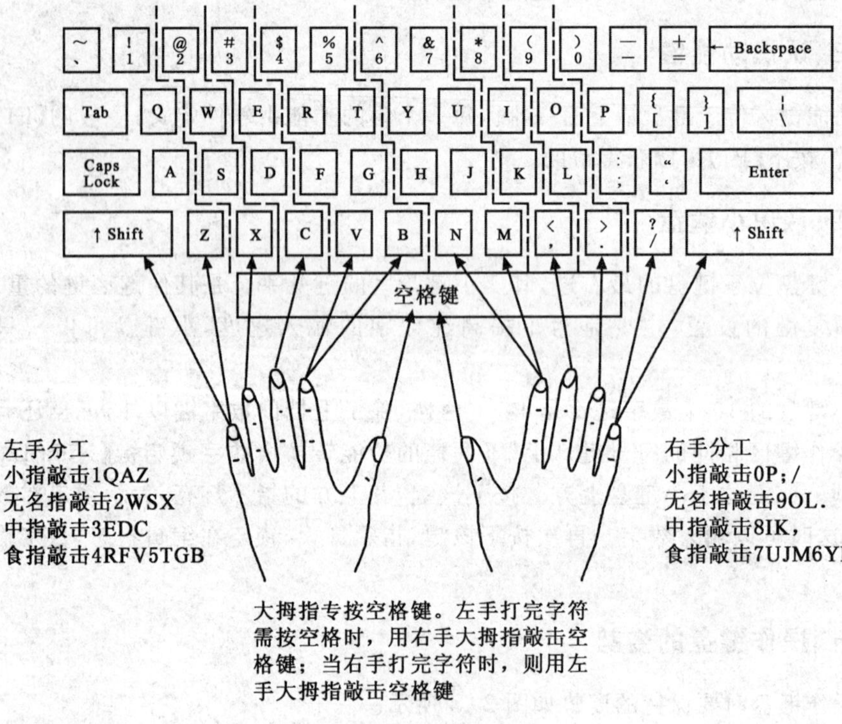

图 2-5 十指分工图

惯还非常困难。所以初学者一定要按照正确的指法分工进行学习和训练，为快速操作计算机打下基础。

由图 2-5 可以看出，操作键盘以【G】键和【H】键之间的缝隙为界分为左、右两部分，分别由左、右手负责，其中，食指最灵活，所以左、右食指各负责两纵排的按键，中指和无名指各负责一纵排的按键，小指负责其他按键，大拇指负责空格键。

功能键【Shift】、【Ctrl】、【Alt】都是在按住其中一个时敲击字母或数字键才能起作用，为了便于操作，主键盘的左右两边都设置了这三个键，当需要同时敲击的键在左边时，就用右手按右边的功能键，否则就用左手按左边的功能键。

初始指态

初始指态是键盘操作开始和进行时的基本手指状态。我们按照十指分工把双手放在基本键位上，即左手从大拇指往左边其余手指的顺序为【F】、【D】、【S】、【A】，右手从大拇指往右其余手指的顺序为【J】、【K】、【L】、【;】，这时，我们的左、右手食指会触摸到【F】和【J】键面上有一个小小的凸条，这就是基本键位的标志，我们每次都可以以此标志找到初始指态的键位，这也是练习盲打的重要标记。

2. 击键方式

击键时，手腕要平直，手臂基本保持不动，击键的动作主要是手指的动作。

手指要保持自然弯曲，指尖垂直向下击键，不要平击，平击会触及到其他不该击的键。

击键时应该是击键指单独的动作，其他指应保持不动。击键要快、有弹性，不要形成“按”的动作，因为对按键按压时间过长会形成对按键的“连击”。

对距离较远的按键，需要移动手臂后去击键，但击键后要立即恢复到初始指态。

3. 打字练习

有些学习计算机的人不重视打字练习，认为自己不是搞文秘工作的，将来也不做文字录入工作。其实这种想法是不正确的，文字处理是计算机应用的重要部分，每个会计算机的人，或多或少都要遇到自己键入文字的情况，不管中文的还是英文的。所以，练习打字，对使用计算机是很有意义的。

打字练习一般先练习英文打字。在对英文 26 个字母熟悉之后，再练习中文打字。现在有很多练习打字的软件，如“TYPE”、“乖乖熊打字学习班”、“打字高手”等，都是练习中英文打字的软件，可以选择适合自己的来练习。

第三节 使用鼠标

在 Windows 图标界面环境下，除了键盘以外，鼠标是一个非常重要而又十分

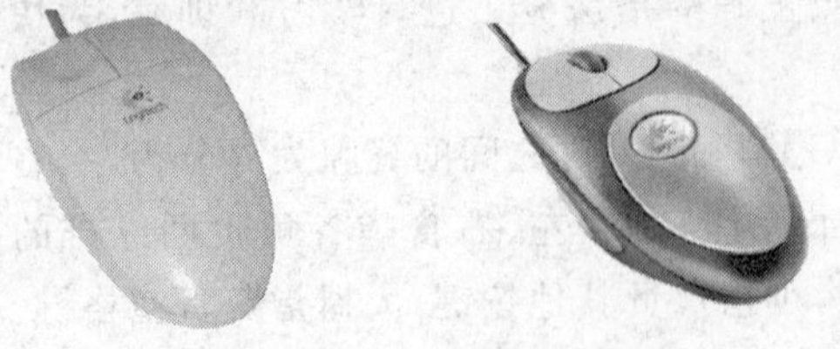

图 2-6 两键鼠标和网络鼠标

方便的工具。我们可以使用鼠标向计算机发出各种不同的指令。

首先来认识鼠标：鼠标上有两个键，左键和右键（还有三键鼠标），有的鼠标两键中间还有一个滑轮，叫做网络鼠标。图 2-6 所示是两键鼠标（左）和网络鼠标（右）。

鼠标的左键和右键分别具有不同的功能，一般来说，左键为主键，大多数任务由左键完成。左键和右键可以根据不同的人的用手习惯在 Windows 控制面板中进行设置，比如有左手习惯的人即左撇子可以把右键设置成主键（这将在后面的“个性化设置”中讲解）。

右键通常用来快速完成一般的任务，比如用右键单击某项目，则会弹出一个下拉菜单，显示与此项目有关的命令。右键的功能很有用而且操作简单快捷。如果对右键操作不大习惯，也可以用鼠标左键加菜单完成相同的任务。

网络鼠标主要是为快速浏览网页设计的，滑动鼠标上的滑轮，可以快速滚动屏幕内容，供用户快速查看。

鼠标的基本操作有以下几种：指向、光标定位、单击、双击、右击和拖动，下面分别介绍。

一、指向

当我们拖动鼠标时，鼠标指针就跟着移动，将鼠标指针移动到需要操作的对象上，就叫做“指向”。比如鼠标指向某一菜单对象，该对象的下方就出现说明其功能的文字或显示被“选中”的高亮状态，如图 2-7 所示，鼠标指向“更改文字方向”按钮，该按钮的下方出现说明其功能的文字（这需要事先设置好）。

图 2-7 “指向”

二、光标定位

光标定位一般用于文档操作中，当我们要在某一位置进行操作时，就把光标移动到该位置，并单击鼠标，光标就定位在这一位置上了。比如我们要在一行字符中间插入新的文字，我们就拖动鼠标，当光标移动到选定的位置时，单击一下鼠标左键，这时在目标位置就出现一个闪动的黑色竖线“|”，表示光标已经定位在选好的插入点，可以输入文字了。

三、单击

迅速按下并松开鼠标左键一次，叫“单击”。如果不做特殊说明，一般是指单击鼠标的左键。单击一般用来定位光标或选中目标，当我们把鼠标指向某一图标或按钮并单击鼠标时，所指的图标或按钮会改变颜色，这叫选中。有的程序单击也可以执行操作功能，这要根据不同软件而定。

四、双击

双击就是连续快速按下并松开鼠标左键两次。双击一般是执行操作。如果双击时连续的速度较慢，即中间间隔时间太长，计算机会把双击认为是两次单击，而不做双击处理。在 Windows 控制面板中可以调节双击的间隔时间，以便适合操作者的个人习惯，这将在后面的“个性化设置”中讲解。

五、右击

右击就是单击鼠标右键。右击是非常重要而简便的操作，通常在某一个地方右击鼠标，就会出现一个针对该区域的工具菜单，在菜单上会出现针对当前操作项目的其他各项操作列表，供操作者选择，选定哪个项目，就可以单击鼠标执行该项操作功能，使用这种方法可以提高操作效率。

六、拖动

拖动就是用鼠标移动屏幕上的操作对象。拖动的方法是：先把鼠标指向要移动的对象，然后按下鼠标左键不松开，接着拖动鼠标，这时屏幕上的对象会随着鼠标的移动而移动，当操作对象移动到目标位置时，松开鼠标左键，拖动完成。Windows 可以使用鼠标左键拖动，也可以使用鼠标右键拖动，这两种拖动操作的效果是完全相同的，在不做特别说明的情况下，“拖动”主要是指使用鼠标左键拖动。

七、选中

选中操作实际是以上操作方法的综合应用。选中也叫做“激活”或“涂黑”，是操作者把要操作的对象告诉计算机。我们的每一项操作都是针对特定对象的，要对该对象进行操作，必须先要选中它，被选中的对象会改变颜色。一般有以下几种选中操作：

(1)选中图标，默认的情况下，单击图标可以选中。由于 Windows 98 内置了

IE 5.0 浏览器，因而支持鼠标单击即可执行的方式。所以只需要把鼠标移动到要选中的图标上稍停片刻，即可看到图标被选中了，被选中的图标改变了颜色，如图 2-8 所示。

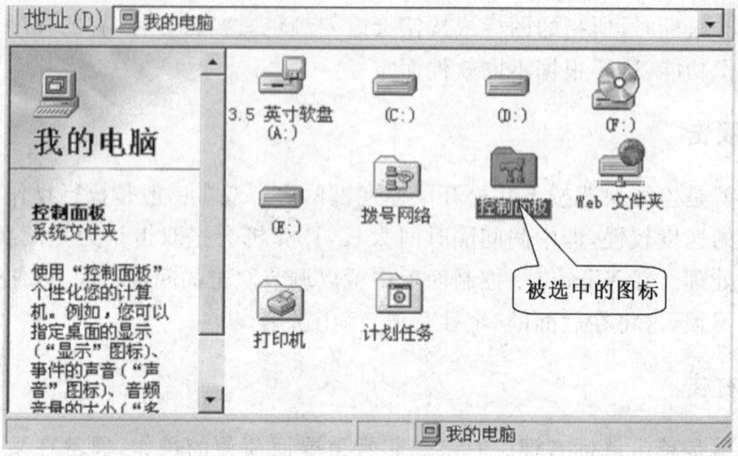

图 2-8 选中图标

(2)选中文字，要选中一段文字，先把鼠标放在这段文字的第一个字前面，这时鼠标光标变成一条垂直竖线，然后按下鼠标左键不放，拖动鼠标直到这段文字的最后一个字，这时放开鼠标，这段文字便被选中了，选中的文字背景改变了颜色，如图 2-9 所示。

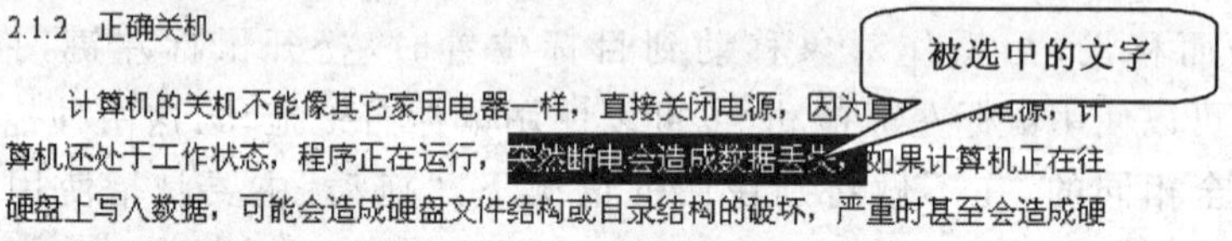

2.1.2 正确关机

计算机的关机不能像其它家用电器一样，直接关闭电源，因为直接关闭电源，计算机还处于工作状态，程序正在运行，突然断电会造成数据丢失，如果计算机正在往硬盘上写入数据，可能会造成硬盘文件结构或目录结构的破坏，严重时甚至会造成硬盘的物理损坏或其它硬件的损坏。

图 2-9 选中文字

(3)选中窗口，当屏幕上同时打开两个以上窗口时，可以选择当前窗口或活动窗口，要把某一窗口选择成当前窗口，即要操作的窗口，就要选中它。选中窗口最简便的方法是单击该窗口的标题栏，也可以在任务栏单击窗口图标，或者直接在该窗口的空白处单击鼠标，这几种方法都可以选中窗口。被选中的窗口标题栏是亮的，如图 2-10 所示。

图 2-10　选中窗口

第四节　中文输入法

中文输入法的种类很多，Windows 中就预装了几种中文输入法，我们可以根据自己的情况决定使用哪种输入法，如果系统没有我们要使用的输入法，可以添加输入法，也可以把不需要的输入法删除掉。

下面我们介绍怎样打开输入法、怎样添加和删除输入法以及几种常用的输入法。

一、怎样打开中文输入法

计算机开机的初始状态下，键盘默认的一般是英文状态，要输入中文需要打开中文输入法，打开中文输入法的操作方法有两种：

1. 快捷键

同时按下【Ctrl】＋空格键可以打开或关闭中文输入法；同时按下【Ctrl】＋【Shift】可以切换不同的输入法。

不同的计算机的快捷键的设置可能不同，可以通过“输入法属性”对话框来查看和设置相应的快捷键。

2. 鼠标操作

在桌面窗口最下面的“任务栏”上有一个小图标，这就是输入法状态指示器，当前图标显示的是英文状态，鼠标单击该图标，会弹出一个下拉菜单，如图

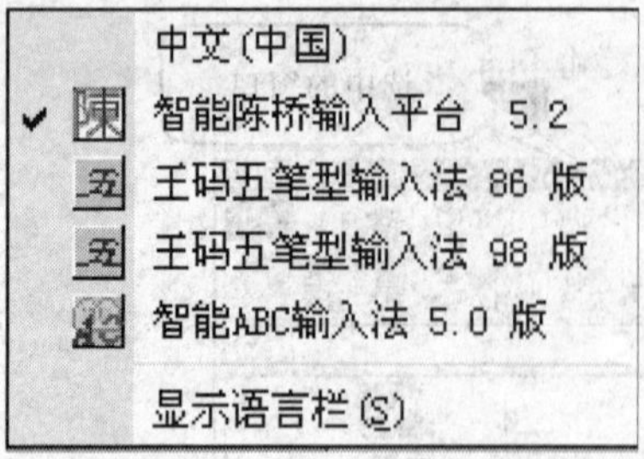

图 2-11 选择输入法

2-11所示，在菜单中单击想要选择的输入法菜单选项即可。

二、添加和删除中文输入法

如果上图所示的输入法菜单里没有我们想要的输入法，可以添加输入法，也可以把不想要的输入法删除，添加或删除输入法，其操作步骤如下：

(1)单击“开始”菜单，指向“设置”菜单中的“控制面板”，打开“控制面板”应用程序窗口。

(2)双击“区域和语言选项”打开“区域和语言选项”对话框。

(3)选择“语言”标签，出现如图 2-12 所示的“区域和语言选项”对话框。

(4)单击“详细信息”按钮，出现如图 2-13 所示的“文字服务和输入语言”对话框。

(5)如果要删除输入法，在“输入法”下拉列表中选中要删除的输入法，单击“删除”按钮即可删除该输入法。

(6)如果要添加输入法，单击“添加”按钮，则出现“添加输入法”对话框。

(7)在“键盘布局/输入法”下拉列表中选中要添加的输入法，单击“确定”按钮，添加输入法成功。

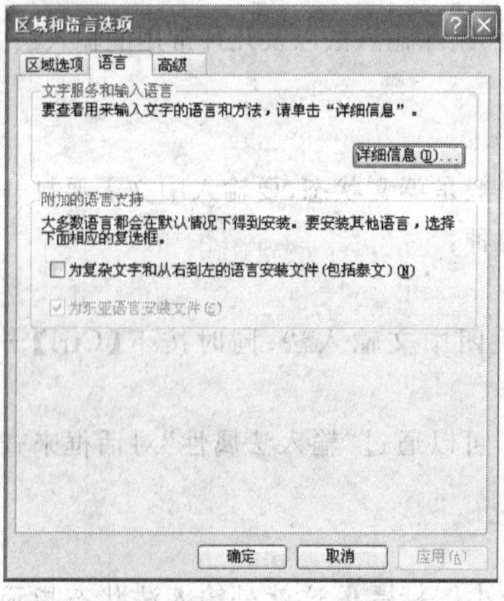

图 2-12 “区域和语言选项”对话框

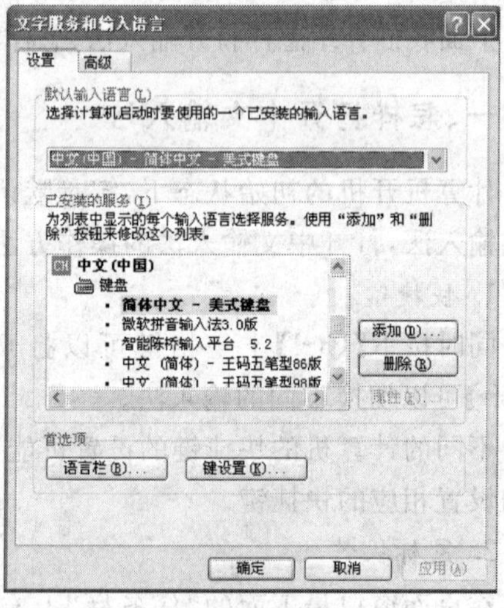

图 2-13 “文字服务和输入语言”对话框

在输入法属性对话框中，单击“热键”标签，打开“热键”标签页面，可以设置各种快捷键，如打开/关闭中文输入法快捷键、输入法之间切换的快捷键、全角/半角切换快捷键等。

三、使用“微软拼音输入法”

(一)启动“微软拼音输入法”

单击任务栏输入法状态指示器打开输入法下拉菜单，单击“微软拼音输入法”，这时弹出微软拼音输入法状态条，如图 2-14 所示。

图 2-14　微软拼音输入法状态条

图 2-14 所示的状态条从左至右依次是输入法切换、中/英文切换、全/半角切换、中/英文标点切换、软键盘开关、简/繁体字切换、手写输入板、功能设置和帮助等。这些看起来好像很复杂，其实只有“功能设置”项需要设置一下，其他几项相信大家一看就会明白。当然，每一种输入法都有它独有的使用技巧，掌握了这些技巧，可以大大提高输入的速度。

(二)微软拼音输入法的设置

微软拼音输入法的设置如下：在微软拼音输入法状态栏中单击“功能菜单”按钮，出现如图 2-15 所示的菜单。

单击“属性”，打开如图 2-16 所示的“微软拼音输入法属性”对话框窗口。

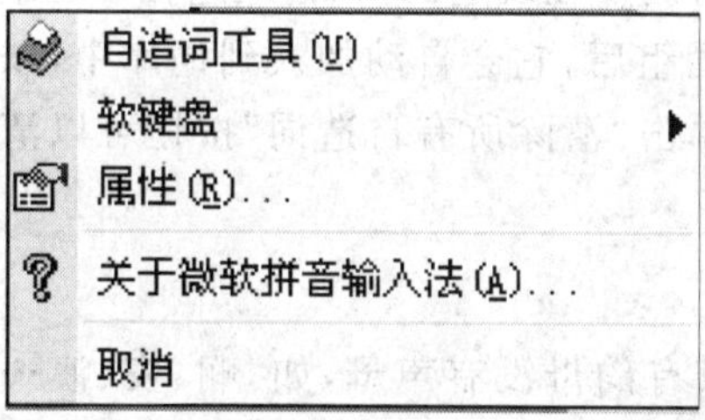

图 2-15　功能菜单

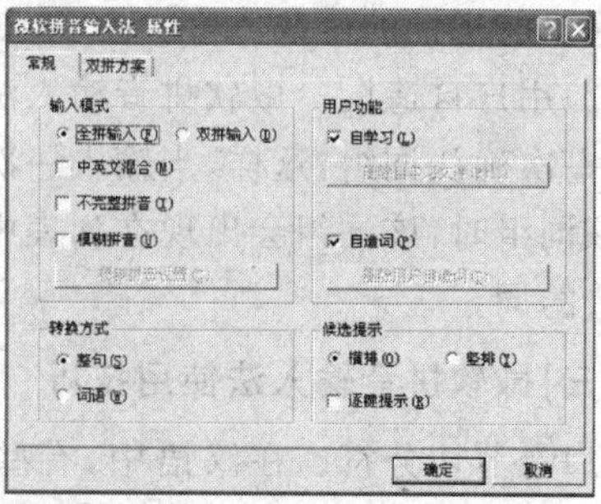

图 2-16　微软拼音输入法属性

1.“输入设置”区域中

要选择某一项目，就在该项目左边的方块中打“√”，这些项目的名称和内容分别是：

(1)全拼输入。需要输入所有的拼音字母。

(2)双拼输入。每个韵母用一个字母来代替，这样每个汉字只需输入两个字母。

麻烦的是得背诵双拼输入键位表，不过如果懒得背诵，也可以通过“自定义双拼方案”来建立自己熟知的、经常使用的双拼方案，并加载到系统中使用。这样可大大加快输入速度。

(3)不完整拼音。是指可以不键入完整拼音来输入汉字，比如输入“工作”，只要键入“gz”就可以了。这样可以减少击键次数，但会增加重码率。

(4)南方模糊音。该设置可以支持声母：z=zh，c=ch，s=sh，n=l，l=r，f=h，f=hu；韵母：an=ang，en=eng，in=ing，wang=huang 的发音。这为普通话发音不准的用户提供了极大的方便。

2.“转换方式设置”区域中

(1)整句。是指输入的单位为一个句子。即用户可以连续输入一个句子，系统根据整句的内容选择它认为最佳的词语，按回车键确认语句。如果还有错误，在句子确认前或确认后都可以进行错误修改。

(2)词语。用户的输入单位为一个词语，空格为词语输入结束符，用户可以逐词确认。

3.“功能设置”区域中

(1)自学习。是将用户每一处的修改都进行记忆，如果下次再出现同样的词语时，系统按记忆的显示，这样就大大降低了重复更正的可能性。如果要清除以前记忆的内容，可以先在属性设置对话框中关闭自学习功能，点击重新学习按钮，系统将删除以前记忆的修改内容。

(2)用户自造词。微软拼音输入法支持用户在线造词，在输入过程中逐个单字选择，一次确认词组，这样，当输入一次该词组后，它会自动加入到词库中，以后再输入该词组时，该词组会出现在列表中。单击“清除所有自造词”按钮可以清除以前所造的词。

(三)微软拼音输入法使用技巧

(1)音节切分符。在汉语中，有些字只有韵母没有声母，如“啊、安、澳……”。用双拼输入这些字的时候，系统用字母“o”代表零声母，这样就可以避免对一些拼音词组歧义音节的切分；在全拼输入中用音节切分符“空格键”或“’”，例如我们想输入“西安”(xian)，系统却把它转换为单字“线”，这时我们就可以使用音节切分符在“xi”后键入“空格”或“’”或“xi”字的音调“1”(xi1an)的方法来输入这种连体单词的拼音。

(2)直接输入繁体字。微软拼音输入法支持大字符集的简体和繁体汉字输入。我们只需直接用鼠标单击输入法状态条中简/繁切换按钮,即可将系统切换成繁体状态。此时输入句子的汉语拼音就可得到繁体汉字句子。

(3)错字修改。当我们连续输入一连串汉字拼音时,微软拼音输入法通过语句的上下文自动选取最优的输出结果。但有时并不完全正确,这时候我们可以用鼠标或键盘移动光标到错字处自动打开候选窗口,用鼠标或键盘从候选区中选出正确的字和词。

(4)确认语句技巧。输入拼音代码,组字窗口中就会出现所编辑的语句。在光标跟随状态下组字窗口表现为被编辑窗口当前插入光标后的一串带下划线文本。

在输入一个有效拼音之后,微软拼音输入法并不急于关闭拼音窗口,以便用户能够进一步修改输入的拼音;在出现拼音的同时,被编辑的汉字以带下划线的形式出现,表示该整句或词语未被确认,这时,要确认刚才输入的汉字,可以按一下空格键或回车键,拼音代码立即会转化为汉字。如果设置成"整句"输入,在句子的结尾处输入一个标点符号,在输入下一个句子的第一个拼音代码时,前一个句子自动被确认;如果设置成"词语",输入词语的拼音后,按下"空格键"出现系统认为应输入的词语。同时,候选框里还有同音词语,供用户选择,无论在语句的任何地方,一旦语句或词语修改完毕,直接按回车键就可以确认,同时光标回到句末。

(5)输入特殊字符。在输入特殊符号时,直接单击输入法状态条上的软键盘按钮,立即就会弹出与键盘字母一致的PC软键盘,如图2-17所示。再次单击软件盘按钮,PC软件盘消失。

如果还需要输入键盘字母以外的特殊符号,可以右击输入法状态栏上"功能菜单"按钮,在图2-15所示的菜单中选择"软键盘",弹出如图2-18所示的菜单,从中选择所需要的符号选项。

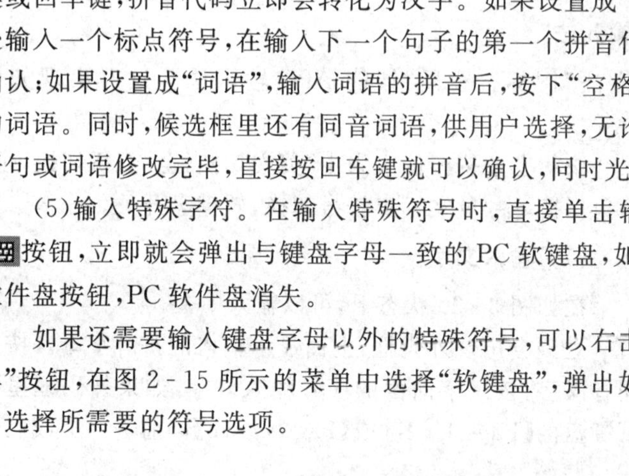

图2-17 PC软键盘

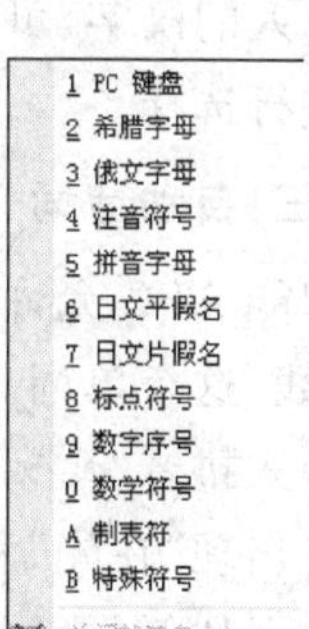

图2-18 选择键盘

比如我们需要数字序号，单击“数字序号”选项，就会弹出“数字序号”软键盘，如图 2-19 所示。

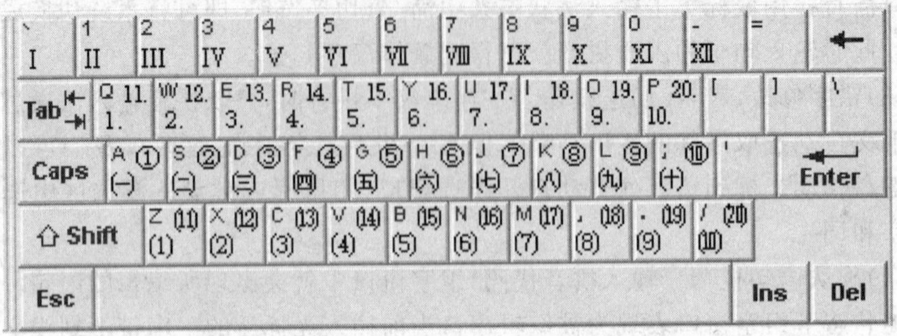

图 2-19　数字序号软键盘

四、使用“智能 ABC 输入法”

(一)打开“智能 ABC 输入法”

单击任务栏上的“输入法”图标。选择“智能 ABC 输入法”，这时出现如图 2-20所示的输入法状态条。

图 2-20　智能 ABC 输入法状态条

该状态条按钮依次为中/英文切换，全/双拼切换，全/半角切换，中/英文标点符号切换，软键盘开关。

(二)输入文字

在如图 2-20 状态下，可以输入中文。

键入要输入汉字的拼音，立刻会出现外码框，上面显示输入的拼音字母。按下空格键，拼音字母转变成同音汉字，按汉字前面的序号输入汉字，如果外码框里没有要输入的汉字，可以按下键盘的【Page Up】键或【Page Down】键前进一屏或后退一屏进行选择。

(三)自动造词

智能 ABC 允许自动在线造词，比如我们要造“在线”这个单词。

键入拼音“zaixian”，按下空格键。这时，外码框里出现“在先”和“再现”，如图 2-21 所示。

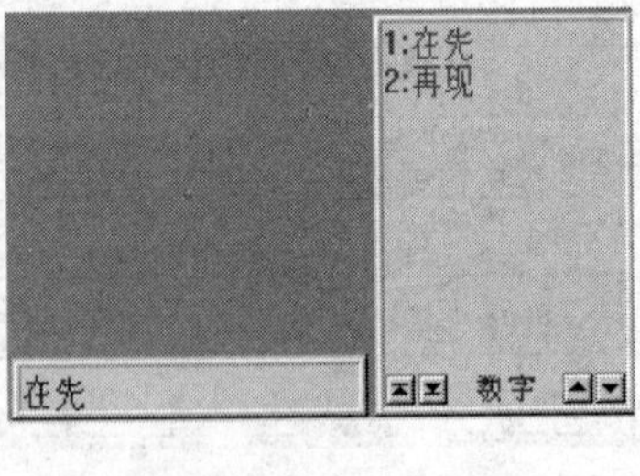

图 2-21　自动造词

按退位键【Backspace】，这时出现候选窗，显示发音为“zai”的同音字，选中“在”，候选窗里便出现“xian”的同音字，选中“线”，这时外码窗口就出现“在线”字样。

按下空格键，“在线”就被输入到文档中了。

下次再键入拼音“zaixian”，“在线”这个词就如同其他同音词一样出现在外码窗口。

(四)中/英文切换

智能 ABC 输入法在中文状态下不能输入英文字母，要输入英文字母必须单击“中/英文转换”按钮，转换为英文输入状态如图 2-22 所示(按下【Caps Lock】键可以输入英文大写字母，但不能输入小写字母)。

图 2-22 英文输入状态

(五)特殊符号输入

智能 ABC 输入法输入特殊符号的方法与微软拼音输入法输入特殊符号的方法相似：右击软键盘开关按钮，在弹出的菜单中单击要选的键盘方案，屏幕上就会出现该键盘的面板图，单击要输入的符号键就可以直接输入。

对于初学者来说，智能 ABC 输入法是一种最容易掌握的输入法，只要会汉语拼音，就可以直接输入汉字，经过一段时间的熟悉，相信大家都能很好地应用它。

五、使用“五笔字型输入法”

五笔字型是一种笔画编码输入法，就是将汉字先分解成许多字根和笔画，再将这些字根和笔画与字母键相应编码。五笔字型输入法是因其将所有字根分为“横”、“竖”、“撇”、“捺”、“折”五个笔画区而得名。

五笔字型将每个字、词的基本输入规定为四码，在此基础上进一步制定了几级码，如一键码、二键码和三键码等。这样，用五笔字型来输入汉字，熟悉以后，就好像在进行速记，快速而准确。

笔画编码方法的不足之处在于，初学时要熟记字根的很多规定编码，这使许多学习者望而却步，同时，如果学习后不常使用，很难提高，甚至忘记了已记忆的编码。所以五笔字型输入法更适用于那些高频率文稿编写者，如秘书、录入人员等使用。

五笔字型输入法从 1983 年创立以来，先后推出了多种版本，但是在基本的输入方法上没有改变。下面简要介绍五笔字型最基本的编码和输入方法。

(一)字根

汉字是一种象形文字，经过长期的演化和简化，形成了现在以笔画、偏旁、部首和一些常用结构组合成的文字。五笔字型将这些笔画、偏旁、部首和常用结构归纳整理为 200 多个字根，将这些字根分别规定于各个字母键上，通过敲击字母键而组合生成一个个的汉字。

五笔字型首先用汉字最基本的五个笔画横、竖、撇、捺、折将三排字母键分为五个字根区(五笔字型中将“捺”视为“点”，“提”视为“横”)：

中排左手五个键钮为 1 区(横起笔)，即：G、F、D、S、A 键；

中排右手四个键钮加【M】键为 2 区(竖起笔)，即：H、J、K、L、M 键；

上排左手五个键钮为 3 区(撇起笔)，即：T、R、E、W、Q 键；

上排右手五个键钮为 4 区(捺起笔)，即：Y、U、I、O、P 键；

下排中的五个键钮为 5 区(折起笔)，即：N、B、V、C、X 键。

这样每区五个键，五个区共 25 个键钮，各自负责 3～12 个字根。剩下一个左下角的【Z】键，是“万能学习键”，可以在编码中代替任何字根。图 2-23 所示是五笔字型的字根在笔画区和键钮上的分布总图。

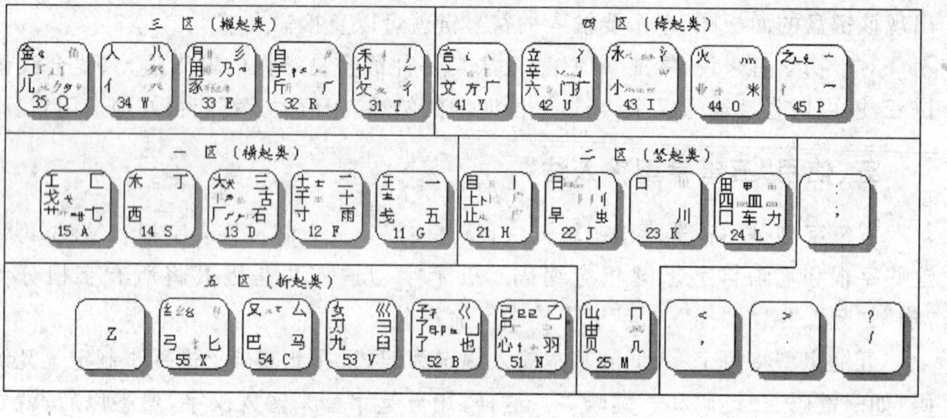

图 2-23　五笔字型字根分布图

字根的分布图是学习五笔字型输入法的基础，要学习这种输入方法，应当认真地将这个图抄写数遍，观察这些字根的分布规律。

字根的设计思想是：

一横起的字根进入 1 区第 1 键，两横起的字根进入 1 区第 2 键，以此类推。

一竖起的进入 2 区第 1 键，两竖起的进入 2 区第 2 键……

一点起的进入 4 区第 1 键，两点起的进入 4 区第 2 键……

一折起的进入 5 区第 1 键，……

当然这些设计原则不可能完全贯彻，但是注意到这种分布倾向会有助于记忆。

五笔字型中最大的难关就是从看到字根到触击键钮的熟练反应。一些初学者常常觉得很难。其实字根的分布并不很难掌握。在英文输入基础较好的情况下，通常把字根分布图慢慢地抄写过几遍，再经过 20 个小时左右的练习就可以基本掌握，现在有很多五笔字型的练习软件，在这些软件中，通常提供了一行行随机排列的字根，击打正确时，光标会移向下一个字根。如果记不起下一步该击什么键，在帮助栏中可以打开字根的键盘分布图，这样经过一段时间的练习，就可能形成字根与键钮位的习惯性反应。在较为熟练的阶段，当看到字根时，其反应既不是区位号码，也不是英文字母，而是键钮位置和手指的动作。

(二)拆字

如果基本掌握了字根，就可以将我们准备输入的字按五笔字型的规则拆分为字根了。如果拆分得正确，那么按照“从左到右，从上到下”的顺序原则，就可以将字根适当地编码并输入这些汉字了。

汉字中许多字有规范的字根，很容易拆分。但是也有一些字拆分起来比较麻烦，用不同的方式可以拆成不同的字根。为此我们需要学习一些拆字的方法和原则。

首先应当知道的一个基本原则是“四键原则”：五笔字型以四次击键为一个完整的输入单元，一个字(词)输入到第四键时就表示结束，文字就自动进入文档。这样我们在拆字时应当知道，无论怎样复杂的字，只需拆分出四个(或四个以下)字根就可以满足编码的要求。即：第一字根＋(第二字根＋第三字根)＋最末字根。

1. 键名字

首先，所有字根键都有一个“键名字”，也就是“键盘字根总图”中每个键左上角的字。这个字是五笔字型中给该键的汉字命名，它本身也是一个字根。所以这个字是不能拆分为字根的，它的输入方法就是连击该键 4 次，如：

金，击【Q】键 4 次；白，击【R】键 4 次；女，击【V】键 4 次。

键名字共有 25 个，它们是：

汉字：金人月白禾言立水火之工木大土王目日口田又女子已山。

字母：Q W E R T Y U I O P A S D F G H J K L C V B N M。

2. 字根字

除了键名字以外，“字根总图”中既是汉字又是字根的那些字就是字根字。如西、古、寸、虫、车、耳、羽等。

字根字当然也不能再拆分为字根，所以字根字的编码就转变为笔画编码。方法是：以该字根所在的键钮为第一码，再按其笔画顺序拆分出三个笔画来编码，如果笔画超过三笔，第四码选择最末笔画，即：字根键＋第一笔＋(第二笔)＋最末笔。如：西，我们拆分为：本键、一(横)、I(竖)、一(横)。

3. 普通汉字

普通汉字数量巨大，情况复杂，但是它们的拆分原则并不十分复杂，只要我们按照如下原则，就可以较为顺利地拆分所有的字。

(1)顺序拆分。一个准备输入的汉字通常可以拆分为 2 个、3 个、4 个或更多的字根，拆分的字根应当按照从上到下，从左到右，从外到内的基本顺序，多根字只要拆分出一、二、三、末这 4 个字根即可。

(2)取大优先。在拆分中应保持字根的整体性，不应将已成为字根的部分再拆分为更小的字根或笔画，也就是说，与小的字根相比，大的字根应当优先。

如："胡"字可以拆成"古"和"月"，而不应当拆分为"十"、"口"、"月"；"翊"字拆成"立"和"羽"，而不应当拆分为"六"、"一"、"乙"、"乙"等。

上述原则要求学习者记清基本字根。这样，有些字虽然看起来复杂，但在拆分后只不过两三个字根，不用犯"拆分字根"的毛病。

(3)兼顾直观。有些字很不规范，很难拆分成准确的字根，这时应当采取一种直观的原则。

如："酉"可以拆成"西"和"一"，如果按汉字笔顺，"一"要先写，而按照直观的原则，西是一个整体。

(4)能连不交。有些字可能有不同的拆分方法，比如一种拆法是笔画相连接的，而另一种拆法是笔画交叉的，这时连接的拆分方式是正确的，而交叉的拆分方法是错误的。比如"天"，应当拆分为"一"和"大"，而不应当拆分为"二"和"人"。

根据以上的原则，我们基本上能够正确地拆分大部分汉字。

(三)编码

所谓"编码"，就是文档输入中的击键过程。一般地说，如果我们能够正确地拆分字根，并按照字根所在的键钮顺序击键，就可以输入所需的文字了。但是对于一些字根较少的汉字来说，可能会出现许多重码，给输入造成困难。所以我们还需要知道一些编码的原则和方法。比如对于字根较少，达不到四码的字，需要补打空格键或"末尾识别码"才能正确输入。这需要对一些编码进行记忆，这里不再赘述。

总之，每一种输入法的掌握都需要进行一定的练习，如果我们决心学习五笔输入法，需要找一些比较系统的学习材料和练习软件进行练习，相信经过认真的训练，掌握五笔字型输入法并不太难。

习 题

一、选择题

1. 用于计算机仿真系统的软件属于________。

A. 系统软件 B. 办公软件

C. 应用软件 D. 以上三个都不是

2. 下面________属于键盘中的功能键。

A.【Shift】键 B.【Alt】键 C.【Num Lock】键 D.【F3】键

3. 下列几项中________不属于鼠标的操作。

A. 双击 B. 滚动 C. 滚轮 D. 拖动

4. 切换键盘布局是用________两个键的组合实现的。

A.【Alt】+【Shift】 B.【Shift】+【Ctrl】

C.【Shift】+【Tab】 D.【Ctrl】+【Alt】

5. 五笔输入法中共有________级简码。

A. 2 B. 3 C. 4 D. 5

6.“唐”字的全码是 YVHK,那么它的简码是________。

A. YVH B. YHK C. YVK D. YV

二、填空题

1. 基本的键盘由三个主要部分组成,________、________、________。

2. ________是汉语输入特有的一种以笔画为编码的输入法,它能够实现汉字的快速输入,其打入速度比普通的拼音输入法快得多。

3. 输入法是通过对汉字进行编码实现的。利用键盘的英文、数字和符号键,把一个汉字拆分成几个键位的序列,就是________。

4. 汉字都是由笔画或部首组成的。为了输入这些汉字,我们把汉字拆成一些最常用的基本单位,叫做________,它可以是汉字的偏旁部首,也可以是部首的一部分,甚至是笔画。

5. 五笔基本字根有________种,加上一些基本字根的变型,共有________个左右。这些字根对应在键盘上的除【Z】之外的 25 个键上。

三、简答题

1. 如何正确的开机与关机?

2. 键盘的布局中有哪些区域,各有哪些键,是如何使用的?

3. 操作键盘的正确姿势是什么?

4. 鼠标的拖动是用哪个键实现的？它还有什么功能？

5. 在 Windows 系统中如何添加系统自带的汉字输入法？

6. 如何使用键盘来实现键盘布局的切换和中英文的切换？

7. 在五笔输入法中，如何输入 4 个字以上的词？

8. 五笔字型拆分字根的原则是什么？

四、操作题

1. 输入下面一段文字。

欧阳修(1007—1072)：北宋文学家　史学家。字永叔，号醉翁　六一居士，吉州吉水(今属江西)人。天圣进士。官馆阁校勘，因直言论事贬知夷陵。庆历中任谏官，支持范仲淹，要求在政治上有所改良，被诬贬知滁州。官至翰林学士　枢密副使　参知政事。王安石推行新法时，对青苗法有所批评。谥文忠。主张文章应“明道”　致用，对宋初以来靡丽　险怪的文风表示不满，并积极培养后进，是北宋古文运动的领袖。散文说理畅达，抒情委婉，为“唐宋八大家”之一；诗风与其散文近似，语言流畅自然。其词婉丽，承袭南唐余风。曾与宋祁合修《新唐书》，并独撰《新五代史》。又喜收集金石文字，编为《集古录》，对宋代金石学颇有影响。有《欧阳文忠集》。

2. 输入下面的词组。

改变　改革　概况　概括　干燥　刚强　股票　骨气

雇用　观众　广东　谨防　酒杯　决策

孤儿院　矿物质　经济学　转折点　相对论　省政府　科学院

展览会　突发性　突破性　音乐家　食宿费　候选人　原计划

哲学家　峨眉山

如愿以偿　忍辱负重　九霄云外　鼠目寸光　如虎添翼

全心全意　分秒必争　信息反馈　个人利益　集体利益

统一思想　综上所述　纸上谈兵　经济管理

新华通讯社　有志者事竟成　政治协商会议　理论联系实际

坚持改革开放　中国人民银行　内蒙古自治区

3. 输入下面的诗文。

明月几时有，把酒问青天，不知天上宫阙，今夕是何年？我欲乘风归去，又恐琼楼玉宇，高处不胜寒，起舞弄清影，何似在人间。

转朱阁，低绮户，照无眠，不应有恨，何事长向别时圆？人有悲欢离合，月有阴晴圆缺，此事古难全。但愿人长久，千里共婵娟。

第 3 章 Windows 7 基本操作

本章导读

Windows 7 是微软公司推出的新一代桌面操作系统，是继 Windows XP、Vista 之后的下一代操作系统。Windows 7 使用了全新的导航界面，用户可以很方便地从当前位置跳转至操作系统内的任何位置，界面外观比 Windows Vista 更为华丽，其中七大新增功能包括全新的任务栏、直观的预览文件、跳转列表、窗口的智能缩放、自定义通知区域图标等。它比 Windows Vista 性能更高、启动更快、兼容性更强，具有许多新特性和优点，比如提高了屏幕触控支持和手写识别，支持虚拟硬盘，支持多内核处理器，提高开机速度和内核改进等。

Windows 7 可以帮助用户完成更多所需要完成的任务，更多工作、更多娱乐、更多精彩体验。本章对 Windows 7 的基础知识以及其新增功能进行详细介绍，使读者对 Windows 7 有一个快速的了解和认识，领略其独特的魅力。

第一节 Windows 7 桌面

Windows 7 有许多革命性的改进，我们首先预览一下 Windows 7 桌面，体验一下其人性化的设计和为用户着想的理念。启动 Windows 7 后出现在屏幕上的整个区域即为“桌面”，桌面包含桌面背景、桌面图标和任务栏，如图 3 - 1 所示。所有操作都起始于桌面，打开的程序和文件夹，都会显示在桌面上。

一、桌面

Windows 7 采用“桌面”的形式来管理用户的计算机资源，它把计算机屏幕形象地比作桌面，把一些经常使用的图标和按钮(这些图标和按钮代表 Windows 系统的文件数据资料和运行功能)放在桌面上，或通过桌面的快捷方式去访问更多的文件和数据。这就如同我们坐在办公桌前，把一些常用的办公用品放在桌面上，而更多的东西要放在抽屉里或其他地方，我们可以从桌面上选取这些物品，或通过它

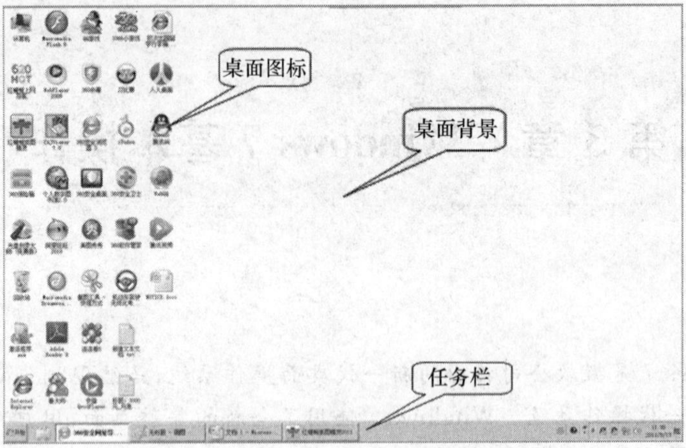

图 3-1　Windows 7 桌面

们找到我们想要的东西。

二、桌面背景

桌面背景是指应用于桌面的图像或颜色,用户可以自行将喜欢的图片或颜色设为桌面背景,用以美化工作环境。

三、桌面图标

桌面图标包括系统图标与快捷图标两部分。系统图标可以进行与系统相关的操作,快捷图标是应用程序的快捷启动方式,特征是在图标左下角有一个小箭头标识,双击即可启动。在默认情况下,Windows 7 初始界面只显示回收站图标。为了操作方便,可以添加常用图标,如“计算机”“网络”等。“计算机”包含了代表用户计算机内置的所有资源,通过访问“计算机”,我们可以看到计算机本机上的所有硬件设备和软件资源以及自己建立的文件数据等,并可以对它们进行管理和使用。“回收站”如同我们生活中的废纸篓,用来存放删除掉的文件或其他资料,在回收站没有清空以前,我们还可以把被删除的某个文件或全部资料恢复到原来的位置,而一旦“清空回收站”就不能再恢复了。通过“网络”,我们可以访问已联网的计算机所提供的共享资源。

以上是 Windows 7 系统桌面最基本的图标,如果我们的计算机还装有其他应用程序,则会有更多的图标。

四、任务栏

任务栏位于桌面的最下方。

任务栏是应用最多的工具，无论打开多少窗口，任务栏都不会消失。图 3 - 2 是任务栏的具体内容。

图 3 - 2　任务栏

我们看到任务栏从左至右分为五个部分，最左边的是“开始”菜单按钮，鼠标单击该按钮，可以弹出开始菜单。第二部分的几个小图标是“快速启动栏”按钮，单击某一按钮，可以执行相应的功能。第三部分是任务按钮，通常显示当前正运行程序的标题，单击这部分，可以把正运行程序的窗口最小化，再单击一次，窗口又复原到原来状态。任务栏右边是语言栏与系统提示区，单击某一图标，可以打开或设置相应的功能。

第二节　Windows 7 的窗口

Windows 中文翻译就是窗口的意思。Windows 7 系统设计了许多大大小小的窗口，整个操作系统可以说就是由窗口组成。窗口是系统提供的人与计算机交互的界面，几乎所有的操作都要在窗口中进行。

当我们用鼠标双击桌面上“计算机”时，就会打开一个窗口，如图 3 - 3 所示。

一、标题栏

窗口最上方的横条是标题栏，单击标题栏最左边弹出如图 3 - 4 所示的控制窗口菜单，上面分别有“还原”、“移动”、“大小”、“最小化”、“最大化”和“关闭”菜单。

(1)标题栏最右边也有“最小化”、“最大化”和“关闭”三个按钮，这三个按钮的功能与左边菜单中的“最小化”、“最大化”和“关闭”选项功能对应相同，作用分别是：

①最小化。鼠标单击最小化按钮，窗口就最小化为一个标题放到任务栏上。

②最大化。最大化按钮有两种状态，当窗口已经处于最大化，即满屏幕时，最大化按钮的图标是两个重叠的小方块，单击该按钮，窗口还原到初始设定的大小放到屏幕的中间，这时该按钮的图标变成一个小方块。再次单击该按钮，窗

图 3-3 windows 7 窗口

口又最大化到满屏幕。

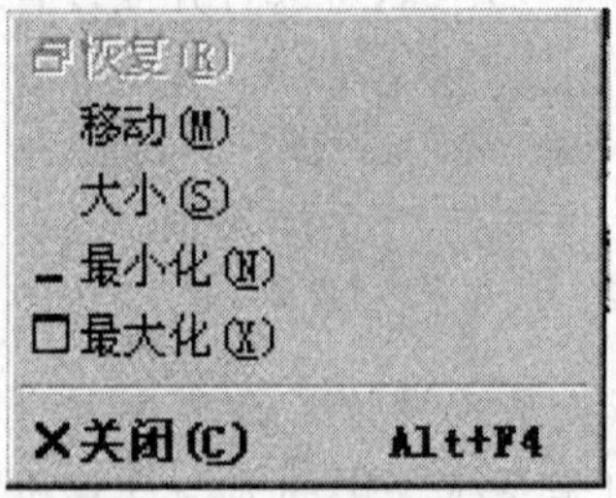

图 3-4 控制窗口菜单

③关闭窗口。单击关闭按钮☒,窗口关闭。

(2)标题栏最左边的"控制按钮"菜单中,除了用来执行与上述"控制钮"同样的功能以外,还有"还原"、"移动"和"大小"命令:

①还原。当窗口最大化时单击该选项使窗口恢复到初始状态。

②移动。当窗口不是最大化时单击该选项移动窗口的位置。

③大小。用来调整窗口的大小。

我们看到这些命令选项有的是深颜色的有的是灰颜色的,深颜色的选项是当前状态可执行的命令,而灰颜色选项是当前状态不可执行的命令。

其实工具栏上所有图标代表的功能在菜单栏里的各级菜单中都已包含了,之所以重复设置是为了使操作更简便。

二、地址栏

通过地址栏可清楚地知道当前所打开文件夹的路径;同时,如果知道某个文件或程序的保存路径,则可直接在地址栏中输入路径来打开保存该文件或程序的文件夹,如图 3-5 所示。

图 3-5　地址栏

三、搜索栏

窗口右上角的搜索栏如图 3-6 与“开始”菜单中标有“开始搜索”的搜索框作用相同，都具有在计算机中搜索各种程序文件的功能。事实上，在 Windows 7 操作系统中的许多地方都能看到搜索栏。在搜索栏中开始输入关键字时，搜索就已经开始进行了，随着输入的关键字越来越完整，符合条件的内容也越来越少，直到搜索出完全符合条件的内容。这种在输入关键字的同时就进行搜索的方式称为“动态搜索功能”。

图 3-6　搜索栏

默认状态下，菜单栏不显示在“计算机”窗口中，单击工具栏的“组织”按钮，执行“布局”→“菜单栏”命令即可显示。

四、窗格和面板

所谓窗格，即在窗口中划分出另一个小的部分，并在其中显示一些辅助信息，以帮助用户更加方便快捷地对文件或文件夹进行操作。

如图 3-7 所示，单击“组织”按钮，在弹出的菜单中选择“布局”选项，即可在弹出的菜单中选择需要的窗格和面板。打开所有窗格和面板后，左侧为“导航窗格”，在其显示的文件夹列表中选择文件夹，即可快速切换到相应的文件夹窗口；窗口右边为“预览窗格”，打开此窗格后将会显示当前文件的内容；下方为“详细信息”面板，其中显示了文件大小，创建日期等目标文件的详细信息。

五、菜单栏

在 Windows 7 中，在默认情况下窗口中是找不到菜单栏的。临时显示菜单栏，可以按下【Alt】键，即可显示菜单栏，再次按下【Alt】键可隐藏菜单栏。如果要使菜单栏一直处于显示状态，单击“组织”按钮，在弹出的菜单里选择“布局”→“菜单栏”选项即可。

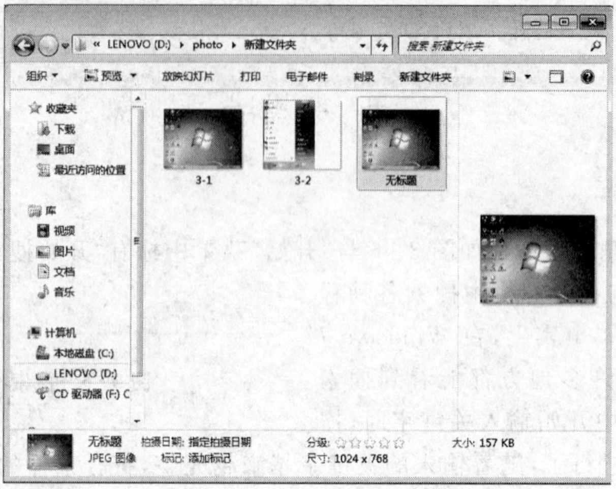

图 3-7 窗格和面板

六、特色窗口

(一)窗口对对碰

在 Windows 7 中,用户如果需要进行拷贝、校对工作时,只需拖动窗口,轻轻向桌面左侧一碰,窗口就会立刻在左半屏显示,如图 3-8 所示,以方便同时打开两个窗口进行对照。若想恢复原来大小,再向反方向轻拖窗口,又恢复原来大小。

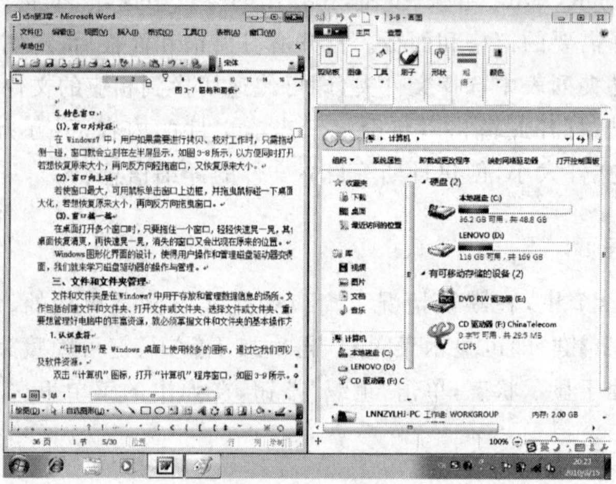

图 3-8 窗口对对碰

（二）窗口向上碰

若使窗口最大，可用鼠标单击窗口上边框，并拖曳鼠标碰一下桌面顶端，瞬间窗口就最大化，若想恢复原来大小，再向反方向拖曳窗口。

（三）窗口摇一摇

在桌面打开多个窗口时，只要拖住一个窗口，轻轻快速晃一晃，其他的窗口立刻最小化，桌面恢复清爽，再快速晃一晃，消失的窗口又会出现在原来的位置。

Windows 7图形化界面的设计，使得用户操作和管理磁盘驱动器变得非常直观、容易。下面，我们就来学习磁盘驱动器的操作与管理。

第三节 文件和文件夹管理

文件和文件夹是在Windows 7中用于存放和管理数据信息的场所。文件和文件夹的基本操作包括创建文件和文件夹、打开文件或文件夹、选择文件或文件夹、重命名文件或文件夹、搜索文件和文件夹等。要想管理好电脑中的丰富资源，就必须掌握文件和文件夹的基本操作方法。

一、浏览文件和文件夹

上一节我们在介绍窗口时对“计算机”窗口有了初步的认识，“计算机”是Windows 7桌面上使用较多的图标，通过它我们可以看到计算机所有硬件及软件资源。“资源管理器”是Windows 7中进行各种文件操作的场所，在Windows 7中，资源管理器在外观和整体功能都有了很大变化，刚使用时用户多少会有些不习惯，这一节我们会做详细介绍。

（一）认识盘符

双击“计算机”图标，打开“计算机”程序窗口，如图3-9所示。

我们看到图3-9所示的“计算机”程序窗口里面有硬盘和有可移动存储的设备两部分，硬盘有“C:”、“D:”、“E:”、“F:”等等，这些都是盘符，是在安装计算机操作系统时把一个物理硬盘分成的几个区，也叫逻辑盘。以前硬盘容量比较小，个人计算机通常只分为一个区，即C盘，现在硬盘容量比较大，通常都分为两个以上的区，无论分成几个区，系统都自动把第一个区及主区默认为“C”盘，后面的区按英文字母顺序分别默认为“D”盘、“E”盘、“F”盘等，图3-9所示是把硬盘分为两个区，即“C”盘、“D”盘、可移动存储的设备中，光驱就成为“E”盘，其他存储设备继续排列如：“F”。

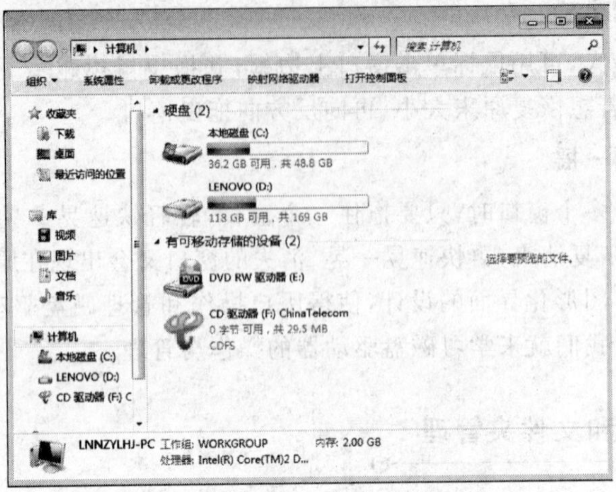

图 3-9 “计算机”窗口

现在硬盘的容量都很大，多分几个区，使用起来很方便。我们可以把操作系统装在“C”盘，而把我们自己建立的各种文档、数据等保存在其他盘上，这样，一旦操作系统出现故障(操作系统往往会出现故障)，需要修改，甚至删除重新安装时，不会殃及其他盘中的资料。

(二)利用“资源管理器”查看和管理计算机资源

同时按下【Windows】+【E】组合键，或者右击“开始”按钮，在弹出的快捷菜单中选择“打开 Windows 资源管理器”选项，即可激活资源管理器进行文件管理操作，如图 3-10 所示。

我们看到图 3-10 左边窗口的图标与打开“计算机”的图标完全一样，这种排列先是根目录，打开根目录是子目录，子目录下面还有子目录，呈树状形式，所以叫“树状目录”，也叫“文件夹树”。

树状目录设计的一些图标和符号，可以使我们非常方便地了解计算机的目录结构。我们看到文件夹树中有的图标左边有一个“△”号，这表示该驱动器或文件夹还有下级文件夹，单击“△”号，就可以以树状的形式出现下一级文件夹，同时“△”号变成“▲”号；如果图标左边是“▲”号，表示该驱动器或文件夹已经被打开，单击“▲”号，可以将驱动器或文件夹折叠起来，这时“▲”号又变成“△”号。

右击左边窗口树状目录中的任意一个文件夹，可以弹出一个操作菜单，通过选择菜单选项，可以对文件夹进行查看、查找、剪切、复制、删除、重命名等多项管理和操作。

图 3 - 10　资源管理器窗口

单击左边窗口树状目录中的任意一个驱动器或文件夹图标，该文件夹图标就变为打开的状态，同时右边窗口弹出相应的驱动器或文件夹中的内容，对这些内容同样可以进行各种操作和管理。

二、管理文件和文件夹

Windows 7 采用图形化界面的操作方式，其程序、数据等不仅用形象化的图标表示出来，而且叫的名字也与人们日常工作生活非常贴切，比如，桌面、文件夹、文件等，就像我们日常的办公用具一样，没有丝毫陌生感。那么，这些名词在计算机中到底具有什么含义？下面我们简要介绍一下。

(一)什么是文件

文件又叫做文档，是计算机上数据的总称。比如，计算机上的一个应用程序，可以叫做一个文件，一组数据，也可以叫做一个文件；我们自己写的一篇文章，同样可以叫做一个文件。可以说用户的所有操作都是针对文件进行的。文件可以保存在硬盘或光盘上。

(二)什么是文件夹

这里所说的文件夹与我们日常工作中的文件夹概念相同，都是用来存放文件的。Windows 7 文件夹可以多级嵌套，每一层文件夹里面可以再放若干个文件夹。文件夹打开时，成为一个窗口，显示其中的文件夹和文件，关闭时，显示为一个图标。

(三)怎样新建文件夹

要新建一个文件夹,首先要确定建在什么地方。在想要新建文件夹的磁盘空白处右击鼠标,出现下拉菜单,如图 3 - 11 所示选择“新建”→“文件夹”选项,根据需要输入相应的文件夹名称。新建文件夹的第二种方法是直接单击工具栏上的“新建文件夹”。

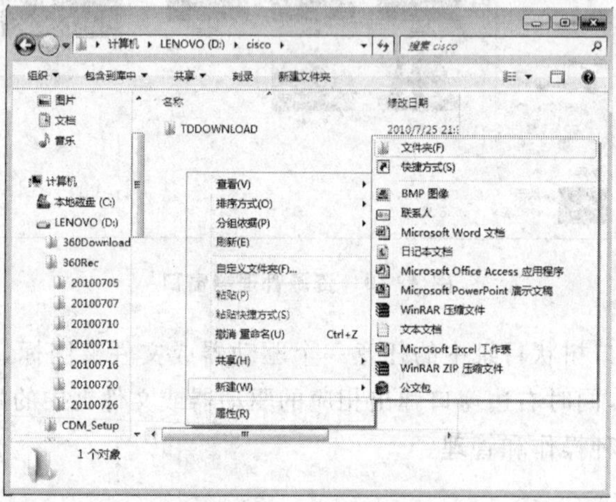

图 3 - 11 新建文件夹

(四)怎样新建文件

新建文件有 2 种方法,第一种与新建文件夹相似,其操作步骤如下:

(1)把文件建在文件夹里面。打开目标文件夹,在空白处右击鼠标,打开下拉菜单。

(2)单击“新建”选项,出现二级菜单。

(3)在二级菜单中单击要创建的文件选项。

(4)对新建的文件输入名字,方法同新建文件夹命名相同。

新建文件的第二种方法是:先编辑文件,在对文件进行存盘时完成文件的新建。比如,打开“写字板”或“记事本”输入一段文字,然后单击菜单栏里的“文件”,打开下拉菜单,单击“保存”或“另存为”选项,在出现的对话框中选择要存盘的地址并输入文件的名字,单击“保存”,完成文件的建立。

(五)重命名文件夹或文件

给文件夹或文件重命名可以按照以下步骤操作:

(1)鼠标指向要重命名的文件夹或文件，单击右键，这时出现下拉菜单。

(2)单击“重命名”选项。

(3)输入想要的名字，按回车键。重命名完毕。

(六)文件夹和文件的复制和移动

文件夹和文件的复制和移动都很简单，下面分别来讲述。

1. 复制

复制有两种方法，分别介绍如下。

(1)第一种方法是“菜单命令方法”，其操作步骤如下：

①打开要复制的源文件夹或文件所在的窗口，右击源文件夹或文件，这时出现下拉菜单，如图 3-12 所示。

②单击“复制”选项。

③打开目标地址窗口，比如要复制到 E 盘上，打开 E 盘窗口。

④在所打开的窗口的空白处右击鼠标，这时出现下拉菜单，如图 3-13 所示。

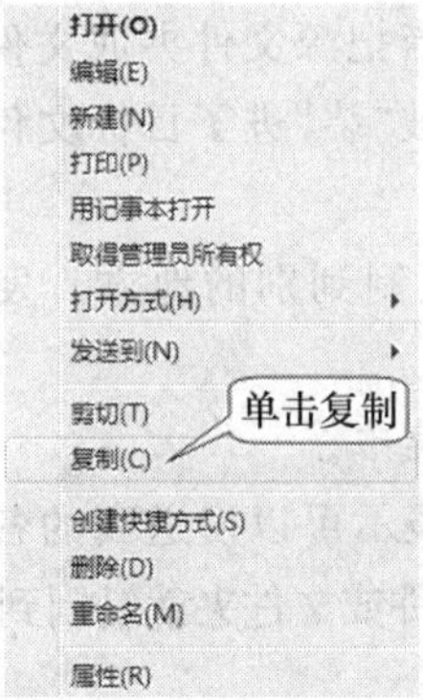

图 3-12　复制文件或文件夹

图 3-13　粘贴文件或文件夹

⑤单击“粘贴”选项，完成复制。

(2)第二种方法是“鼠标拖动的方法”，其操作步骤如下：

①打开源文件夹或文件所在的窗口，再打开待复制的目标地址窗口。

②选中源文件夹或文件。

③按住鼠标左键把选中的文件夹或文件拖动到目标地址窗口。

④松开鼠标按键，文件夹或文件被复制到目标窗口中。

2. 移动

移动文件夹或文件也有两种方法，分别介绍如下。

(1)第一种方法“菜单命令法”,其操作步骤如下:

①打开源文件夹或文件所在的窗口,鼠标右击源文件夹或文件,这时出现如图3-12所示的下拉菜单。

②单击下拉菜单中的“剪切”项。

③打开目标地址窗口,该窗口可以与源文件夹或文件同一窗口,也可以是不同的窗口。在空白处右击鼠标,出现如图3-13的下拉菜单。

④单击“粘贴”选项。文件夹或文件就被移动到目标地址窗口中。

(2)第二种方法“鼠标拖动法”,其操作步骤如下:

①打开源文件夹或文件所在的窗口,再打开将要移动到的目标地址窗口。

②选中源文件夹或文件。

③按住【Shift】键不放,拖动鼠标把源文件夹或文件移动到目标地址窗口中。

④松开鼠标按键,文件夹或文件被移动到目标地址窗口中。

拖动还有一种更简便的方法,就是不用打开目标地址窗口,直接把移动对象“装”进该窗口去,比如,要把一个文件夹或文件移动到一个目标文件夹中,可以不打开目标文件夹,直接用鼠标拖动源文件夹或文件,当把源文件夹或文件拖动到目标文件夹上面时,松开鼠标按键,源文件夹或文件就被“装”进了目标文件夹中。

3. 发送文件

发送文件也是一种文件复制形式,只是把文件复制到别的地方。发送文件的操作步骤如下:

(1)鼠标右击要发送的文件或文件夹,出现下拉菜单。

(2)鼠标指向“发送到”选项,这时出现下级菜单显示可以发送到的各选项。

(3)如果要发送到“桌面快捷方式”,单击该选项,文件或文件夹就复制到了桌面上。

(七)查看文件夹和文件

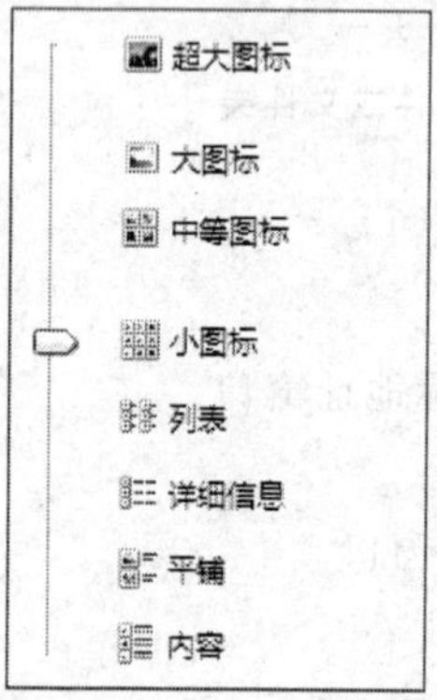

图3-14 查看文件夹

查看文件或文件夹的操作步骤如下:单击工具栏上“更改您的视图”按钮右边“更多选项”,出现如图3-14所示的对话框。

在单选框里面任意选择“超大图标”、“大图标”、“中等图标”、“小图标”、“列表”、“详细信息”、“平铺”、“内容”其中之一进行查看。

同样的方式单击其他选项,就会以相应的方式显示窗口形式。

图3-15是以大图标方式查看。

图3-16是以详细信息方式查看。

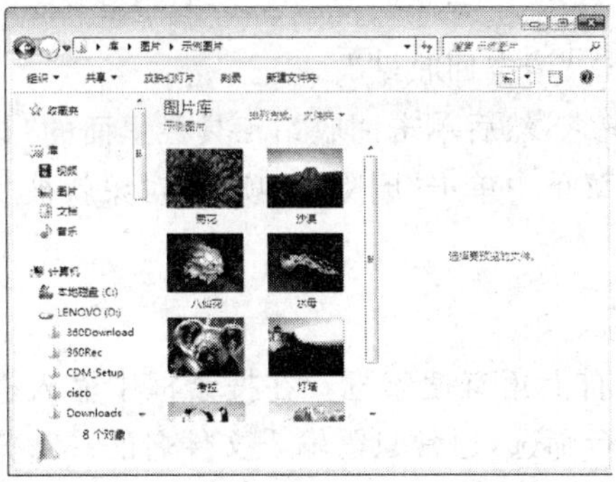

图 3 - 15　以大图标方式查看

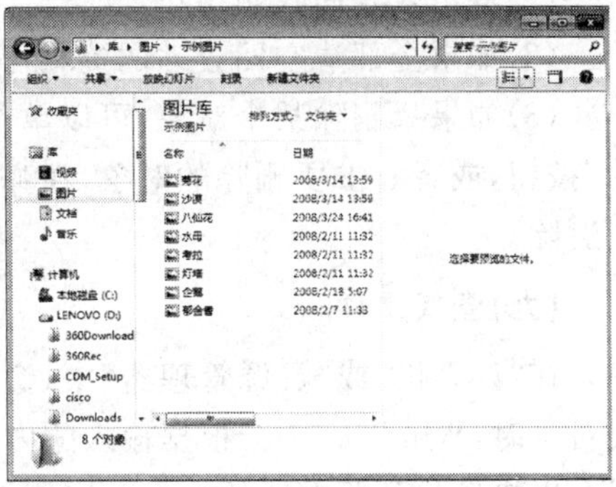

图 3 - 16　以详细信息方式查看

(八)文件和文件夹的删除和恢复

1. 删除文件

删除文件和文件夹有 3 种方法，具体如下所述：

(1)右击要删除的文件或文件夹，在出现的下拉菜单里单击“删除”选项，文件或文件夹就被删除，如图 3 - 17 所示。

图 3 - 17　删除文件或文件夹

(2)选中要删除的对象，按下鼠标左键将其拖动到桌面上的“回收站”，当系统提示“确实要放入回收站吗?”，按下“Yes”按钮即可。

(3)选中要删除的对象，按下键盘上的【Del】键，如果系统提示“是否删除对象?”按下“确定”按钮即可。

2. 恢复被删除的文件或文件夹

要恢复被删除的文件或文件夹，其操作步骤如下：

(1)双击“回收站”，打开“回收站”窗口。

(2)如果全部还原，单击“全部还原”字符。

(3)如果只还原某个文件或文件夹，单击选中该文件或文件夹。

(4)单击“还原”字符。文件或文件夹就被还原到原来的位置。或者右击要还原的对象，在弹出的下拉菜单里单击“还原”选项。

如果回收站已被清空，文件或文件夹就无法恢复了。

3. 清空回收站

被删除的资料放在回收站里面，实际上仍然占用磁盘空间，如果确认资料不需要恢复了，可以清空回收站。

(1)双击打开回收站窗口。

(2)如果全部清空回收站的资料可以单击“清空回收站”。

(3)如果只删除某个对象,可以单击选中它,然后单击回收站工具栏里面的“删除”按钮,或者右击要删除的对象,在弹出的菜单中单击“删除”选项,该对象就被永久删除。

(九)查找文件

在“计算机”或“资源管理器”中,窗口的右上角有搜索框。在搜索框中输入查找对象时,Windows 7 会根据输入的内容进行筛选,通常只需输入文件名的一部分就可以快速找到要查找的内容。当不知道文件所在位置或想要使用多个文件名或属性进行高级搜索时,还可以使用“搜索文件夹”进行搜索。

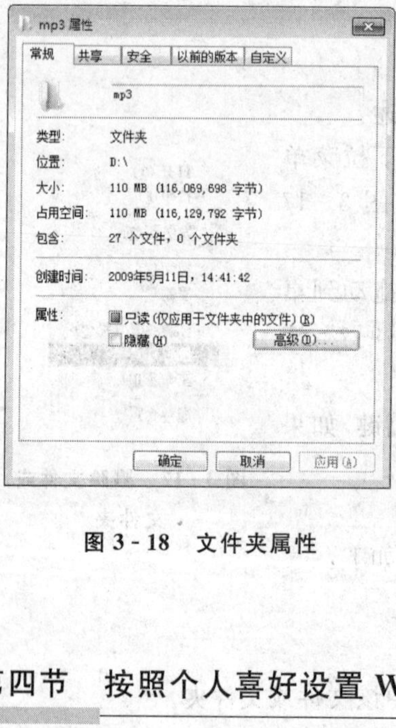

图 3-18 文件夹属性

(十)设置文件和文件夹的属性

在要设置属性的文件或文件夹上单击鼠标右键,在弹出的快捷菜单中选择“属性”选项,弹出属性对话框如图 3-18。在“常规”选项卡的“属性”栏中可设置属性,主要包括“只读”“隐藏”“存档”2 种类型。

1. 只读

该文件和文件夹只能打开并阅读其内容,但不能修改其内容,即进行修改后不能在当前位置进行保存。

2. 隐藏

设置隐藏属性后的这类文件和文件夹将被隐藏起来,打开所在窗口不会被看见,通过设置可显示隐藏的文件和文件夹。

第四节 按照个人喜好设置 Windows 7

Windows 7 提供了强大的个人设置功能,用户可以根据个人的喜好对桌面环境和操作方式进行几乎是随心所欲的设置。下面,就让我们学习 Windows 7 的一些基本设置。

一、重新排列桌面图标

有时，由于我们在桌面拖动图标或创建快捷方式等弄乱了桌面图标，需要重新排列桌面图标。重新排列桌面图标，步骤如下：

（1）右击桌面空白处，出现下拉菜单，如图 3-19 所示。

（2）指向“排序方式”，出现下级菜单，可以按名称、大小、项目类型以及修改日期进行排列。

二、设置桌面壁纸

设置桌面壁纸是 Windows 7 一种美化桌面的方法，Windows 7 此项功能很强大，可以使桌面自动连续播放多张壁纸，妙趣横生。

可以将桌面背景设置成我们喜欢的图案。设置的方法如下：

（1）右击桌面空白处，如图 3-19 选择“个性化”选项，打开如图 3-20 所示“个性化”窗口。

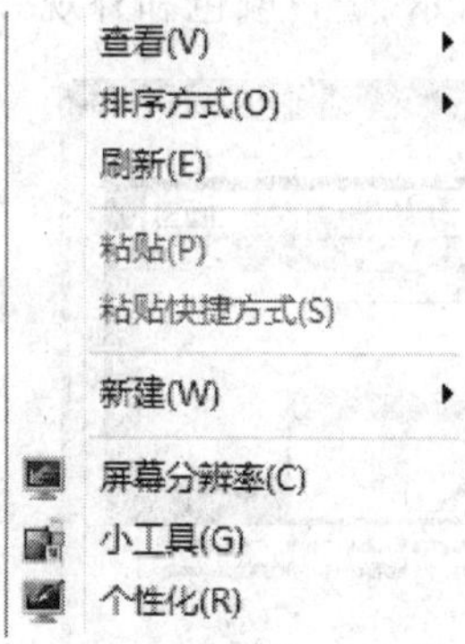

图 3-19 桌面属性

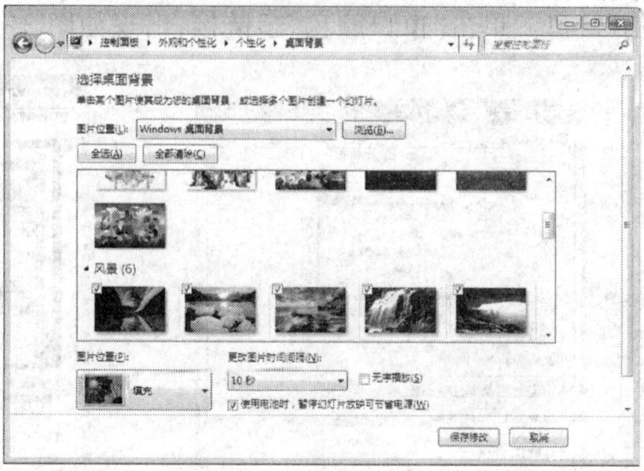

图 3-20 个性化窗口

（2）单击“桌面背景”超链接，如图 3-20 所示。打开“选择桌面背景”窗口，单击某个图片使其成为桌面背景，或选择多个图片创建一个幻灯片。也可单击“浏览”按钮，选择自己喜欢的图片做背景。

（3）在“图片位置”窗口中可设置“填充”、“适应”、“拉伸”、“平铺”、“居中”。

（4）单击“保存修改”按钮，背景更改完成。

三、设置屏幕保护程序

如果我们在操作计算机的过程中有事暂时离开一会，但又没必要关机，而我们又不想让别人看到计算机显示的内容，我们可以设置屏幕保护程序，同时屏幕保护程序也可以防止荧光屏因长时间显示固定的画面而损坏其内部感光涂层。

设置屏幕保护程序操作步骤如下：

(1)右击桌面空白处，如图 3 - 19 选择“个性化”选项，打开如图 3 - 20 所示“个性化”窗口。单击“屏幕保护程序”超链接，出现如图 3 - 21 所示的对话框。

(2)在“屏幕保护程序”选项组中选择喜欢的屏幕保护类型。

(3)单击“预览”按钮可以预览已设置的类型。

(4)设置“等待”时间，在“等待”数值框中输入一个等待时间，单击“应用”按钮，再单击“确定”按钮，屏幕保护程序便设置完成。

在不做任何操作的情况下，等待时间一过，屏幕保护程序图案就会出现在屏幕上。如要重新操作计算机，移动鼠标或敲击一下键盘，屏幕即可恢复原状。

四、设置窗口颜色

(1)右击桌面空白处，如图 3 - 19 选择“个性化”选项，打开如图 3 - 20 所示“个性化”窗口。单击“窗口颜色”超链接，出现如图 3 - 22 所示“窗口颜色和外观”。

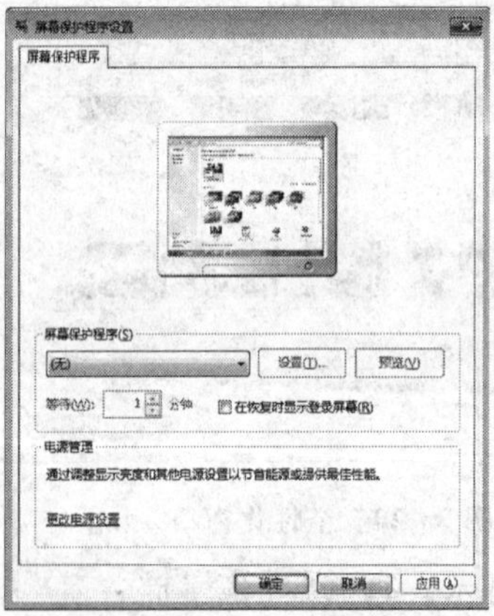

图 3 - 21 屏幕保护程序设置窗口

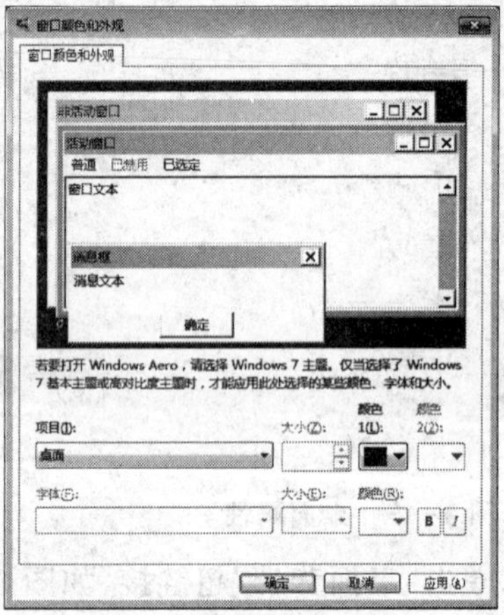

图 3 - 22 窗口颜色和外观

(2)选择“项目”，并设置颜色。

(3)单击“应用”按钮，再单击“确定”按钮。

五、设置鼠标

鼠标是操作 Windows 7 必备的输入设备，我们可以通过设置其属性来方便使用。

Windows 7 系统具有设置鼠标功能，包括使用鼠标“左手习惯”或“右手习惯”、鼠标双击速度、鼠标指针形状等。

(1)右击桌面空白处，如图 3-18 选择“个性化”选项，打开如图 3-19 所示“个性化”窗口。单击左侧“更改鼠标指针”超链接，出现如图 3-23 所示“鼠标属性”。

(2)更改左右键功能。在“鼠标键配置”项中可选择“切换主要和次要的按钮”项，以切换左键和右键的功能。

(3)改变双击速度。调节双击速度标尺，然后在“测试区域”内双击文件夹图标，如果设置合适，双击成功，文件夹就会打开。

(4)设置鼠标指针。单击“指针”标签打开指针标签页面，如图 3-23 所示，先选中要设置的操作项，在“方案”下拉列表中选择一个自己喜欢的图案，按下“确定”，设置成功。如果“方案”下拉列表中没有满意的图标，可以单击“浏览”，从“浏览”文件对话框中选择一个满意的图标，单击“确定”按钮，完成设置。

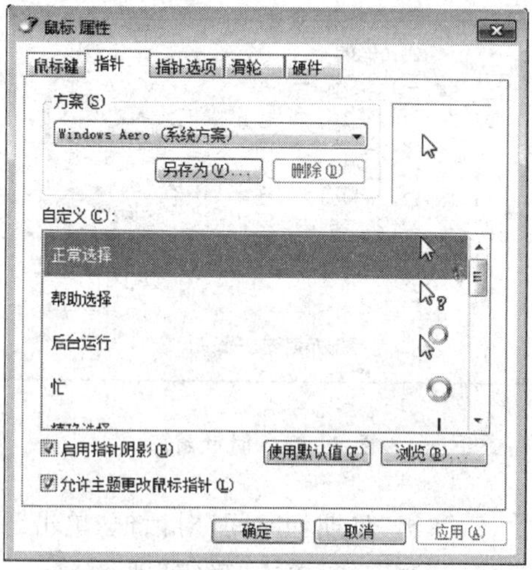

图 3-23　鼠标属性

(5)设置移动速度。在“指针选项”标签页面中，设置鼠标移动方案。通过调节“指针速度”标尺设置鼠标移动速度。通过选择“显示指针轨迹”设置显示或不显示鼠标移动指针轨迹。

六、怎样校对时间

(一)添加时间图标

添加时间图标具体操作步骤：

(1)右击桌面空白处，如图 3-19 选择“小工具”选项。

(2)选择“时针”图标，单击右键弹出快捷菜单，选择“添加”选项。

(3)在桌面添加时钟图标效果，如图 3-24 所示。

(二)设置日期和时间

Windows 7 任务栏右下角有时间和日期图标，可对其进行更改，操作步骤：

(1)单击任务栏时间和日期图标，弹出日期和时间表，如图 3 - 25，单击“更改日期和时间设置”超链接。

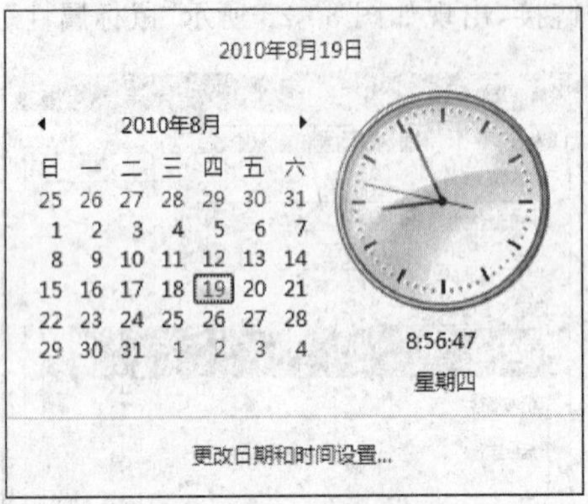

图 3 - 24 时针窗口

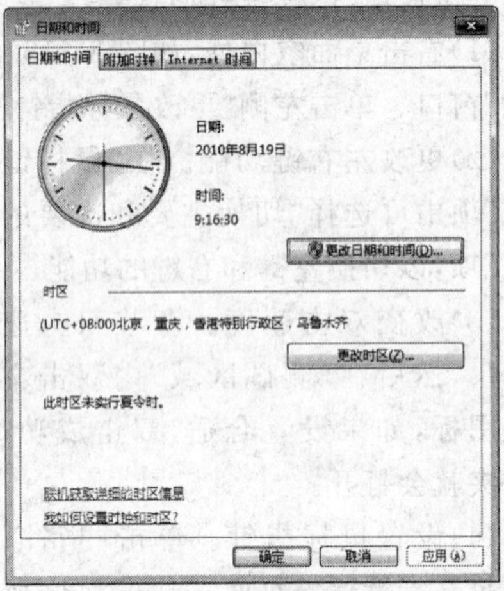

图 3 - 25 日期和时间窗口

(2)弹出“日期和时间”对话框，单击“更改日期和时间”按钮。

(3)更改完毕，单击“确定”即可。

第五节 Windows 7 实用工具

Windows 7 有许多实用小工具、数字媒体工具和各种商业工具，我们来简单介绍一下使用方法。

一、记事本的使用

记事本制作文本文档，单击“开始”菜单，依次选择“所有程序”、“附件”、“记事本”。打开记事本后，选择一种输入法，即可开始输入文本，如图 3 - 26 所示。保存文件时，可将文档保存为“. txt”记事本文件，也可以保存为“. doc”格式的 Word 文档文件。

二、写字板的使用

写字板是 Windows 7 中的文字处理程序，与记事本相比，在文档中可以添加复杂的格式和图形。

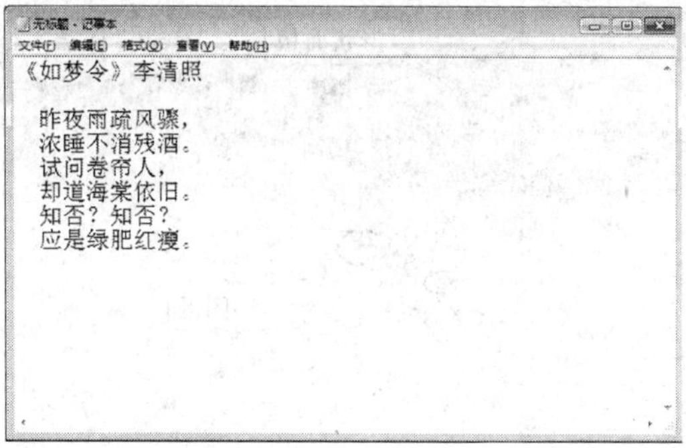

图 3 - 26　记事本窗口

单击“开始”菜单，依次选择“所有程序”、“附件”、“写字板”。

启动写字板程序后，系统会自动新建一个空白文档。选择一种输入法后，可以开始输入文本，也可插入图片，如图 3 - 27 所示。Windows 7 自带的写字板有快速查找文字并替换的功能，还有文档字体样式、大小及颜色、段落对齐方式等属性设置。

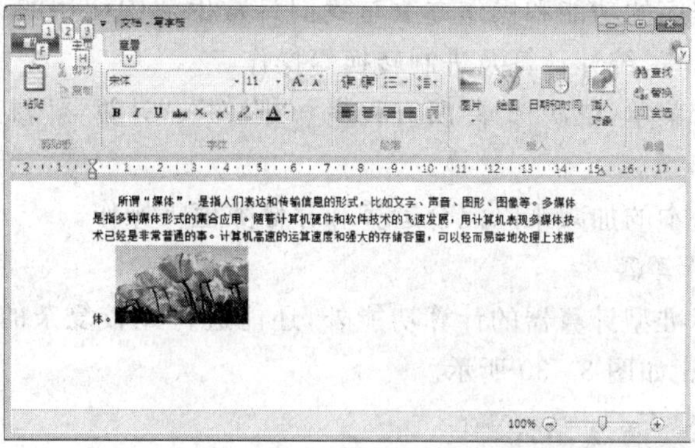

图 3 - 27　写字板窗口

三、画图的使用

画图程序集图形绘制与编辑功能于一体，使用它我们可以轻松处理图片或照片。单击“开始”菜单，依次选择“所有程序”、“附件”、“画图”。启动画图程序如图 3 - 28 所示，“工具箱”中提供了绘制图形时所需要的各种工具，“形状面板”可以插入现成的形状，“调色板”可以编辑各种颜色，使用画图程序所绘制的图像文件都是位图文件。

图 3-28　画图窗口

四、计算器的使用

“计算器”程序的功能和操作方法与我们日常生活中使用的计算器非常相似，能够完成混合运算、统计计算及进制转换等操作。

单击“开始”菜单，依次选择“所有程序”、“附件”、“计算器”，打开如图 3-29。

1. 标准型计算器

可以完成基本的加减乘除混合运算和存储数值等操作。

2. 科学型计算器

除能完成标准型计算器的计算功能外，还能进行比较复杂的计算，如：数据统计、进制转换等。如图 3-30 所示。

图 3-29　标准型计算器窗口　　　　图 3-30　科学型计算器窗口

五、录音机的使用

录音机程序可以录制各种声音，在录制声音之前确定本机已经安装好声卡和麦克风。单击“开始”菜单，依次选择“所有程序”、“附件”、“录音机”。

如果录制一首歌曲，操作步骤如下：单击“开始录制”按钮，开始录制声音，对着麦克风演唱即可，完成后单击“停止录制”按钮，在弹出的“另存为”对话框中输入文件名保存音频文件，默认文件扩展名为 wma。

六、Windows 7 媒体中心

Windows Media Center（媒体中心）是 Windows 7 中集音频、视频播放和游戏于一体的娱乐平台。

（一）媒体中心界面

单击“开始”菜单，选择“所有程序”，单击“Windows Media Center”打开 Windows Media Center 窗口，如图 3-31 所示。

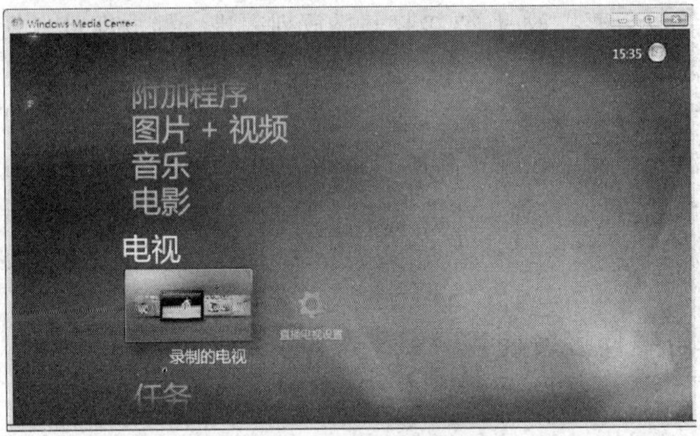

图 3-31　媒体中心界面

媒体中心可以播放计算机中保存的电影和音乐，用户只需通过鼠标操作相应的按钮可完成。媒体中心还提供了多个有趣的休闲小游戏，包括 Mahjong Titans、Purble Place、扫雷、纸牌、红心大战等。

（二）Windows Media Player

Windows Media Player 可以播放数字音乐、音频 CD、DVD 电影、收听网络广播等，整体界面比以前的版本更为简洁。

单击“开始”菜单，选择“所有程序”，单击“Windows Media Player”打开 Windows Media Player 窗口，如图 3-32 所示。在工具栏上单击鼠标右键，弹出快捷菜单，选择“显示菜单栏”选项。

图 3-32　媒体播放器

在使用播放器的过程中，对一些经常欣赏的影片和歌曲，用户可以将它们放在一个列表中，等以后要播放时，直接打开播放列表进行播放即可。创建播放列表的具体操作步骤如下：

(1)单击“创建播放列表”按钮，输入列表名称，如“放松心情”，回车确定。

(2)在资源管理器中找到要添加的文件，选中后拖至右边列表的窗格中。

(3)释放鼠标，可以看到文件被添加到列表中，单击右键，在弹出的菜单中选择“添加到”—“放松心情”，单击“播放”列表上的“保存列表”，将该列表保存。

第六节　常用硬件设备使用

一、添加新硬件

在计算机的使用过程中，还常常临时安装如 U 盘、打印机等外部设备。计算机硬件设备分为即插即用型和非即插即用型两种。U 盘等可以直接连接到计算机中使用的硬件设备称为即插即用型硬件，即无需手动安装驱动程序，系统便可自动识别并添加设备向导直接在 Windows 7 中运行。一般情况下即插即用型硬件都可以与计算机 USB 接口相连接。

二、驱动程序

在安装一个新的计算机硬件时通常都要为其安装配套的硬件驱动程序，驱动程序是连接硬件和操作系统的纽带。但并非都是这种情况，如安装 CPU、主板、内存、光驱、键盘、显示器等设备时就不需要再为其安装驱动程序了，它们的驱动程序已经默认安装在主板的 BIOS 中，只要正确连接接口即可使用。Windows 7 中安装完新硬件驱动立即生效，不像老版操作系统那样需要反复重新启动操作系统，但安装一些关键设备驱动依然需要重启系统。

三、磁盘的维护

Windows 7 自带了两个维护磁盘的程序，“磁盘清理”和“磁盘碎片整理”。通过维护，用户能方便地对硬盘的存储空间进行整理和优化，使计算机的运行速度得到一定的提升。

（一）磁盘整理

通过删除硬盘分区中系统临时文件夹、回收站等区域中多余文件来实现磁盘清理。具体操作步骤：

（1）依次单击“开始”、“所有程序”、“系统工具”、“磁盘清理”命令，弹出“磁盘清理：驱动器选择”对话框，输入要进行清理的磁盘，如图所示，单击确定按钮。

（2）系统开始分析选定的驱动器，分析完成后，用户可对文件进行清理，单击“确定”按钮，完成设置。

（二）整理磁盘碎片

在计算机使用过程中，对软件的频繁的安装卸载及各种操作会积累很多碎片文件，影响了系统工作效率。用户可以定期做磁盘碎片的整理，具体操作步骤：

（1）依次单击“开始”、“所有程序”、“系统工具”、“磁盘碎片整理程序”命令，弹出“磁盘碎片整理程序”对话框。

（2）系统开始对硬盘进行碎片整理，单击“取消碎片整理”按钮，可停止磁盘整理。

（三）格式化磁盘

如果不需要某个磁盘所有文件了，可以对其进行格式化处理，操作步骤：

（1）打开“计算机”窗口，在要格式化磁盘上单击右键选择“格式化”选项。

（2）在“格式化”对话框中，设置“文件系统”和“卷标”等参数，如果想快速格式化磁盘，可选中“快速格式化”复选框，单击“开始”按钮，就开始对磁盘进行格式化了。

习　题

一、选择题

1. 在资源管理器中选择若干个文件后按【Ctrl】+【C】,则这些文件________。

A. 被删除　　B. 被复制到当前位置

C. 被复制到剪贴板　　D. 被隐藏

2. Windows 7 把整个屏幕看作________。

A. 窗口　　B. 桌面　　C. 工作空间　　D. 对话框

3. 一个应用程序的快捷方式被创建在桌面上,如果从桌面把这个快捷方式删除,则________。

A. 该应用程序不会被删除

B. 该应用程序将被删除

C. 该应用程序可被删除,便可以从“回收站”恢复过来

D. 系统将询问“是否将该应用程序删除?”

4. 屏幕的分辨率可在________选项卡中进行设置。

A. 主题　　B. 屏幕保护程序

C. 设置　　D. 桌面

5. 在 Windows 7 中,要将当前窗口的全部内容移到剪贴板,应该使用________。

A.【Print Screen】　　B.【Alt】+【Print Screen】

C.【Ctrl】+【Print Screen】　　D.【Ctrl】+【P】

6. 在 Windows 7 中,“回收站”是________。

A. 内存中的一块区域　　B. 硬盘上的一块区域

C. 软盘上的一块区域　　D. 高速缓存上的一块区域

7. 在 Windows 7 资源管理器中,先按住【Ctrl】键,然后逐个单击待选文件,则可以________。

A. 选定多个不连续排列文件　　B. 选定多个连续排列文件

C. 选定一个文件　　D. 选定若干组文件

8. 在 Windows 7 中,________操作不能关闭窗口。

A. 单击最小化按钮　　B. 单击控制菜单的关闭项

C. 单击文件菜单中的退出项　　D. 双击控制菜单图标

9. 在 Windows 7 中,选定多个不连续的文件方法是________。

A. 单击每个要选定的文件

B. 双击每个要选定的文件

C. 单击任何一个你要选定的文件，然后按住【Shift】键单击每个要选定的文件

D. 单击任何一个你要选定的文件，然后按住【Ctrl】键单击每个要选定的文件

10. 在 Windows 7 中，选定多个连续的文件方法是________。

A. 单击第一个文件，然后单击最后一个文件

B. 双击第一个文件，然后双击最后一个文件

C. 单击第一个文件，然后按住【Shift】键单击最后一个文件

D. 单击第一个文件，然后按住【Ctrl】键单击最后一个文件

二、操作题

1. 选择“资源管理器”窗口，单击工具栏上“更改您的视图”按钮右边“更多选项”，选择“超大图标”查看，并以同样的方式单击“大图标”、“中等图标”、“小图标”、“列表”、“详细信息”、“平铺”、“内容”选项，以其相应的方式显示窗口形式，观察“资源管理器”窗口内的变化。

2. 右击桌面空白处，出现下拉菜单，指向“排序方式”，出现下级菜单，可以按名称、大小、项目类型以及修改日期进行排列，观察窗口的变化。

3. 查看磁盘 D 的可用空间，进行“磁盘清理”及“磁盘碎片整理”操作。

4. 查看 C 盘上任一文件的属性，并把该文件设置为“只读”文件，再恢复其原来的属性。

5. 启动画图程序，利用画图工具画图，保存为“D:\windows\我的画图作品.bmp”，并将其设为 Windows 7 桌面壁纸。

6. 启动写字板程序，编辑文档，保存为“D:\练习.txt”。

7. 文件夹管理练习，要求如下：

(1)在本机 D 盘根目录新建“aa”文件夹，打开“aa”文件夹，在此文件夹下新建一个名为“a.txt”的文本文件。

(2)将第 8 题中的“练习.txt”文件复制到“aa”文件夹中，并将“练习.txt”文件发送到“桌面快捷方式”。

(3)在本机 D 盘“aa”文件夹下新建“bb”文件夹，将“aa”文件夹下的“a.txt”移动到“bb”文件夹中并改名为“b.txt”。

(4)删除“b.txt”文件，再将其还原并查看，最后彻底删除“b.txt”文件。

(5)使用搜索功能，在本地磁盘上找到扩展名为“.ppt”、“.doc”、“.bmp”的文件各一个，再把这三个文件的主文件名都改为“我的”，扩展名不变。

第 4 章　Word 2007 应用速成

本章导读

Word 2007 是 Microsoft 公司推出的办公自动化系列软件 Office 2007 中的一员，主要用于文字处理等方面工作。它可方便地进行文字、表格、和图像处理，是大家最常使用的文档处理软件之一。学习 Microsoft word 2007 是学好 Microsoft office 2007 系列软件的基础。

本章内容主要有：初识 Word 2007、word 2007 基本操作、图形操作、表格操作和长文档的操作等。有 Microsoft word 2003 或其他版本操作基础的读者，可通过第一节的学习尽快掌握 Microsoft word 2007 的操作规程，无经验者可查阅以后各节内容详细学习。

课程内容	目　标
本课程包括：	在完成本课程之后，您将能够：
1. Word 2007 简介	1. 熟练掌握 Microsoft word 2007 新功能使 Word 比以往更加易用
2. 文档基本操作	2. 查找工作中所需的常用命令
3. 文稿基本编辑	3. 按照最适合自己的方式使用 Word 的新文件格式
4. 图形基本编辑	4. 熟练编辑和制作表格
5. 表格编辑制作	5. 会使用图文混排方式编辑文档
6. 长文档管理编辑	6. 掌握长文档的组织和整理方法

第一节　初识 Microsoft Office Word 2007

Microsoft Office Word 2007 提供了一整套工具，供您在新的 Microsoft Office Fluent 用户界面中创建和编排文档，帮助您生成具有专业水准的文档。丰富的审阅、批注和比较功能有助于快速收集和管理来自同事的反馈信息。高级的数据集成可确保文档与重要的业务信息源保持连接。

一、Microsoft Office Word 2007 的新增功能

(一)创建具有专业水准的文档

Office Word 2007 提供的编辑和审阅工具令您比以前任何时刻都能更轻松地创建精美的文档。

1. 减少格式设置的时间,把更多精力花在撰写上

新的"功能区"是 Office Fluent 用户界面的一个按任务分组工具的组件,它将使用频率最高的命令呈现在眼前。

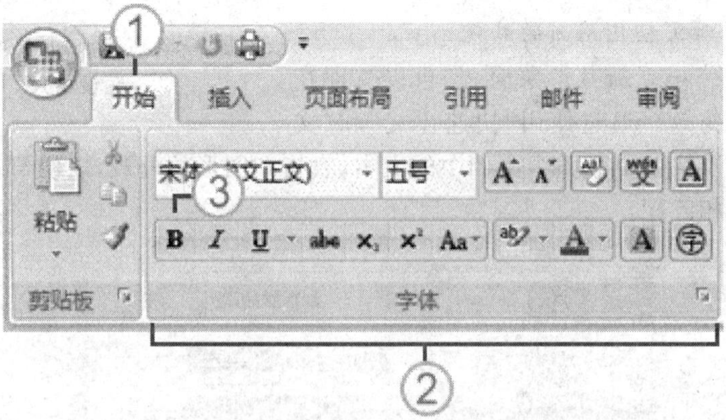

图 4-1 Microsoft Word 2007 功能区

(1)选项卡是针对任务设计的。

(2)在每个选项卡中,都是通过组将一个任务分解为多个子任务。

(3)每组中的命令按钮都可执行一项命令或显示一个命令菜单。

全新的、注重实效的 Office Fluent 用户界面可以根据您的需要显示多种工具,做到条理分明,井然有序:

• 从收集了预定义样式、表格格式、列表格式、图形效果等内容的库中进行挑选,不仅节省时间,还能更充分利用 Word 强大的功能。

• Fluent user interface 消除了将格式应用于文档时的疑虑。从格式库中选择格式,您可以在实施更改之前实时而直观地预览文档的格式。

2. 点几下鼠标,即可添加预设格式的元素

Office Word 2007 引入了构建基块,供您将预设格式的内容添加到文档中:

• 在处理特定模板类型(如报告)的文档时,您可以从收集了预设格式封面、重要引述、页眉和页脚等内容的库中进行挑选,从而令文档看上去更加精美。

• 如果希望自定义预设格式的内容，或者您的组织经常使用相同的一段内容（如法律免责声明或客户联系信息），只需点一下鼠标，您就可以从库中进行挑选，创建自己的构建基块，如图 4-2 所示。

图 4-2 Microsoft Word 2007 预设格式

3. 利用极富视觉冲击力的图形更有效地进行沟通

新的图表和绘图功能包含三维形状、透明度、阴影以及其他效果，如图 4-3 所示。

4. 即时对文档应用新的外观

当您的公司更新其形象时，您可以立即在文档中进行仿效。通过使用“快速样式”和“文档主题”，可以快速更改整个文档中的文本、表格和图形的外观，以便与首选的样式和配色方案相匹配。

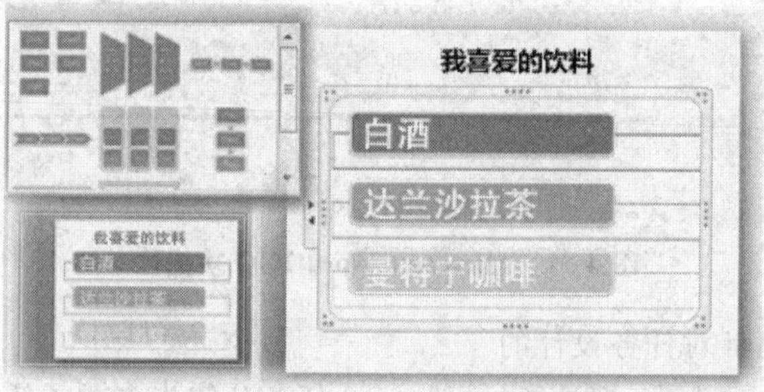

图 4-3 Microsoft Word 2007 图形效果

5. 轻松避免拼写错误

(1)在编写让其他人查看的文档时，当然不希望出现影响理解或破坏专业形象的拼写错误。拼写检查的新功能便于您满怀信心地分发工作，在各个 2007 Microsoft Office system 程序之间，拼写检查现在更加一致。这些更改包括：

• 现在，有几个拼写检查选项是全局性的。如果在一个 Office 程序中更改了其中一个选项，所有其他 Office 程序中也会相应地更改该选项。

• 除了共享相同的自定义词典外，所有程序还可以使用同一对话框管理这些词典。

(2)2007 Microsoft Office system 拼写检查包括后期修订语法词典。在 Microsoft Office 2003 中，它是一个加载项，需要单独安装。

(3)首次使用某种语言时，会自动为该语言创建排除词典。排除词典可以强制拼写检查标记要避免使用的词语。它们可让您方便地避免令人讨厌的词语或不符合风格指南的词语。

(4)拼写检查可以查找并标记某些上下文拼写错误。您是否出现过类似以下情况的键入错误？I will see you their. 在 Office Word 2007 中，可以启用“使用上下文拼写检查”选项来获取关于查找和修复此类错误的帮助。当对使用英语、德语或西班牙语的文档进行拼写检查时，可以使用此选项。

(5)可以对一个文档或创建的所有文档禁用拼写和语法检查。

(二)放心地共享文档

当您向同事发送文档草稿以征求他们的意见时，Office Word 2007 可帮您有效地收集和管理他们的修订和批注。在您准备发布文档时，Office Word 2007 可帮助确保所发布的文档中不存在任何未经处理的修订和批注。

1. 快速比较文档的两个版本

Office Word 2007 可以轻松找出对文档所做的更改。比较和合并文档时，可以查看文档的两个版本，而已删除、插入和移动的文本则会清楚地标记在文档的第三个版本中，如图 4-4 所示。

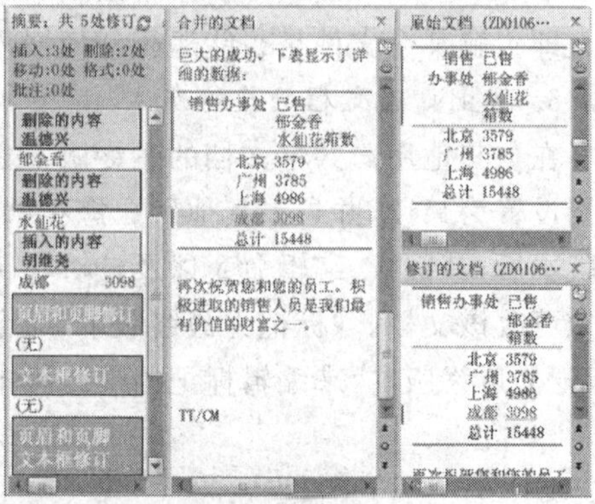

图 4-4 快速比较不同版本的两个文档

2. 查找和删除文档中的隐藏元数据和个人信息

在与其他用户共享文档之前，可使用文档检查器检查文档，以查找隐藏的元数据、个人信息或可能存储在文档中的内容。文档检查器可以查找和删除以下信息：批注、版本、修订、墨迹注释、文档属性、文档管理服务器信息、隐藏文字、自定义 XML 数据，以及页眉和页脚中的信息。文档检查器可帮助确保您与其他用户共享的文档不包含任何隐藏的个人信息或您的组织可能不希望分发的任何隐藏内容。此外，组织可以对文档检查器进行自定义，以添加对其他类型的隐藏内容的检查。

3. 向文档中添加数字签名或签名行

可以通过向文档中添加数字签名来为文档的身份验证、完整性和来源提供保证。在 Office Word 2007 中，您可以向文档中添加不可见的数字签名，也可以插入 Microsoft Office 签名行来捕获签名和数字签名的可见表示形式。

通过使用 Office 文档中的签名行捕获数字签名的能力使组织能够对合同或

其他协议等文档使用无纸化签署过程。与纸质签名不同,数字签名能提供精确的签署记录,并允许在以后对签名进行验证。

4. 将 Word 文档转换为 PDF 或 XPS

Office Word 2007 支持将文件导出为以下格式:

(1)可移植文档格式(PDF)。PDF 是一种版式固定的电子文件格式,可以保留文档格式并允许文件共享。PDF 格式确保在联机查看或打印文件时能够完全保留原有的格式,并且文件中的数据不能轻易被更改。对于要使用专业印刷方法进行复制的文档,PDF 格式也很有用。

(2)XML 纸张规范(XPS)。XPS 是一种电子文件格式,可以保留文档格式并允许文件共享。XPS 格式可确保在联机查看或打印 XPS 格式的文件时,该文件可以严格保持您所要的格式,文件中的数据也不能轻易被更改。

5. 即时检测包含嵌入宏的文档

Office Word 2007 对启用了宏的文档使用单独的文件格式(.docm),因此可以立即了解某个文件是否能运行任何嵌入的宏。

6. 防止更改文档的最终版本

在与其他用户共享文档的最终版本之前,可以使用"标记为最终版本"命令将文档设置为只读,并告知其他用户您在共享文档的最终版本。在将文档标记为最终版本后,其键入、编辑命令以及校对标记都会被禁用,以防查看文档的用户不经意地更改该文档。"标记为最终版本"命令并非安全功能。任何人都可以通过关闭"标记为最终版本"来编辑标记为最终版本的文档。如图 4-5 所示。

图 4-5 标记为最终版本

(三)超越文档

如今,当计算机和文件互相连接时,更有必要将文档存储于容量小、稳定可靠且支持各种平台的文件中。为满足这一需求,2007 Office 版本在 XML 支持的发展方面实现了新的突破。基于 XML 的新文件格式使 Office Word 2007 文件变得更小、更可靠,并能与信息系统和外部数据源深入地集成。

1. 缩小文件大小并增强损坏恢复能力

新的 Word XML 格式是经过压缩、分段的文件格式,可大大缩小文件大小,并有助于损坏的文件能够轻松恢复。

2. 将文档与业务信息连接

在业务中，您需要创建文档来沟通重要的业务数据。您可通过自动完成该沟通过程来节省时间并降低出错风险。使用新的文档控件和数据绑定连接到后端系统，即可创建能自我更新的动态智能文档。

3. 在文档信息面板中管理文档属性

利用文档信息面板，可以在使用 Word 文档时方便地查看和编辑文档属性。在 Word 中，文档信息面板显示在文档的顶部。您可以使用文档信息面板来查看和编辑标准的 Microsoft Office 文档属性，以及已保存到文档管理服务器中的文件的属性。如果使用文档信息面板来编辑服务器文档的文档属性，则更新的属性将直接保存到服务器中。

例如，您可能拥有一台跟踪文档编辑状态的服务器。当处理完文档时，可以打开文档信息面板，将文档的编辑状态从草稿变为终稿。当您将文档保存回服务器时，服务器上将更新编辑状态中的更改。

如果将文档模板存储在 Windows SharePoint Services 3.0 服务器上的库中，该库可能会包括存储有关模板的信息的自定义属性。例如，您的组织可能会要求您填写"Category"属性，以对库中的文档进行分类。使用文档信息面板，就可以直接在 Word 环境中编辑此类属性。

(四)从计算机问题中恢复

2007 Microsoft Office system 提供了经过改进的工具，用于在 Office Word 2007 发生问题时恢复您所做的工作。

1. Office 诊断

Microsoft Office 诊断是一系列有助于发现计算机崩溃原因的诊断测试。这些诊断测试可以直接解决部分问题，也可以确定其他问题的解决方法。Microsoft Office 诊断取代了以下 Microsoft Office 2003 功能："检测并修复"以及"Microsoft Office 应用程序恢复"功能。

2. 程序恢复

Office Word 2007 的功能已得到改进，使之有助于在程序异常关闭时避免丢失工作成果。只要可能，在重新启动后，Word 就会尽力恢复程序状态的某些方面。

例如，如果您正在同时处理若干个文件。每个文件都在不同的窗口中打开，每个窗口中都有特定可见数据。此时 Word 崩溃。当您重新启动 Word 时，它将打开这些文件并将窗口恢复成 Word 崩溃之前的状态。

这是微软公司开发的自动化软件。Office 2007 版本，是第三代处理软件的代表主品，可以作为办公和管理的平台，以提高使用者的工作效率和决策能力。

Office 2007 是一个庞大的办公软件和工具软件的集合体，为适应全球网络化需要，它融合了最先进的互联网技术，具有更强大的网络功能；Office 2007 中文版针对汉语的特点，增加了许多中文方面的新功能，如中文断词、添加汉语拼音、中文校对、简繁体转换等。Office 2007 是人们电脑办公不可缺少的得力助手。

二、从 Word 2003 到 Word 2007

Word 2007 已成功推出，这真令人兴奋！您知道该版本的设计比早期版本更完善、更能提高工作效率。但它对您来说可能有点陌生。

不必担心，本节将帮助您迅速熟悉该程序。在本节中，您将了解如何充分利用这个更易用的新版本，查看如何执行 Word 中的日常任务，并在新版本的 Word 中进行练习和体验它的优点。

(一)新功能区横跨 Word 的顶部

当您第一次打开 Word 2007 时，您可能会对它的新外观感到惊讶。大多数的更改主要集中在功能区，即横跨 Word 顶部的区域。如图 4-6 所示。

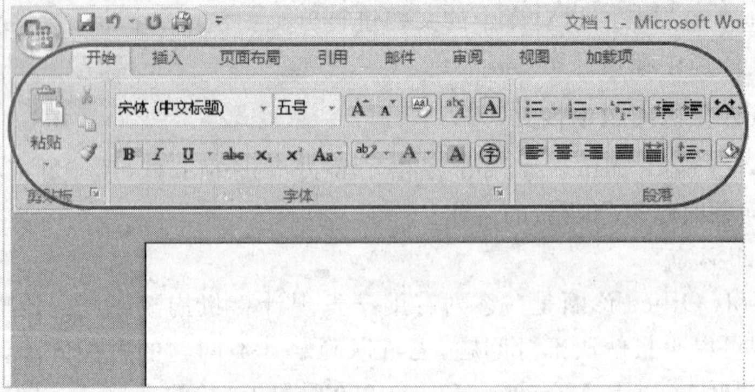

图 4-6　Microsoft Word 2007 顶部功能区

功能区将最常用的命令置于最前面，这样，您就可以轻松完成常见任务，而不必在程序的各个部分寻找需要的命令。

之所以进行这些更改，是为了让您的工作更轻松、更快捷。设计者从用户的体验出发，对功能区进行了详尽的调研和设计，使各个命令都位于最佳位置。

例如：可以利用开始选项卡上的剪贴板功能区轻松剪切、粘贴文本；然后利用样式功能区更改文本格式，如图 4-7 所示；最后，在“页面布局”选项卡上更改页面的背景色。如图 4-8 所示。

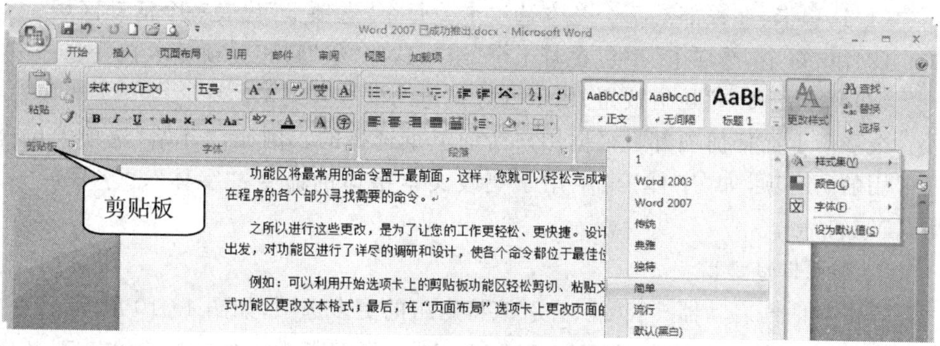

图 4-7　剪贴板、样式功能区

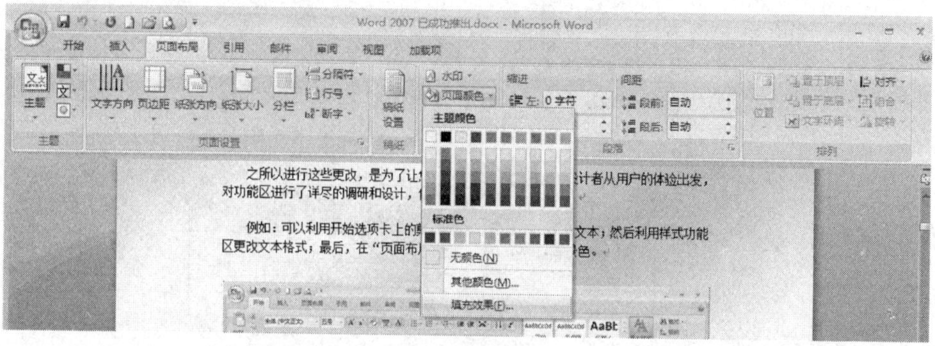

图 4-8　页面背景功能区

1. 功能区组成

功能区有 3 个基本组件：选项卡、组和命令。如图 4-9 所示。

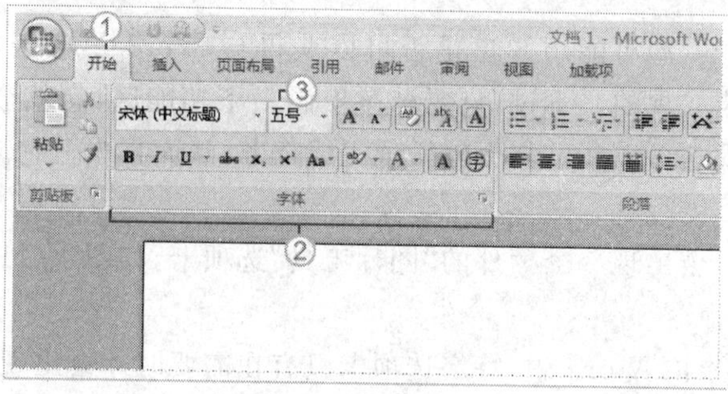

①“开始”选项卡　②“字体”组　③“字号”命令

图 4-9　功能区

(1)选项卡:在顶部有 7 个基本选项卡。每个“选项卡”代表一个活动区域。

(2)组:每个“选项卡”都包含若干个“组”,这些“组”将相关项显示在一起。

(3)命令:“命令”是指按钮、用于输入信息的框或者菜单。

选项卡上的任何项都是根据用户活动慎重选择的。例如,“开始”选项卡包含最常用的所有项,如“字体”组中用于更改文本字体的命令:“字体”、“字号”、“加粗”、“倾斜”等。

2. 对话框启动器

单击对话框启动器,可以查看该特定组的更多选项,如图 4-10 所示。

大致地浏览一下之后,您可能找不到 Word 早期版本中的特定命令。不必担心。某些组在右下角有一个小对角箭头。

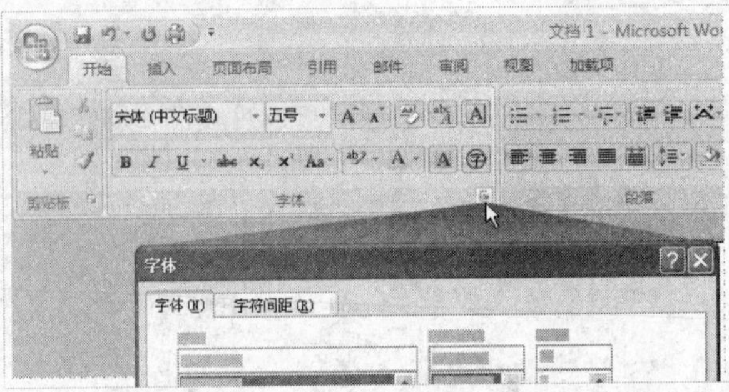

图 4-10 对话框启动器

该箭头称为对话框启动器。如果单击该箭头,您会看到与该组相关的更多选项。这些选项通常以 Word 早期版本中的对话框形式出现。它们也可能出现在大家熟悉的任务窗格中。

谈到早期版本,您可能想知道是否可以获得与 Word 早期版本相同的外观。很遗憾,这是不能实现的。不过,只要稍微熟悉一下功能区,您就会习惯各个选项的位置,您会发现它可以帮助您更轻松地完成任务,从而喜欢上它。

3. 选项卡

选择图片时,会出现一个额外的“图片工具”选项卡,如图 4-11,其中显示用于处理图片的几组命令。

在这个新版本的 Word 中,特定选项卡只有在需要时才会出现。例如,假设您插入了一幅图片,想要对图片做进一步的处理,如您可能要更改文本环绕图片的方式或者剪裁图片等,可以按下列步骤进行操作:

(1)选择图片。“图片工具”选项卡出现。

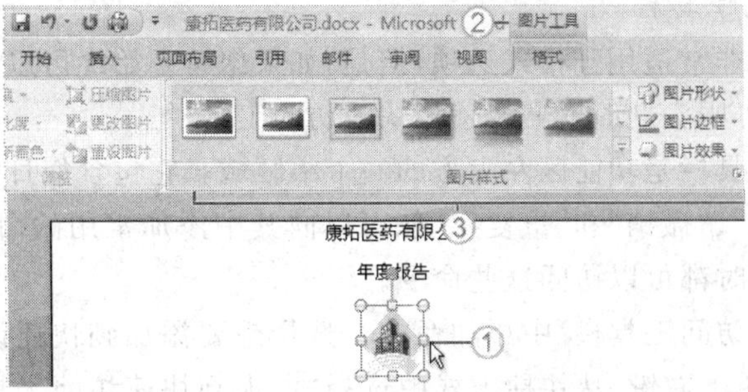

图 4-11　图片工具:格式选项卡

(2)单击“图片工具”选项卡。

(3)此时将显示用于处理图片的其他组和命令;例如“图片样式”组。

(4)在图片外单击时,“图片工具”选项卡会消失,其他组将重新出现。

注意:对于其他活动区域,例如表格、绘图、图示和图表,将根据需要显示相应的选项卡。

4. 浮动工具栏

在选择文本并指向所选文本时,浮动工具栏将以淡出形式出现,如图 4-12 所示。

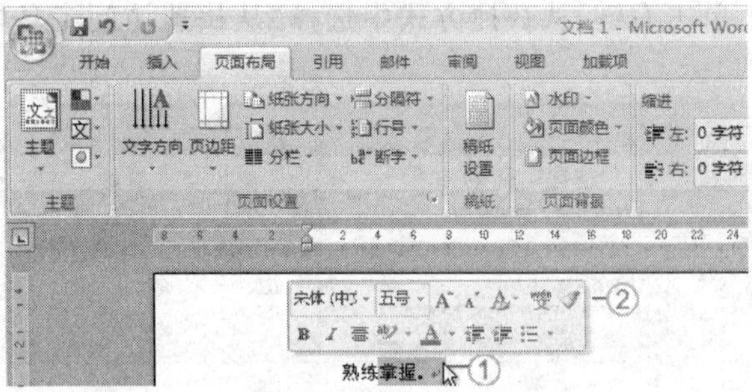

图 4-12　浮动工具栏

有些格式命令非常有用,您希望无论在执行任何操作时都可以访问这些命令。

假设您要快速设置一些文本的格式,但是您正在使用“页面布局”选项卡。您可以单击“开始”选项卡来查看格式选项,但是有一个更快捷的方法:

(1)通过拖动鼠标选择文本,然后指向所选的文本。

(2)浮动工具栏将以淡出形式出现。如果指向浮动工具栏,它的颜色会加深,您可以单击其中一个格式选项。

5. 快速访问工具栏

浮动工具栏非常适用于格式选项，但是，如果您希望始终可以使用其他类型的命令，又该怎么办呢？此时就需要使用快速访问工具栏。

快速访问工具栏是功能区左上方的一个小区域。它包含您日常工作中频繁使用的命令："保存"、"撤销"和"重复"。您可以向其中添加常用的命令，以便您无论使用哪个选项卡时都可以访问这些命令。

(1)向"快速访问工具栏"中添加命令。选择想要添加到快速访问工具栏中命令按钮，在其上单击右键，从快捷方式中选择"添加到快速访问工具栏"命令，如图4-13所示。

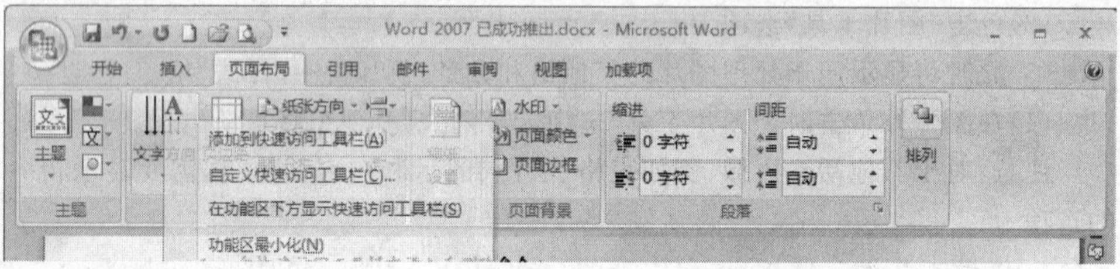

图4-13 添加命令到"快速访问工具栏"

(2)从"快速访问工具栏"中删除命令。在"快速访问工具栏"选择想要删除的命令按钮，在其上单击右键，从快捷方式中选择"从快速访问工具栏删除"命令，如图4-14所示。

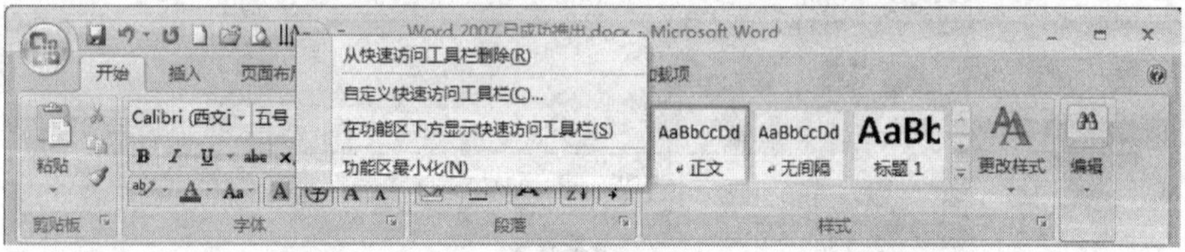

图4-14 从"快速访问工具栏"中删除命令

6. 显示隐藏"组"

双击活动选项卡可以隐藏组，从而留出更多空间，如图4-15所示。

功能区将Word 2007中的所有选项巧妙地集中在一起，以便于您查找。然而，有时您不需要查找选项，而只是想处理文档并希望拥有更多空间来进行工作。这时，您可以方便地临时隐藏功能区，就像使用功能区一样简单。

要临时隐藏功能区，请双击活动选项卡。组会消失，从而为您提供更多空间。

如果需要再次查看所有命令，请双击活动选项卡，组就会重新出现。

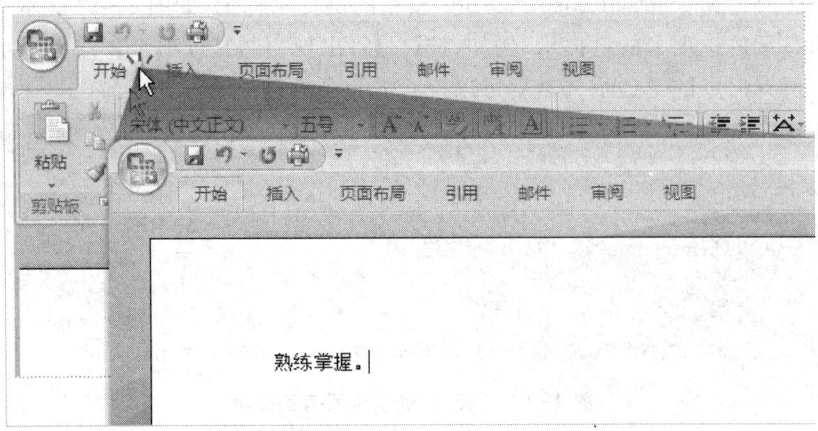

图 4-15 双击“开始”选项卡隐藏命令组

7. 快速访问工具栏的键提示标记

按【Alt】键将显示功能区选项卡，如图 4-16 所示，Microsoft Office 按钮和快速访问工具栏的键提示标记。

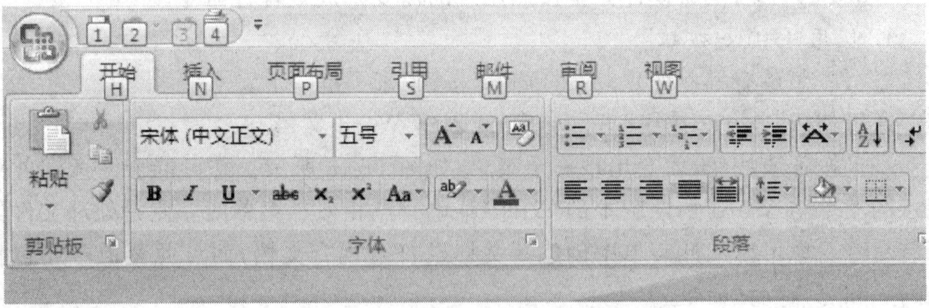

图 4-16 快速访问工具栏的键提示标记

该项功能适用于习惯使用键盘的用户。以【Ctrl】键开头的快捷方式仍与 Word 早期版本相同，例如用于复制的【Ctrl】+【C】或用于标题 1 的【Ctrl】+【Alt】+【1】。

但是功能区设计却附带了新的快捷方式。为什么呢？因为与早期版本相比，此项更改有两大优点：

- 功能区上每个按钮都有快捷方式。
- 快捷方式需要的键通常更少。

新快捷方式还有个新名称：键提示。按【Alt】键可显示所有功能区选项卡、快速访问工具栏命令和 Microsoft Office 按钮的键提示标记，如图 4-17 所示。您可以按要显示的选项卡的键提示；例如，按【H】将出现“开始”选项卡。这将显示该选项卡的所有命令的键提示。然后可以按所需命令的键提示。

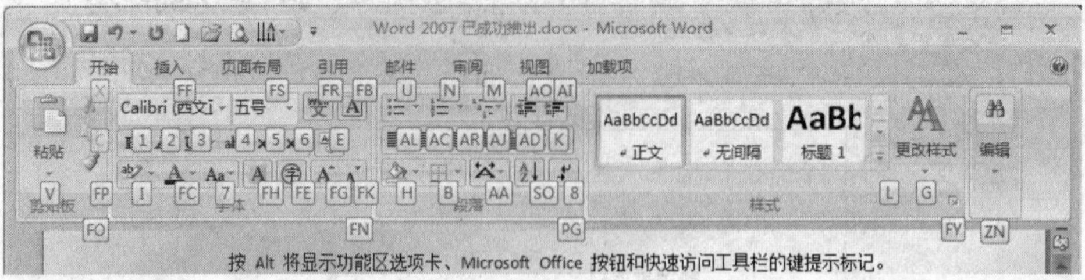

图 4-17 “开始”选项卡所有键提示

注意：您仍然可以使用访问 Word 早期版本中的菜单和命令的【Alt】键＋快捷方式，但是由于新版本中已不存在早期版本的菜单，因此不会显示要按的字母的屏幕提示，这样，您需要了解完整的快捷方式才能使用它们。

（二）常用的命令的确切位置

Word 2007 的全新设计完全按照用户的需要来放置各种命令。

1. 使用“Office 按钮”

“文件”菜单有哪些变化？按“Office 按钮”来了解一下。

通过使用“Office 按钮”，可以打开或创建 Word 文档。

一旦按下该按钮，就会出现一个菜单，如图 4-18 所示。您可能会注意到此处所示的菜单与 Word 早期版本的“文件”菜单有点相似。菜单的左侧是处理文件的所有命令。您可以从此菜单中创建新文档或打开现有文档，而且此菜单中还包括“保存”和“另存为”命令。

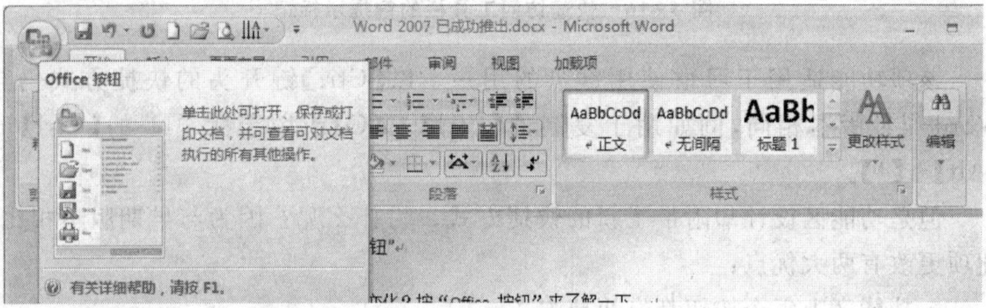

图 4-18 “Office 按钮”的功能

菜单的右侧列出了最近打开的文档，如图 4 - 19 所示。您始终可以很方便地看到它们，这样不必搜索计算机即可找到常用的文档。

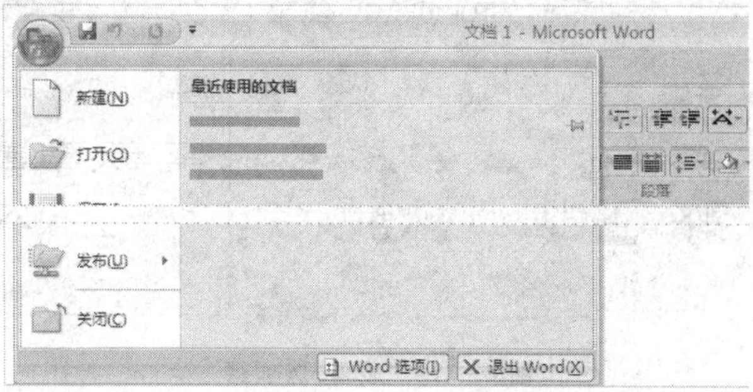

图 4 - 19　打开“Office 按钮”

2.“开始”选项卡上的“字体”组

一旦打开文档并键入文本，毫无疑问就要设置这些文本的格式。“开始”选项卡上的“字体”组中提供了很多熟悉的格式命令，例如“加粗”、“倾斜”和“字号”等。此处还有其他几个命令，如图 4 - 20 所示。

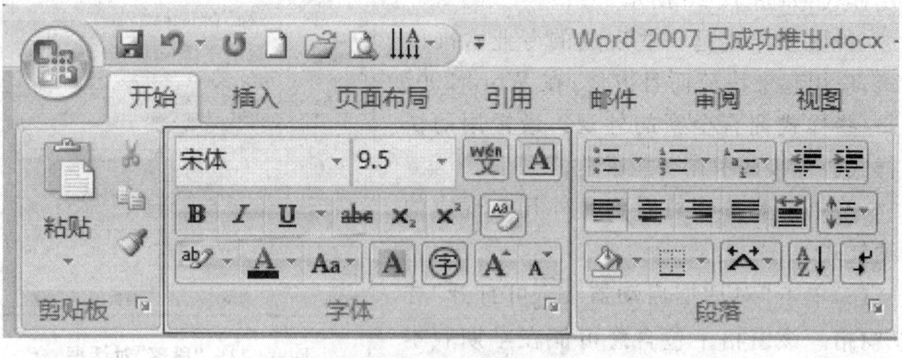

图 4 - 20　“字体”选项组

3.“开始”选项卡上的“段落”组

在“段落”组中，提供了最常用的项目符号列表、编号列表和多级列表。还提供了缩进和对齐命令，如图 4 - 21 所示。

请记住，如果在 Word 中看不到习惯使用的选项，请单击该组右下角的小对角箭头，即对话框启动器。例如，单击“段落”组中的该箭头会打开一个功能与 Word 2003 类似的对话框，如图 4 - 22 所示，在其中可以处理缩进以及进行孤行控制等操作。

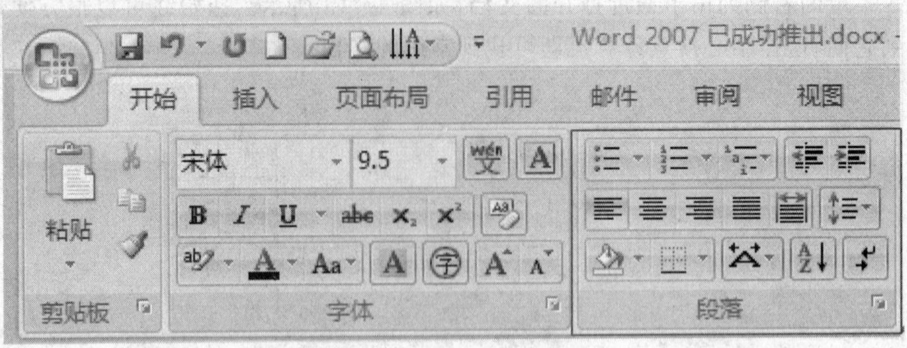

图 4-21 “段落”选项组

4.“开始”选项卡上的“样式”组

如果您需要一种更强大、更有效的格式设置方法，而不仅仅是使用加粗和倾斜命令，可了解一下 Word 2007 版本中的样式。

您可以在“开始”选项卡上的“样式”组中使用样式：如图 4-23 所示。

(1)快速样式是一些现成的专业水准的样式，应用起来快捷而且方便；在 Word 2007 中，这些样式拥有全新的外观。最常用的快速样式会直接显示在功能区上。

(2)单击此按钮可看到另外几个现成的快速样式。

(3)单击“对话框启动器”可打开“样式”窗格。该窗格中包含您可能在早期版本的 Word 中自行创建的自定义样式。您还可以在此窗格中创建新样式或修改现有的样式。

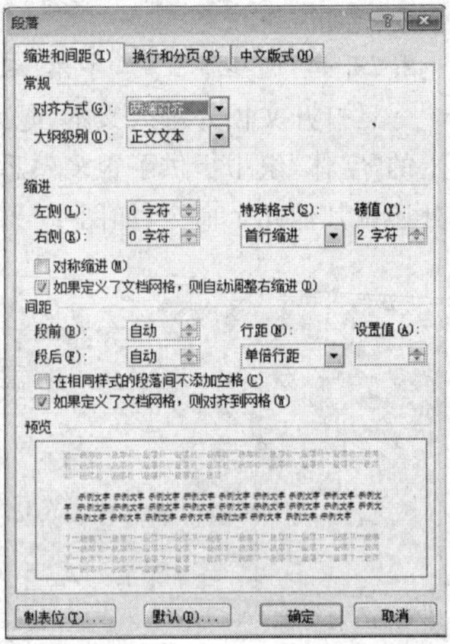

图 4-22 “段落”对话框

快速样式不仅使用方便、让文档外观更漂亮，在整篇文档中使用这些样式还有一个显著的优点：一劳永逸。

5.“剪贴板”组中的“格式刷”

另一个快速设置格式的命令是“格式刷”。它位于“开始”选项卡最左侧的“剪贴板”组中，如图 4-24。使用“格式刷”，可以快速将一段文本的格式复制到另一段文本。

要使用格式刷，可将光标置于要复制格式的文本中，然后单击“格式刷”按钮。

如果要对多个位置应用该格式，则双击“格式刷”以使其保持打开状态。然后选择要应用新格式的文本。

要关闭格式刷，请再次单击“格式刷”按钮，或按【Esc】键。

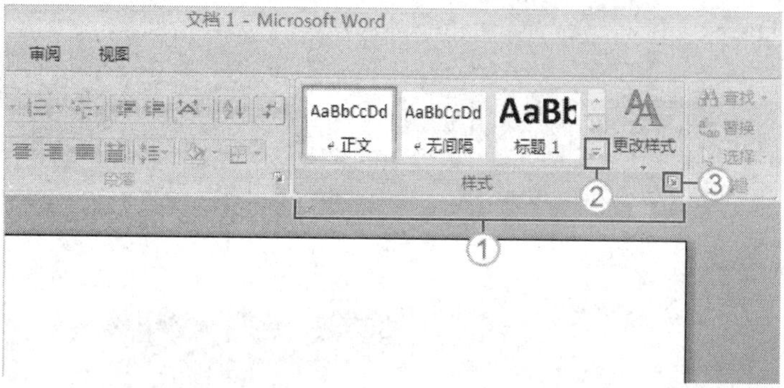

图 4-23 “样式”选项组

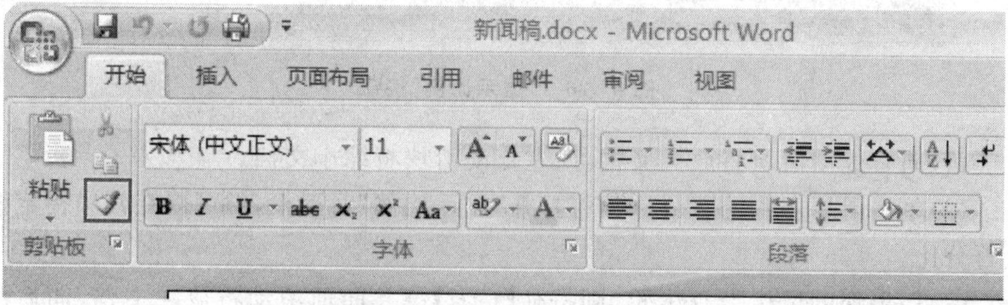

图 4-24 “格式刷”选项

6.“插入”选项卡

使用“插入”选项卡可以向文档中添加大量的信息。

要使文本丰富多彩，可能需要在文档中添加图片、剪贴画、图表或形状。使用“插入”选项卡可以添加这些内容。此选项卡还包含“表格”和“超链接”。此外，您还可以插入页码、文本框和艺术字，如图 4-25 所示。

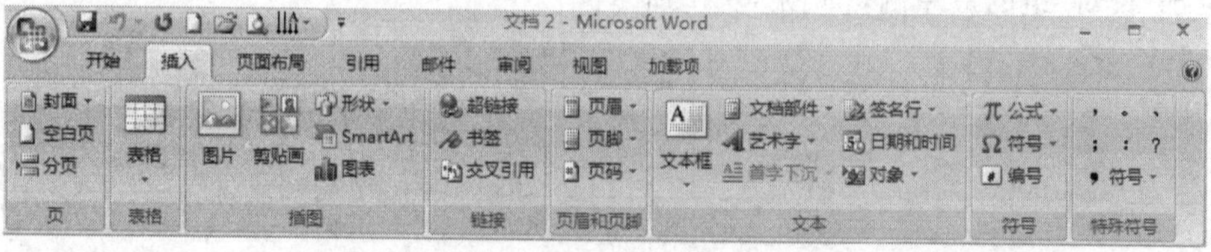

图 4-25 “插入”选项卡

7. 调整显示比例

插入内容后,您可能需要将内容放大以便查看细节。如果需要调整显示比例,可在窗口右下角找找看,如图 4-26 所示。

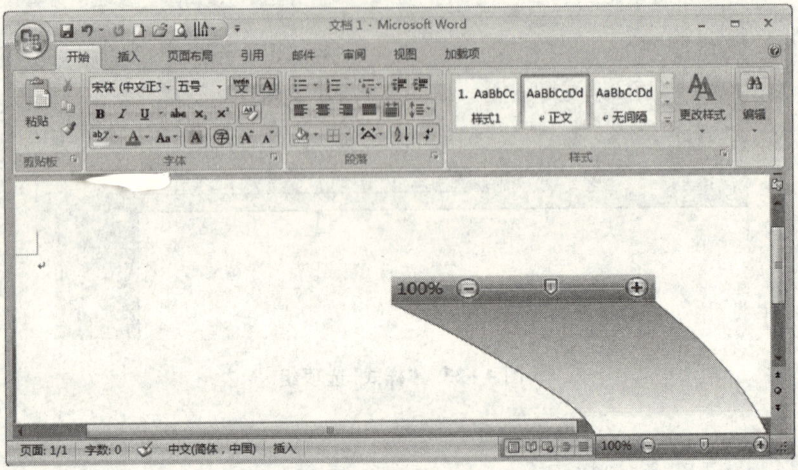

图 4-26 “显示比例”按钮

(1)向右拖动滑块将放大文档,向左拖动滑块将缩小文档。

(2)单击滑块左侧的百分比数将打开“显示比例”对话框,您可以在其中指定缩放百分比。

(3)如果您的鼠标带有滚轮,则按住【Ctrl】键并向前滚动将放大文档,向后滚动将缩小文档。

(4)在“视图”选项卡上也可以找到“显示比例”组中的命令。

8. 拼写和语法

当您完成大部分的文档处理工作后,您希望在打印文档或通过电子邮件发送文档之前检查拼写和语法,以确保没有错误。

“拼写和语法”命令在“审阅”选项卡上,因为这是审阅工作的一部分。该命令位于“校对”组的最左侧,如图 4-27 所示。

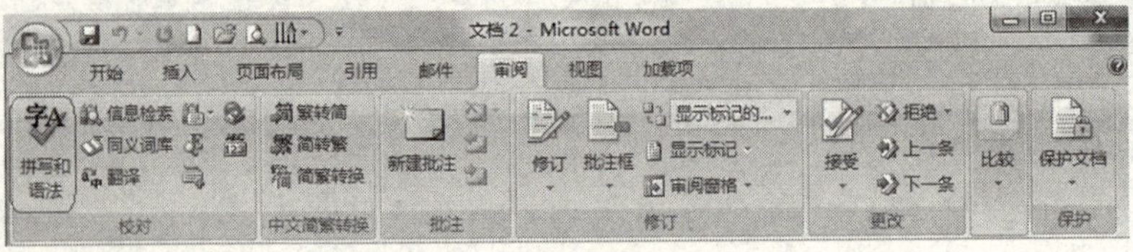

图 4-27 “拼写和语法”按钮

9. 页面设置

在开始打印之前，一定要认真检查，最好检查文档在打印机上的页面布局。在 Word 2007 中，页边距设置很容易。“页面布局”选项卡上提供了您需要的所有选项。“页面设置”组包含“纸张大小”(8.5×11、A4 等)、“纸张方向”(横向和纵向)以及“页边距”等，如图 4-28 所示。

图 4-28 “页面设置”选项组

10. 打印

当打印准备工作一切就绪后，可通过“快速访问工具栏”上提供的“快速打印”命令打印文稿。也可通过单击“Office 按钮”，选择下面若干个打印命令之一进行对应打印工作：

单击“打印”命令，将出现“打印”对话框。指向“打印”命令右侧的箭头，将出现三个命令，如图 4-29 所示。

(1)打印，此命令将打开早期版本中熟悉的“打印”对话框。

(2)快速打印，此命令会立即将文档发送到打印机。

(3)打印预览，此命令将显示打印文档的外观。如果您经常使用此命令，最好将其添加到快速访问工具栏。

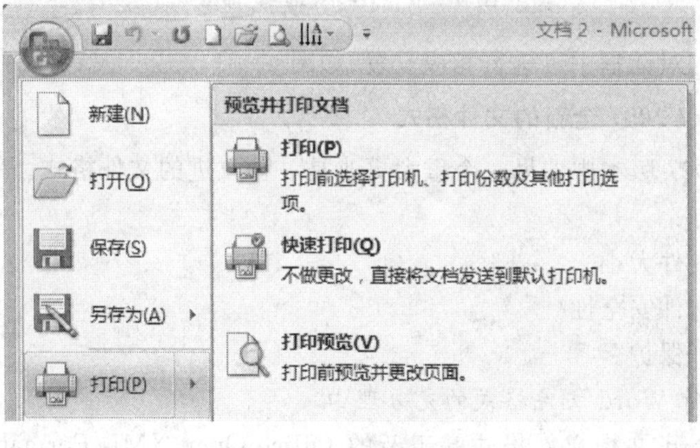

图 4-29 “打印”命令

11. Word 选项

在 Word 2007 中，不再提供“工具”菜单上的程序选项。但是，通过单击“Office 按钮”可以找到这些选项。

在 Word 中，您日常使用的所有功能都在“功能区”上，比以前更容易找到。但是那些与编写文档无关、但却控制 Word 如何工作的幕后设置，像安全性和用户信息、拼写词典和自动更正这类设置在哪里呢？

在早期版本的 Word 中，单击“工具”菜单上的“选项”可以找到这些设置。现在，Word 2007 所有这些设置都位于“Word 选项”中。要打开“Word 选项”，请单击“Office 按钮”打开一个菜单，如图 4 - 30，然后单击该菜单上的“Word 选项”。

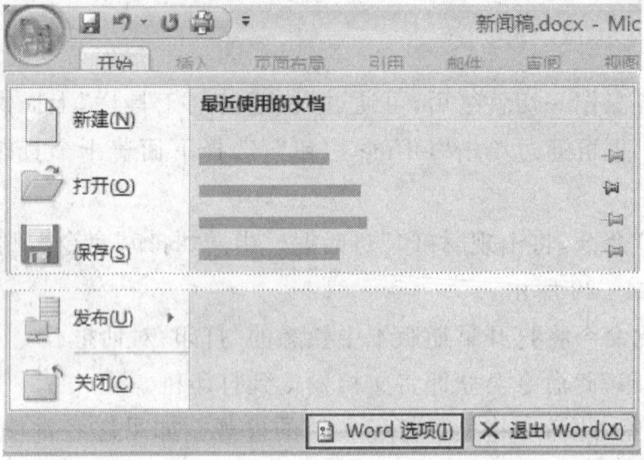

图 4 - 30 “Word 选项”命令

在出现的对话框中可进行相应设置，如图 4 - 31。

(三)Word 2007 全新的文件格式

Word 2007 版本中的另一个重大更改是一种改进的文件格式。新文件格式主要有以下优点：

- 减小文件大小。
- 提高文件安全性。
- 增强了保护。

1. 采用新 Word 文件格式的充分理由

新的 Word 文档文件格式基于新的 Office Open XML Formats，其中 XML 是可扩展标记语言的缩写。不过不必担心，您无需了解 XML；它完全隐藏在后

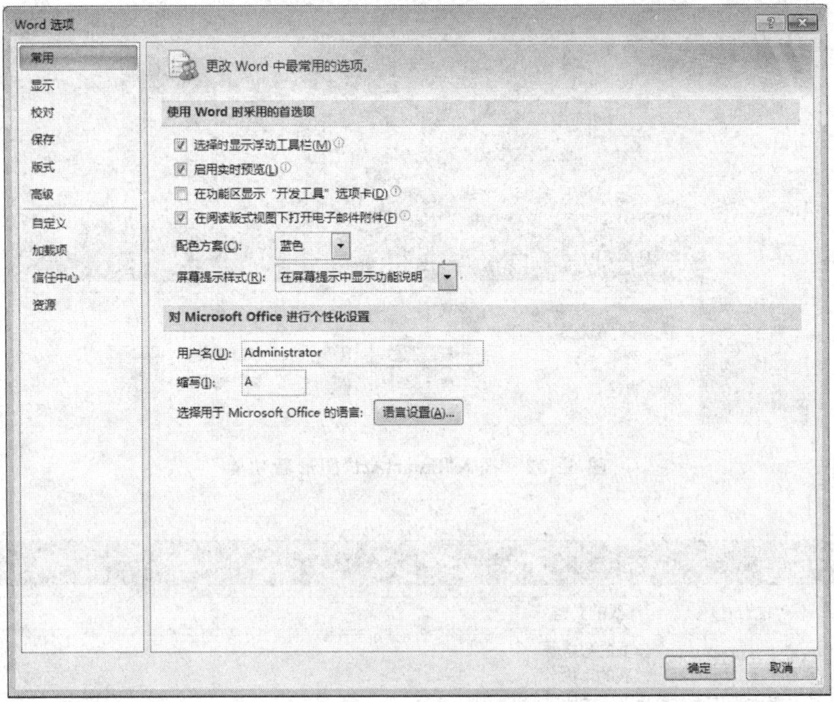

图 4-31　“Word 选项”对话框

台。您只需记住基于 XML 的新格式具有下列特点：

• 通过分隔包含脚本或宏的文件，更便于识别和阻止不需要的代码或宏，从而有助于提高文档的安全性。

• 有助于减小文档文件的大小。

• 有助于保护文档免遭损坏。

2. 新的文件格式提供新的功能

通过新文件格式，您还能够使用仅在 Word 2007 中提供的功能。新的 SmartArt 图形就是此类功能的一个示例。图 4-32 显示了如何在 Word 中开始使用这样的图形。有许多 SmartArt 图形设计可供选择。

新文件格式支持其他许多新功能，如数学公式、主题和内容控件。

3. 如何才能知道我正在使用新格式

如果在 Word 2007 中创建新文档，然后保存该文档，将自动为您选择新文件格式。如图 4-33 所示。

通过认真查看“另存为”对话框，您可以确认所采用的文件格式。如果在“保

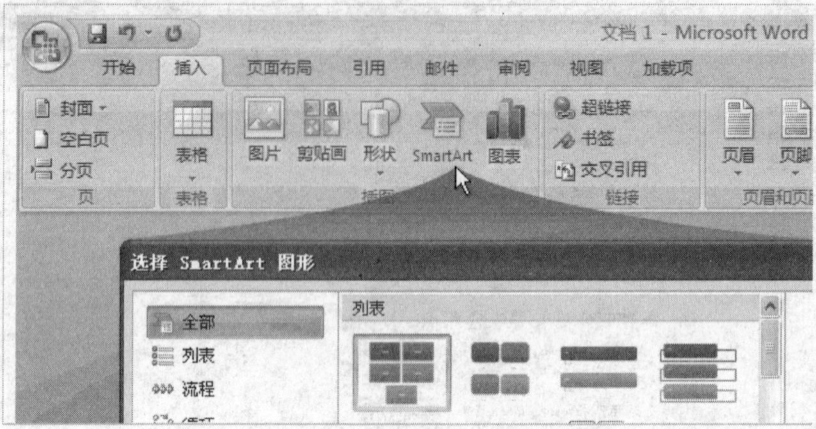

图 4-32 插入"SmartArt"图形新功能

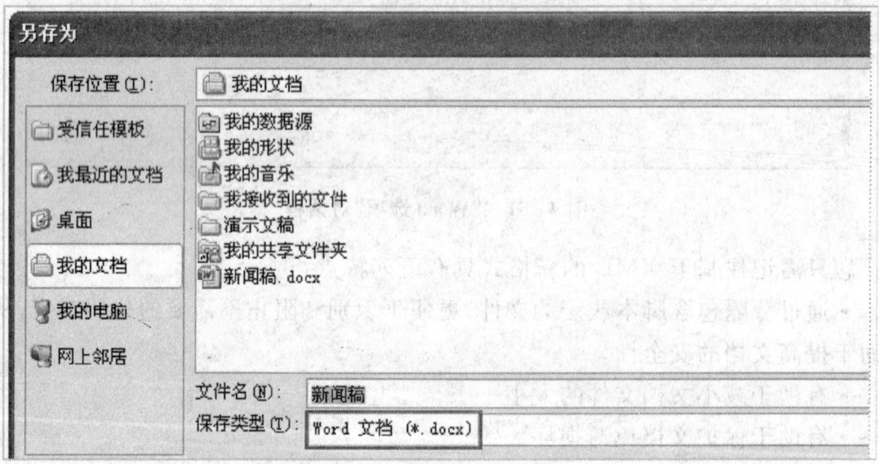

图 4-33 "Word 文档"新格式类型".docx"

存类型"框中显示"Word 文档(*.docx)",则表示您正在使用新文件格式。

4. 多种文件格式类型

对于新 Word 文件格式,您可能看到的唯一外在差异在于您是否使用宏或代码。以前,只有两种 Word 文件类型:文档和模板(.doc 和.dot)。Word 2007 提供 4 种文件类型:.docx、.dotx、.docm 和.dotm("x"表示 XML,"m"表示宏)。如表4-1。

表 4-1　Word 2007 可保存的主要文件格式种类

文件扩展名	用　于
.docx	不含宏或代码的标准 Word 文档
.dotx	不含宏或代码的 Word 模板
.docm	可以包含宏或代码的 Word 文档
.dotm	可以包含宏或代码的 Word 模板

基本文档和模板(.docx 和.dotx)不再包含宏或代码,这就是它们在日常使用中更加安全的原因——在文档中无法嵌入隐藏代码。但是,由于有时宏很有用,所以提供了另外两个文件类型来支持包含代码的文档和模板:.docm 和.dotm。

5. 如何用 Word 2007 以兼容模式打开文档

对于在任何 Word 早期版本(从 1.0 到 2003)中创建的文件,Word 2007 都能够以兼容模式打开它们。此时,文档顶部文件名的旁边将出现"(兼容模式)"。由于该文件格式不支持新版本 Word 中的某些新功能,这些功能会被关闭或修改,以便接近于 Word 的早期版本,如图 4-34 所示。

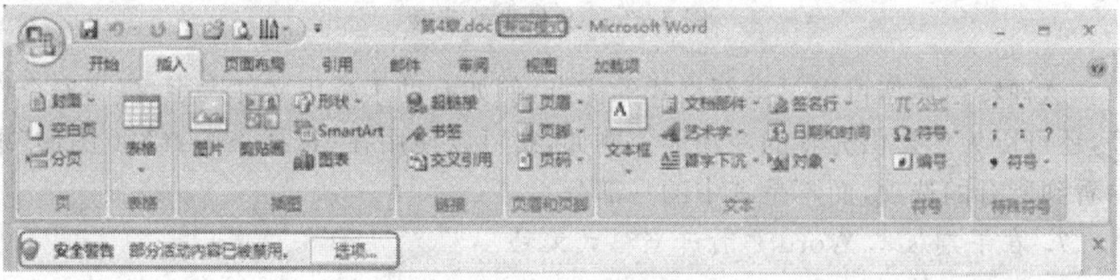

图 4-34　用兼容模式打开文档

在兼容模式中,SmartArt 对话框中的选项数会有所不同,根本不显示选择"SmartArt 图形"对话框,而是显示"图示库",如图 4-35 所示。实际上,此"图示库"与 Word 2003 中的一样,所包含的各种功能也相同。

图 4-35　图示库对话框

提示:如果您知道自己的文档将与许多使用 Word 早期版本的人共享,最好保持兼容模式。这样,您和对方才会看到相同的内容,并且知道他们在其 Word 版本中可以执行哪些操作,不可以执行哪些操作。

6. 如何将旧文件格式转换为新文件格式

可以将旧文档转换为新文件格式吗？当然可以。在 Word 2007 中打开文档后，只需单击“Office 按钮”，然后单击菜单上的“转换”命令即可进行转换。同时文件扩展名由“.doc”转换为“.docx”，如图 4-36 所示。

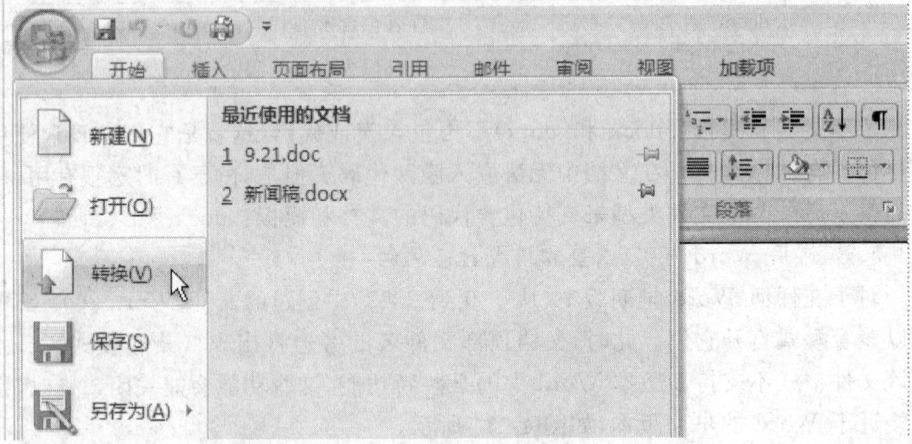

图 4-36 文件类型转换

这种转换使您可以尽享新格式的优点，例如有助于减小文件大小、提高安全性等，还可以为您提供完整的新功能。例如，您可以使用在“选择 SmartArt 图形”框中看到所有的选项，而不是其中的一部分。

7. 在早期版本 Word 中打开新格式文档

当您尝试从 Word 2007 以前的版本中打开新格式文档时，如果您的 Office 2000 安装更新了最新的修补程序和 Service Pack，系统将询问您是否要下载转换器来打开您的文档，如图 4-37。用早期版本打开的文档与新格式的文档看起来并不完全相同，因为 Word 新版本中的许多功能在他的版本中不存在。不过，他仍可以打开该文档，对文档进行处理。

注意：转换器仅适用于 Office 2000 SP3、Office XP SP3 和 Office 2003 SP1。它仅在以下操作系统上运行：Windows 2000 SP4、Windows XP SP1 和 Windows Server 2003。

8. 如何以旧文件格式保存 Word 新版本中创建的文档

如果您没有完全更新 Office 2000 安装，就需要将文档保存为旧文件格式。操作步骤如下：

单击“Office 按钮”，指向该菜单上的“另存为”命令末尾的箭头。在选项列

表上单击“Word 97 - 2003 文档”。如图 4 - 38 所示。

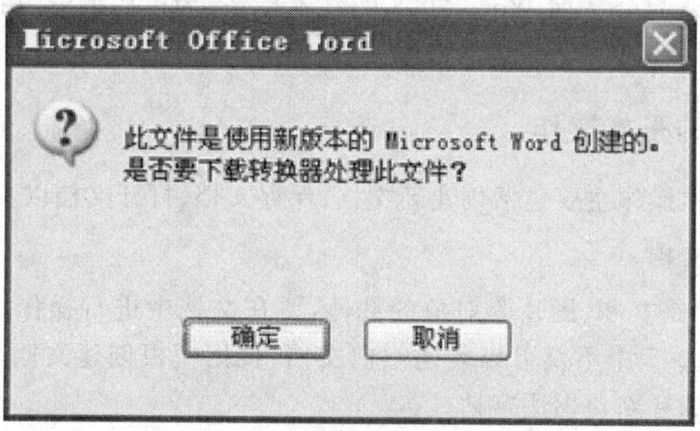

图 4 - 37 文件类型转换器下载对话框

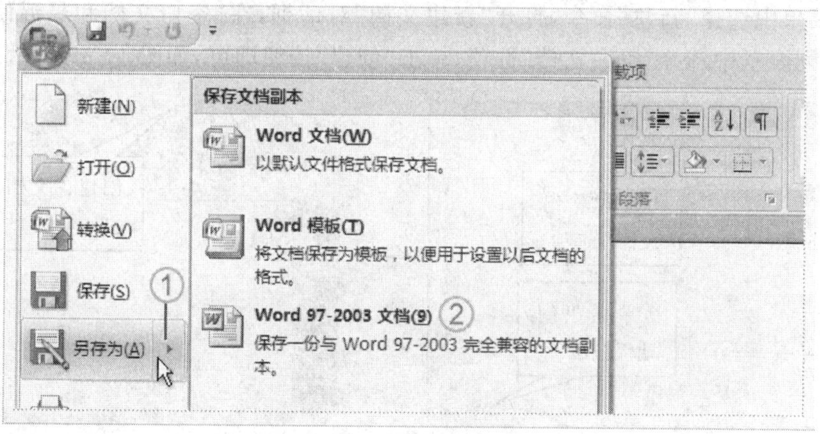

图 4 - 38 “另存为”命令选项

您可能会收到一个警告，指出以旧文件格式保存文档会导致丢失或修改某些功能。例如，如果文档包含新图表，Word 将通知您该图表将被合并到一个不可编辑的对象。这样保存的文档至少可以看到图表。但是不能对该图表进行编辑，因为旧的 Word 版本不支持此新功能。

第二节 Word 2007 的基本操作

Word 2007 是 Microsoft 公司最新推出的文字处理软件。它继承了 Windows

友好的图形界面，可方便地进行文字、图形、图像和数据处理，制作具有专业水准的文档。用户需要充分掌握 Word 2007 的基本操作，为以后的学习打下牢固基础，使办公过程更加轻松、方便。

一、文档的基本操作

文档的基本操作主要包括创建新文档、保存文档、打开文档以及关闭文档等。

(一)新建文档

Word 文档是文本、图片等对象的载体，要在文档中进行操作，必须先创建文档。在 Word 2007 中不仅可以创建空白文档、根据模板创建文档，也可以使用文档发表博客文章和新建书法字帖。

1. 新建空白文档

空白文档是最常使用的文档。要创建空白文档，可以单击 Office 按钮，在弹出的菜单中选择“新建”命令，打开“新建文档”对话框，在“空白文档和最近使用的文档”列表框中选择“空白文档”选项，单击“创建”按钮即可，如图 4 - 39 所示。

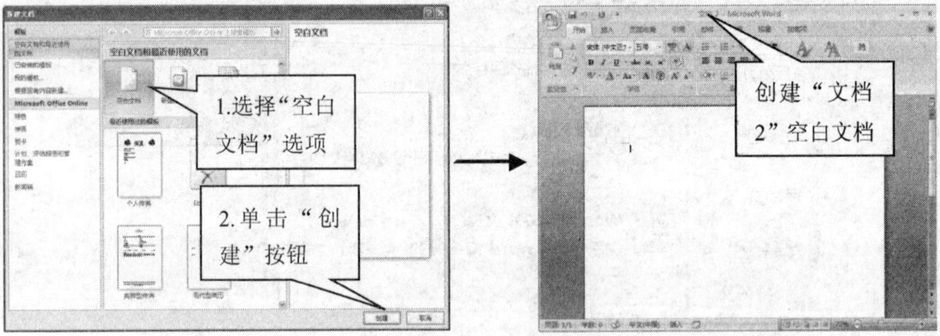

图 4 - 39 “新建”对话框

2. 新建基于模板的文档

Word 2007 提供了许多模板样式，如“平衡传真”、“平衡信函”和“凸窗简历”等。使用它们可以快速创建带有样式和内容的文档，为用户节省工作时间，如图 4 - 40所示。

3. 新建博客文章

新建博客文章是 Word 2007 的新增功能。用户可以使用 Word 2007 制作博客文档，然后上传到博客中，并对其进行管理。使用该功能的便捷之处在于不需要登录博客网站来编写博客，如图 4 - 41 所示。

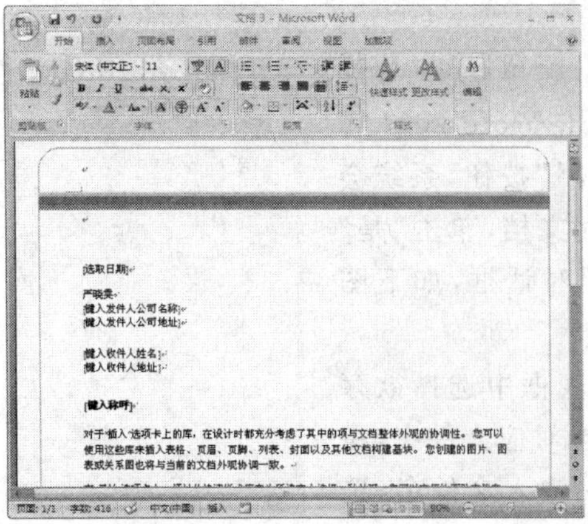

图 4-40　基于“模板”的新建文档

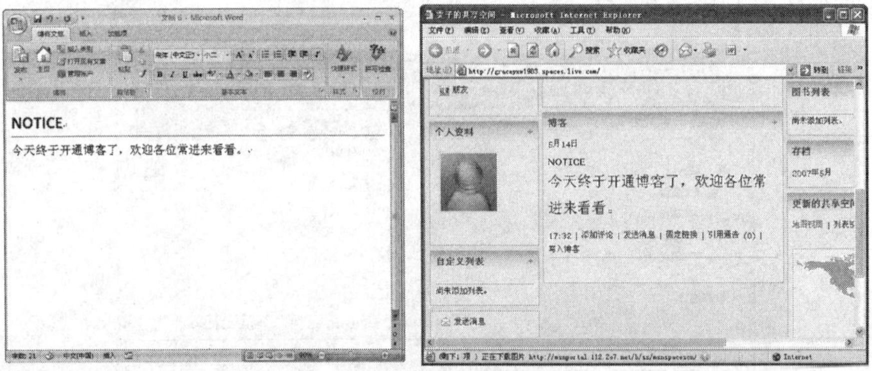

图 4-41　新建“博客”文档

4. 新建稿纸

为满足用户的书写习惯，Word 2007 不仅提供空白的稿纸样式，还可以让用户设置稿纸样式，如方格式稿纸、外框式稿纸等，如图 4-42 所示。

(二)保存文档

当正在编辑某个 Word 文档时，如果出现了计算机突然死机、停电等非正常关闭的情况，文档中的信息就会丢失，因此为了保护劳动成果，保存文档的操作十分重要。

1. 保存新建的文档

Word 2007 默认的保存类型为“. docx”，应用 Word 以前有版本是无法打开的。具体方法如下：

(1)单击“Office 按钮”，选择“另存为”选项，或单击 Word 2007 程序窗口右上角的“关闭”按钮，系统会询问用户是否要保存文档，单击“是”按钮，打开“另存为”对话框，如下图所示。

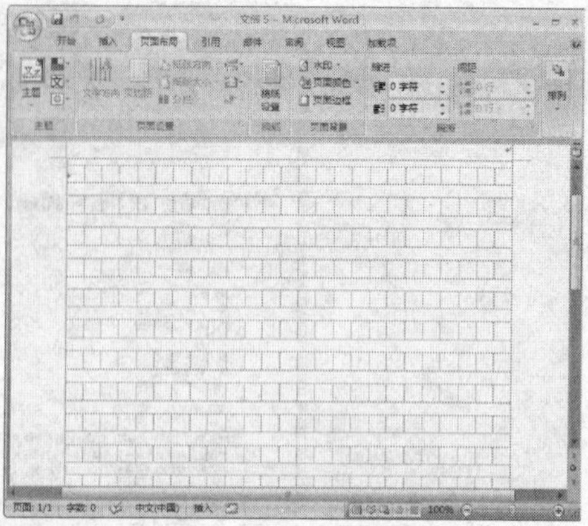

图 4-42 新建“稿纸”文档

(2)在左侧的列表框中选择欲存入磁盘对象，右侧选择对应文件夹，在下方文件名对话框中输入文件名，选择存储的文件类型，默认为 Word 文档“.docx”，完成设置后单击“保存”按钮，如图 4-43 所示。

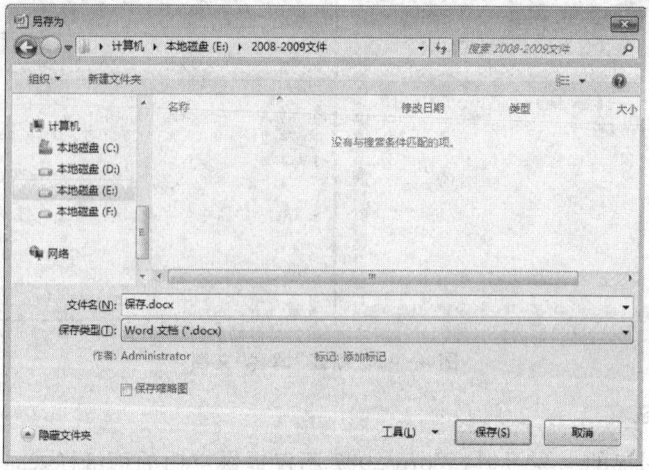

图 4-43 “另存为”对话框

2. 保存已保存过的文档

如对已保存过的文档进行了相应的修改，并以原有的文件名保存，则单击“Office 按钮”，选择“保存”选项，或按组合键【Ctrl】+【S】。

3. 另存为其他文档

单击“Office 按钮”，选择“另存为”选项，可改名存储或修改类型存储。

4. 自动保存

单击“Office 按钮”，打开“Office 菜单”，单击右下角的“Word 选项”按钮，打开“Word 选项”对话框，单击左侧列表框中的“保存”选项，选中“保存自动恢复信息时间间隔”，然后在其后的“分钟”文本框中输入自动保存时间。也可修改“自动恢复文件位置”和“默认文件位置”，如图 4 - 44 所示，完成设置后单击“确定”按钮。

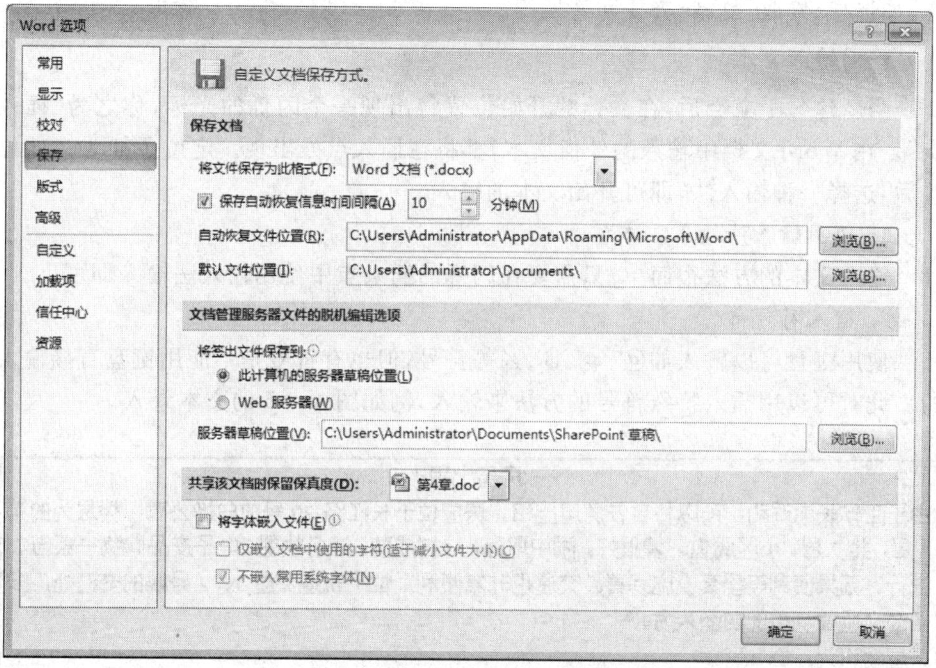

图 4 - 44　设置“自动保存”文档选项

(三)打开与关闭文档

打开与关闭文档是 Word 的一项最基本的操作，编辑文档之前需要打开文档，而编辑并保存文档之后则需要关闭文档。

1. 打开文档

到“我的电脑”中找到文档，直接双击打开，或启动 Word 2007 程序窗口，单击“Office 按钮”，通过“打开”对话框找到文档打开。

注意：最近使用过的文档都会出现在“Office 菜单”中，单击“Office 按钮”打开“Office 菜单”，从“最近使用的文档”组中选择要打开的文档名称，即可打开该文档。

2. 关闭文档

关闭文档的常用方法是单击 Word 2007 窗口右上角有“关闭”按钮。除此之外，也可单击“Office 按钮”，打开“Office 菜单”从中选择“关闭”命令。

二、输入与编辑文本

创建新文档后，就可以选择合适的输入法输入文档的内容，并对其进行编辑操作，如选择、修改、复制、查找和替换等。

(一)输入文本

当新建一个文档后，在文档的开始位置将出现一个闪烁的光标，称之为“插入点”。在 Word 文档中输入的任何文本，都将在插入点处出现。定位了插入点的位置后，选择一种输入法，即可开始文本的输入。

1. 使用输入法输入文本

输入文本的方法很简单，只需要在闪烁的插入点中使用输入法输入即可。

2. 输入符号

使用键盘可以输入如@、#、$、%等符号，但也有符号是不能用键盘直接输入的。此时可以用插入特殊符号的方法来输入，例如图 4-45 的文本录入。

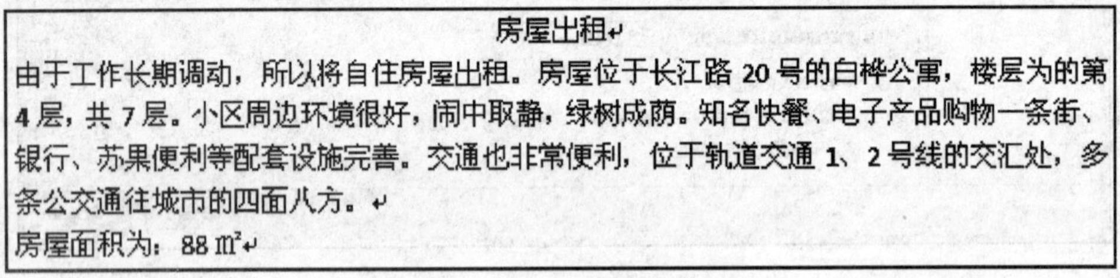
房屋出租↵
由于工作长期调动，所以将自住房屋出租。房屋位于长江路 20 号的白桦公寓，楼层为的第 4 层，共 7 层。小区周边环境很好，闹中取静，绿树成荫。知名快餐、电子产品购物一条街、银行、苏果便利等配套设施完善。交通也非常便利，位于轨道交通 1、2 号线的交汇处，多条公交通往城市的四面八方。↵
房屋面积为：88 ㎡↵

图 4-45 带“特殊符合”的文档

3. 输入日期

Word 2007 提供当前日期的快速输入法。例如，今天是 2010 年 10 月 7 日，那么在文档中输入 2010 并按下【Enter】键后，将自动输入“2010/10/7”，当在文档中输入“2010 年”并按下【Enter】键，将自动输入“2010 年 10 月 7 日星期四”。

4. 输入公式

Word 2007 完善了公式输入功能，使用户在输入公式时变得十分轻松。在“插入”选项卡的“符号”组中单击“公式”按钮右侧的下拉箭头，即可在弹出的菜单中选择常用公式命令，将公式插入到文档中，如图 4-46 所示。

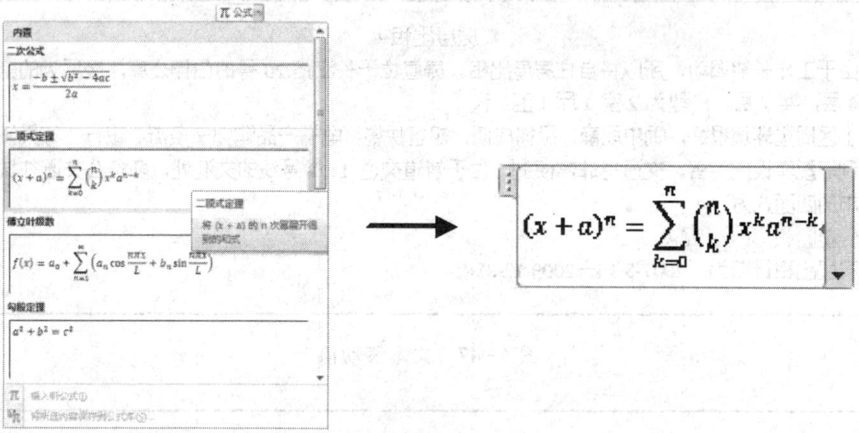

图 4-46 插入“公式”

(二)选择文本

修改文本前，通常需要选择文本。在 Word 2007 中使用鼠标或键盘等多种方法可以选取任意大小和长度的文本。

(1)选择任意文本：在选区开始处单击鼠标并拖动至选区结束处。

(2)选择一个词：在欲选中的词上双击鼠标。

(3)选择一行文本：将光标置于一行的左侧，当鼠标指示变为形时，单击鼠标左键。

(4)选择一段文本：将光标置于一段文本中三击鼠标左键，或将光标置于一行的左侧，当鼠标指示变为形时，双击鼠标左键。

(5)选择整篇文档：将光标置于一行的左侧，当鼠标指示变为形时，三击鼠标左键，或用键盘组合【Ctrl】+【A】。

(三)修改文本

在编辑文档的过程中，经常需要把重复输入的文本进行复制，然后粘贴到文档中，以节省输入时间，或将一些位置不正确的文本从一个位置移到另一个位置，或将多余的文本删除。如图 4-47、图 4-48 所示移动文本前后对比。

(四)撤销和恢复操作

编辑文档时，Word 2007 会自动记录最近执行的操作，因此当操作错误时，可以通过撤销功能将错误操作撤销。如果误撤销了某些操作，还可以使用恢复操作将其恢复。

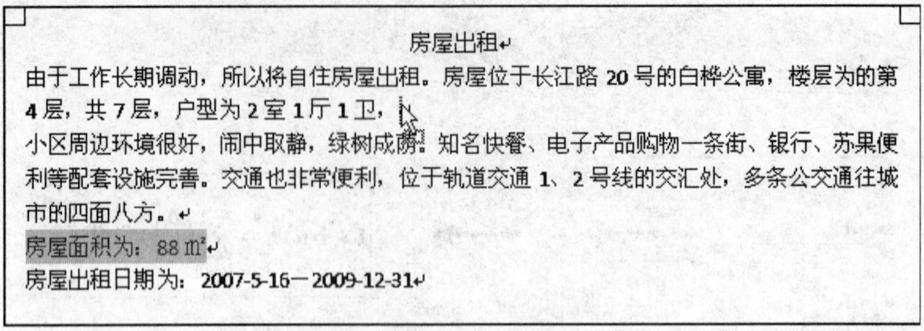
房屋出租
由于工作长期调动，所以将自住房屋出租。房屋位于长江路 20 号的白桦公寓，楼层为的第 4 层，共 7 层，户型为 2 室 1 厅 1 卫，
小区周边环境很好，闹中取静，绿树成荫。知名快餐、电子产品购物一条街、银行、苏果便利等配套设施完善。交通也非常便利，位于轨道交通 1、2 号线的交汇处，多条公交通往城市的四面八方。
房屋面积为：88 ㎡
房屋出租日期为：2007-5-16—2009-12-31

图 4 - 47　文本移动前

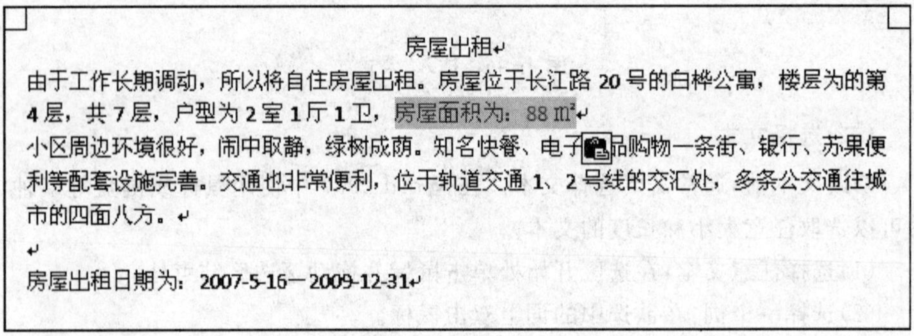
房屋出租
由于工作长期调动，所以将自住房屋出租。房屋位于长江路 20 号的白桦公寓，楼层为的第 4 层，共 7 层，户型为 2 室 1 厅 1 卫，房屋面积为：88 ㎡
小区周边环境很好，闹中取静，绿树成荫。知名快餐、电子产品购物一条街、银行、苏果便利等配套设施完善。交通也非常便利，位于轨道交通 1、2 号线的交汇处，多条公交通往城市的四面八方。

房屋出租日期为：2007-5-16—2009-12-31

图 4 - 48　文本移动后

(五)查找和替换文本

在文档中查找某一个特定内容，或在查找到特定内容后将其替换为其他内容，是一项费时费力又容易出错的工作。Word 2007 提供了查找与替换功能，使用该功能可以非常轻松、快捷地完成操作，如图 4 - 49 所示。

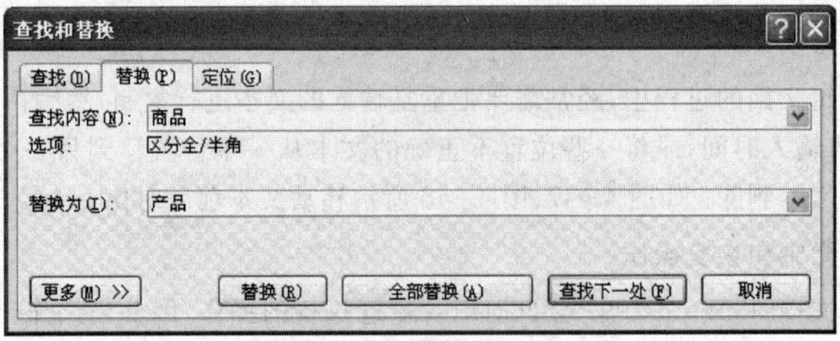

图 4 - 49　“查找和替换”对话框

三、设置文字格式与文本样式

在 Word 文档中，文字是组成段落的最基本内容，输入完文本内容后就可以对其进行格式化操作，而设置文本样式是实现快速编辑文档的有效操作。掌握设置文字格式与文本样式的方法后，即可创建层次分明，结构清晰的文档。

(一)设置文字格式的方法

在 Word 文档中输入的文字默认字体为“宋体”，默认字号为“五号”，为了使文档更加美观、条理更加清晰，通常需要对文字进行格式化操作。

1. 使用功能区设置

在功能区打开“开始”选项卡，使用“字体”组中提供的按钮即可设置文字格式，如图 4-50 所示。

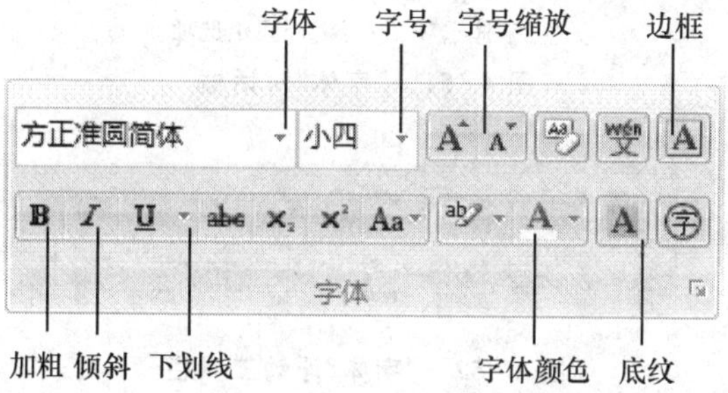

图 4-50 “字体”功能组

2. 使用对话框设置

打开“开始”选项卡，单击“字体”对话框启动器，打开“字体”对话框即可设置，如图 4-51 所示。其中“字体”选项卡可以设置字体、字形、字号等，“字符间距”选项卡可以调整文字之间的间隔距离。

3. 使用浮动工具栏设置

选中要设置格式的文字，此时选中文字区域的右上角将出现如图 4-52 所示的浮动工具栏，使用工具栏提供的按钮即可对文本进行设置。

(二)设置段落格式的方法

段落是构成整个文档的骨架，它是由正文、图表和图形等加上一个段落标记构成。段落的格式化包括段落对齐、段落缩进、段落间距设置等。

1. 设置段落对齐

段落对齐指文档边缘的对齐方式，包括两端对齐、居中对齐、左对齐、右对齐和

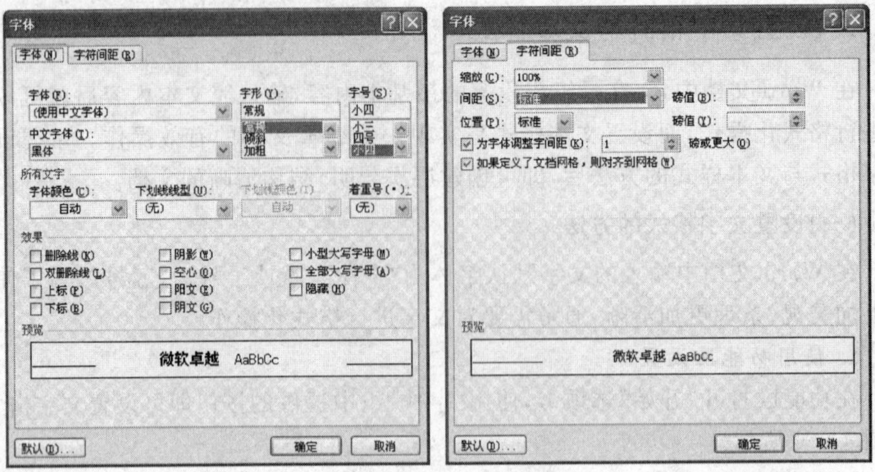

左:字体选项　右:字符间距选项

图 4-51 "字体"对话框

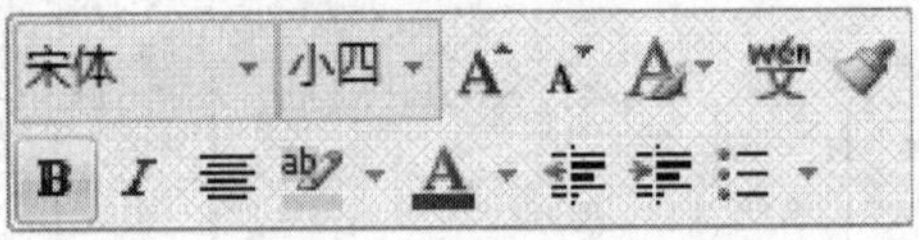

图 4-52 "字体"浮动工具栏

分散对齐，如图 4-53 所示。

2. 设置段落缩进

段落缩进是指段落中的文本与页边距之间的距离。Word 2007 中共有 4 种格式:左缩进、右缩进、悬挂缩进和首行缩进。

(1)左缩进:设置整个段落左边界的缩进位置。

(2)右缩进:设置整个段落右边界的缩进位置。

(3)悬挂缩进:设置段落中除首行以外的其他行的起始位置。

(4)首行缩进:设置段落中首行的起始位置。

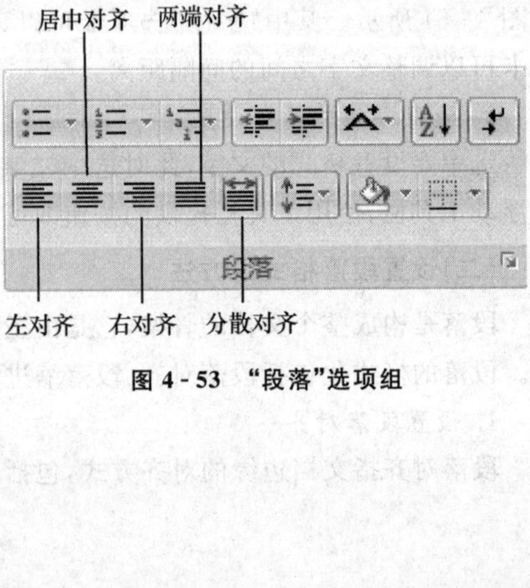

图 4-53 "段落"选项组

3. 设置段落间距

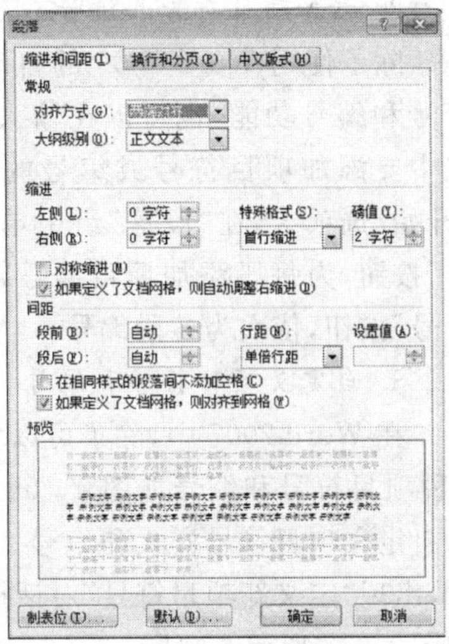

图 4 - 54　“段落”对话框

段落间距的设置包括文档行间距与段间距的设置。所谓行间距是指段落中行与行之间的距离；所谓段间距，就是指前后相邻的段落之间的距离。

(1)设置行间距。将光标置于某一段落中或选中相应段落，单击段落组右下方的对话框启动器，在如图 4 - 54 所示的对话框的“行距”下拉列表框中选择行距倍数，可以设“1.5 倍行距”；“2 倍行距”；也可以设“固定值”，然后在“设置值”框中调整数值；或者直接在“设置值”框中键入行距的准确数值。

(2)设置段落缩进和间距。将光标置于某一段落中或选中相应段落，在如图 4 - 54 所示的对话框的“缩进和间距”标签页面中的“缩进”区域框中调整“左缩进”和“右缩进”量。在“间距”区域中调整“段前”和“段后”的间距，也可直接在对应的“输入”框中键入缩进和间距的准确数值，包括单位，如“3 磅”、“0.71 厘米”等。

(三)在文档中添加项目符号和编号

使用项目符号和编号列表，可以对文档中并列的项目进行组织，或者将顺序的内容进行编号，以使这些项目的层次结构更清晰、更有条理。Word 2007 提供了 7 种标准的项目符号和编号，并且允许用户自定义项目符号和编号。

1. 自动添加项目符号和编号

Word 2007 提供了自动添加项目符号和编号的功能。在以 1.、(1)、a 等字符开始的段落中按下【Enter】键，下一段开始将会自动出现 2.、(2)、b 等字符，如图 4 - 55所示。

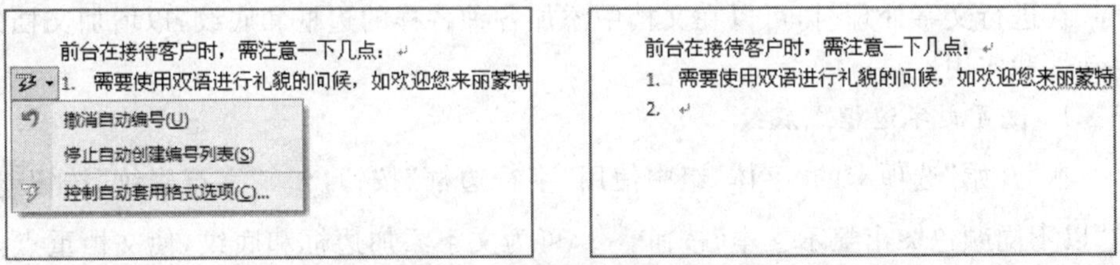

图 4 - 55　自动添加项目符号和编号

2. 添加项目符号和编号

除了使用 Word 2007 的自动添加项目符号和编号功能，也可以在输入文本之后，选中要添加项目符号或编号的段落，单击“开始”选项卡，在“段落”组中单击“项目编号”按钮，为每段添加项目编号，单击“项目符号”按钮，依次为各段编号。

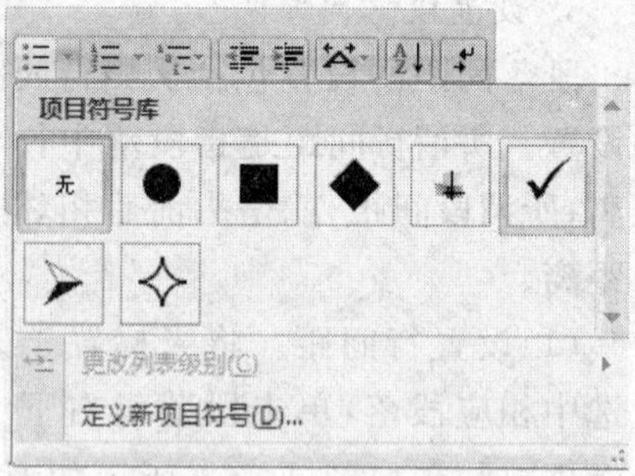

图 4-56 “项目符号库”对话框

3. 自定义项目符号和编号

在 Word 2007 中，除了可以使用提供的 7 种项目符号和编号如图 4-56 之外，还可以自定义项目符号样式和编号。方法是单击图 4-56 中的“定义新项目符号”选项，出现“定义新项目符号”对话框，可在其中选择“符号”、“图片”等符号进行设置。如图 4-57 所示。

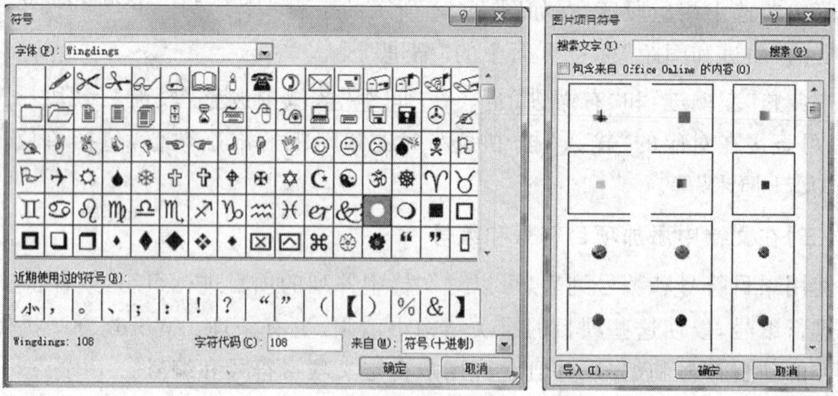

左:符号库　右:图片库

图 4-57 “项目符号库”

(四)设置边框和底纹的方法

在进行文字处理时，可以在文档中添加各种各样的边框和底纹，以增加文档的生动性和实用性。

1. 设置文字边框或底纹

在“开始”选项卡的“字体”组中使用“字符边框”按钮、“字符底纹”按钮和“以不同颜色突出显示文本”按钮可为文字添加边框和底纹，使文档重点内容更为突出，如图 4-58 所示。

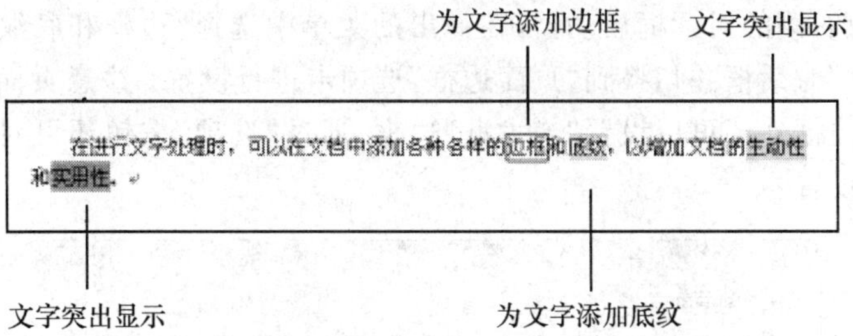

图 4-58　字符“边框”、“底纹”及“突出显示”效果

2. 设置段落边框或底纹

设置段落边框或底纹可以通过“开始”选项卡“段落”组中的“边框和底纹”按钮来实现。

具体做法是选中对应段落，单击“边框和底纹”按钮，在出现如图 4-59 所示对话框中选择对应的样式即可。

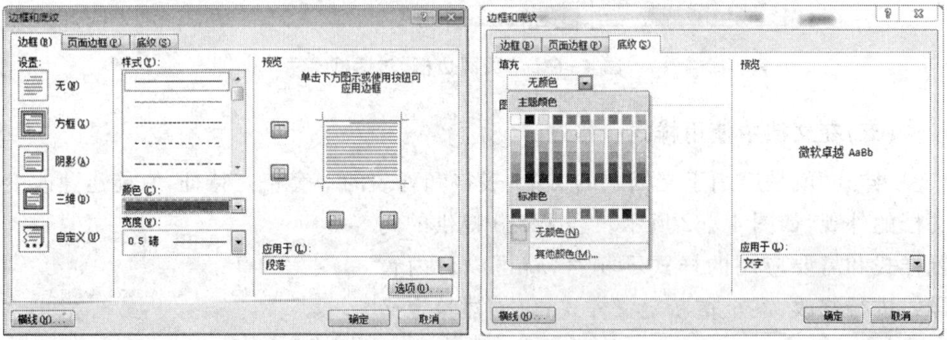

左：边框对话框　右：底纹对话框

图 4-59　段落“边框和底纹”对话框

3. 设置页面边框或底纹

设置页面边框或底纹可以通过两种方法来实现：

(1)打开“页面布局”选项卡，在“页面背景”选项组中单击“页面边框”按钮，如图 4-60 所示，打开“边框和底纹”对话框的“页面边框”选项卡进行设置，如图 4-61 所示。

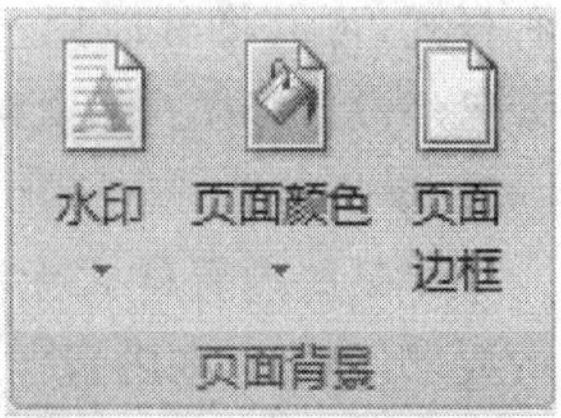

图 4-60　“页面背景”选项卡

(2)打开“开始”选项卡，在“段落”组中单击“边框

和底纹”按钮右侧的对话框启动器，在弹出的菜单中选择“边框和底纹”命令，打开“边框和底纹”对话框并切换到“页面边框”选项卡进行设置。注意页面边框除了可以设置线性边框外还可以设置“艺术型”边框，通过“选项”按钮还可对页面边框进行进一步的设置。

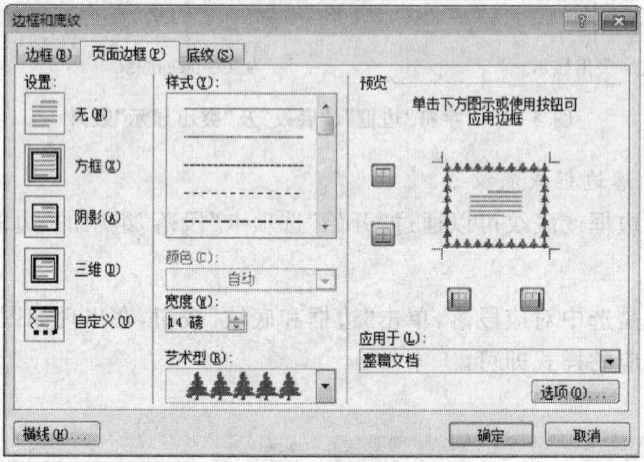

图 4-61 “页面边框”对话框

(五)在文档中使用样式和格式

“样式”就是应用于文档中的文本、表格和列表的一套格式特征，它能迅速改变文档的外观，如图 4-62 所示。当 Word 提供的内置样式和需要应用的样式不相符，就可以对内置样式进行修改，甚至重新定义样式，以创建自定义样式的文档。

图 4-62 “样式”选项

1. 在文本中应用样式

在 Word 中新建文档都是基于一个模板，而 Word 默认的模板是 Normal 模板，该模板中内置了多种样式，可以将其应用于文档中。同样，也可以打开已经设置好样式的文档，将其应用于文本中。

2. 修改样式

如果某些内置样式无法完全满足某组格式设置的要求，则可以在内置样式的基础上进行修改。这时可在“样式”窗格中单击样式选项旁的对话框启动器，单击欲修改的样式名称右侧的箭头，在弹出的菜单中选择“修改”命令，并在打开的“修改样式”对话框中进行更改，如图 4 - 63 所示。

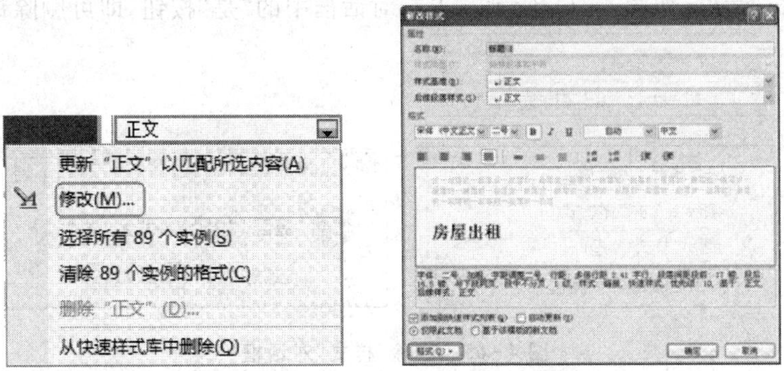

图 4 - 63　修改“样式”对话框

3. 创建样式

如果现有文档的内置样式与所需样式相去甚远，则创建一个新样式会更有效率。根据需求的不同，可以分别创建字符样式、创建段落样式等。点击样式列表下方的“新建样式”按钮，如图 4 - 64 所示，即可打开“根据格式创建新样式”对话框，在其中可创建自己所需的新样式。

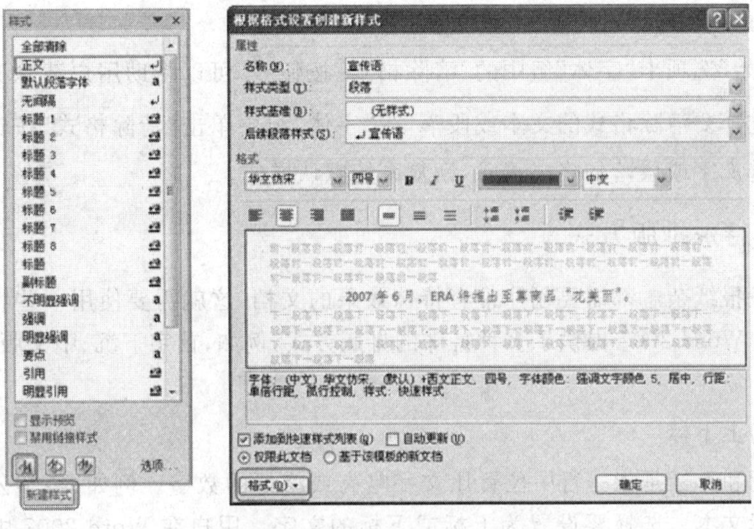

图 4 - 64　新建“样式”对话框

4. 删除样式

在 Word 2007 中无法删除模板的内置样式。删除自定义样式时，在“样式”窗格中单击需要删除的样式旁的下拉箭头，在弹出的菜单中选择“删除”命令，将打开确认删除对话框，如图 4-65 所示。单击对话框中的“是”按钮，即可删除该样式。

图 4-65　删除“样式”对话框

(六)复制和清除格式

编辑文档时，当需要将文档中的文本或段落设置为相同的格式时，可以使用复制格式操作。如果在文本中需要取消设置的格式，则可以使用清除格式操作。

1. 复制格式

使用“开始”选项卡“剪贴板”组中的“格式刷”按钮，可以快速将当前文本的格式复制给其他文本。

2. 清除格式

“开始”选项卡“字体”组中的“清除格式”按钮可以帮助用户清除文本中的格式。选择要清除格式的文本或段落，在“字体”组中单击“清除格式”按钮，即可将所选文字或段落的格式清除，恢复系统默认样式。

四、特殊排版方式

一般报纸杂志都需要创建带有特殊效果的文档，这就需要使用一些特殊的排版方式。Word 2007 提供了多种特殊的排版方式，例如，首字下沉、中文版式、分栏排版等。

(一)上下标

上标和下标是指一行中位置比文字略高或略低的数字。例如，科学公式可能使用下标文本。选择要设置为上标或下标的文字。用户在 Word 2007 中可以将文本设置为上标或者下标，这在输入化学或数学相关的文本时比较有用。用户可以使用以下方法来实现文本的上下标输入：

(1)使用功能区的工具来进行设置：先选择要设置上标或者下标的文字，在功能区中点击“开始”选项，找到“字体”项目组，如图 4－66 所示，点击“上标”图标将文本设为上标，点击“下标”将文本设置为下标。

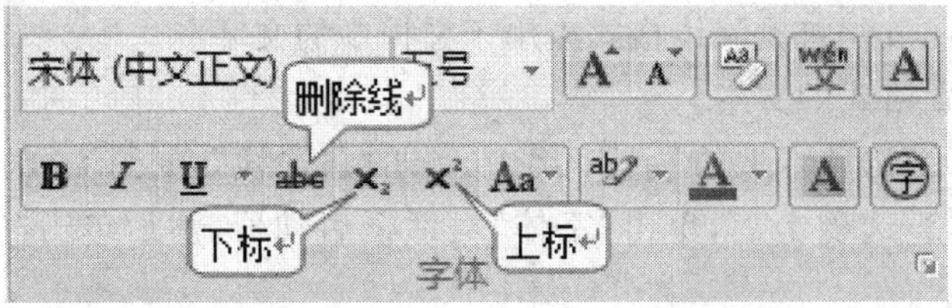

图 4－66　“字体”项目组

（2）使用“字体”对话框来进行设置：先选择要设置上标或者下标的文字，点击“字体”组右下方的对话框启动器按钮，或右单击所选文字并选择“字体”命令，打开“字体”对话框，如图 4－67 所示，在“字体”选项卡的“效果”选项下，勾选“上标”复选框将文本设置为上标，勾选“下标”复选框将文本设置这下标，最后点击“确定”按钮关闭“字体”对话框。

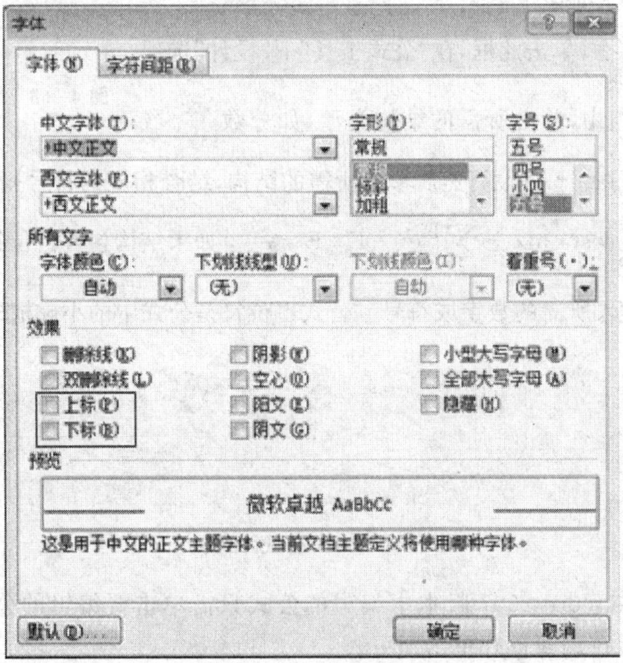

图 4－67　“字体”对话框

（3）用上下标快捷键来进行设置：先选择要设置上标或者下标的文字，按

【Ctrl】+【=】键将文本设置为下标，按【Ctrl】+【Shift】+【=】键将文本设置为上标。

(二)删除线

可以使用此过程将删除线格式应用于文档中的文字。

选择要设置格式的文本。

(1)在“开始”选项卡上的“字体”组中，单击“删除线”，如图 4-66 所示。

(2)在“开始”选项卡上，单击“字体”对话框启动器，然后单击“字体”选项卡。如图 4-67 所示。

(三)公式

1. 插入公式

(1)在“插入”选项卡上的“符号”组中，单击“公式”旁边的箭头，如图 4-68 所示，然后单击所需的公式。例如二次公式：$x=\frac{-b\pm\sqrt{b^2-4ac}}{2a}$。

(2)单击“插入新公式”按钮 π公式，出现 

框，单击此框，在“公式工具”下“设计”选项卡上的“结构”组中，单击所需的结构类型(如分数 $\frac{x}{y}$ 或根式 $\sqrt[n]{X}$)，如图 4-69 所示，然后单击所需的结构，结合相应的符号则可逐步设计公式，例如：$d*\int_0^1 \cos(x)dx \pm \sum_1^{10} e^2 + E*E = \frac{\lambda}{e}$，如果结构包含占位符，则在占位符内单击，然后键入所需的数字或符号。公式占位符是公式中的小虚框 $\frac{\square}{2}$。

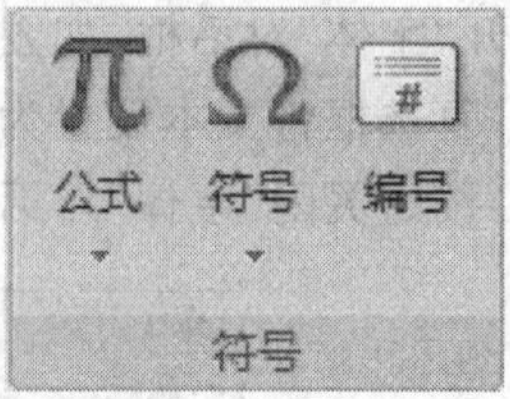

图 4-68 “符号”选项组

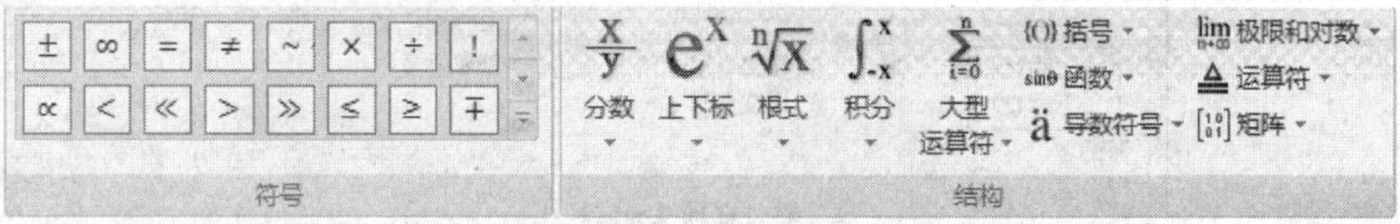

图 4-69 “公式”工具

(3)更改在 Word 2007 版本中编写的公式只需单击要编辑的公式，进行所需的更改，修改后在编辑框外单击即可。

2. 几个技巧

Word 2007 的“公式工具”确实好用，既不需要额外安装，又具有所见即所得的特性，不过下面的几个技巧对于进一步提高你的工作效率简化操作还是很有帮助的。

(1)技巧 1：公式挪移。需要说明的是，编辑完成的“公式”当然是一个整体，我们可以根据“排版”的需要在相应的范围内进行挪移。鼠标单击已编辑好的公式，此时页面上会显示蓝色的公式编辑框，鼠标指向编辑框的左上角，然后按下鼠标左键，可以对公式进行拖拽，也可以单击右下角的下拉箭头，打开“两端对齐”菜单中选择左对齐、右对齐、居中、整体居中等不同的格式。

(2)技巧 2：任意纵横。前面已经提到，“公式工具”只支持“.docx”格式的文档，不过为了在更大范围内实现文档的共享，建议还是保存为“.doc”格式的文档为好，此时文档中的公式会以图片形式进行显示，浏览者无法进行编辑，利用这个特性可以防止公式被非法修改。当然了，保存后的“.doc”文档可以再次被转换为“.docx”格式，只需要单击 Office 按钮，然后从下拉菜单中执行“转换”命令即可，转换之后的公式可以被正常编辑。

(3)技巧 3：快速转换。考虑到排版和交流的方便，我们可以通过“公式工具”将公式在默认的“专业型”和“线性”两者之间进行快速转换。

只需要选定公式后单击右下角的下拉箭头，在这里可以选择“线性”或“专业型”如图 4-70 所示，确认后即可获得类似于“$x=(-b\pm\surd(\hat{b}2)-4ac))/2a$”这样的效果，这样可以在文本文档中正常显示公式。

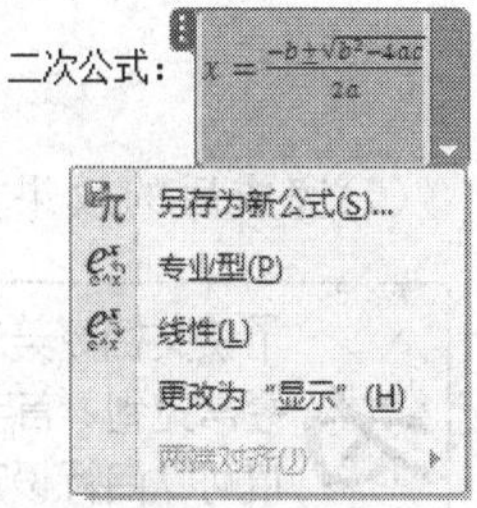

图 4-70 “公式”选项

(4)技巧 4：保存到公式库。公式编辑完成后，如果你以后还需要经常调用，那么不妨将其保存到公式库中。单击公式右下角的下拉箭头，在这里选择“另存为新公式”，此时会打开一个名为“新建构建基块”的对话框，例如名称输入“两角和与差的正切”，然后适当输入一些相关的说明文字，其他的取默认设置，最后单击“确定”按钮即可将其保存到公式库中。以后需要使用时，只要单击“插入”选项卡中的公式按钮，打开“常规”下拉列表框，找到以前保存的公式即可直接插入当前文档。

(四) 首字下沉

为了使文档更美观、更引人瞩目，常常要设置“首字下沉”。这种格式在报刊中经常见到。首字下沉就是使第一段开头的第一个字或第一个词放大，放大的程度可以自行设定，可以占据两行或者三行的位置，周围的字围绕在它的右下方。

设置首字下沉的操作步骤如下：

(1)将插入点移动到要设置首字下沉的段落中。

(2)单击“插入”选项中的“文本”组中的“首字下沉”命令。

(3)可以选择“无”、“下沉”和“悬挂”几种格式,可单击直接设置。

(4)单击“首字下沉选项”弹出如图4-71所示的对话框,可在“字体”下拉列表框中选择首字的字体;在“下沉行数”框中设定首字所占的行数;在“距正文”框中指定首字与段落中其他文字之间的距离,单击“确定”按钮,完成设置。

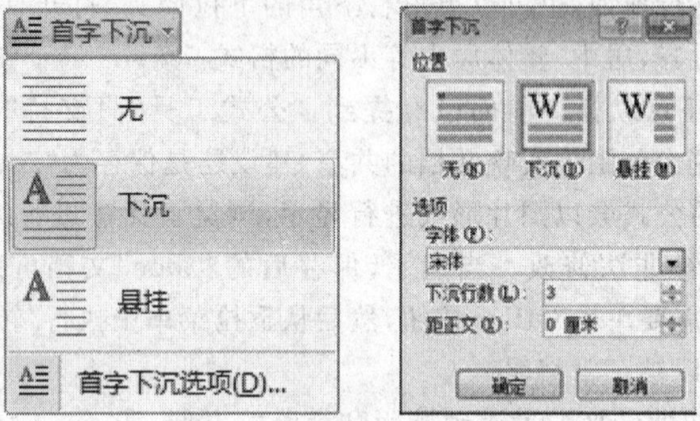

图4-71 “首字下沉”选项

(5)完成后的效果如图4-72所示。

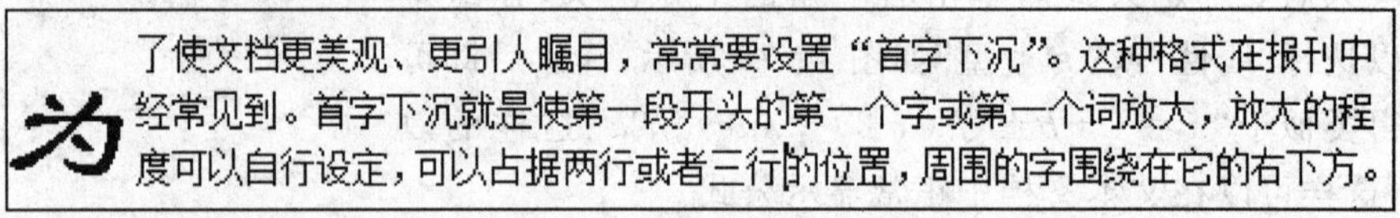

图4-72 “首字下沉”效果图

(五)带圈字符

在编辑文字时,有时候要输入一些特殊的文字,像圆圈围绕的数字等,在Word 2007中可以使用带圈字符功能,轻松地制作出各种带圈字符。

单击“字体”组中的“带圈字符”命令按钮 字 ,出现下面如图4-73所示对话框,从中选择相应选项即可完成设置,如:齐白石。

(六)拼音指南

Word 2007提供的拼音指南功能,可对文档内的任意文本添加拼音,添加的拼音位于所选文本的上方,并且可以设置拼音的对齐方式。

要给文本添加拼音,可以选择“开始”选项卡,在“字体”组中单击“拼音指南”按钮，打开“拼音指南”对话框，如图 4 - 74 所示。其完成后形式如：尴(gān)尬(gà)。

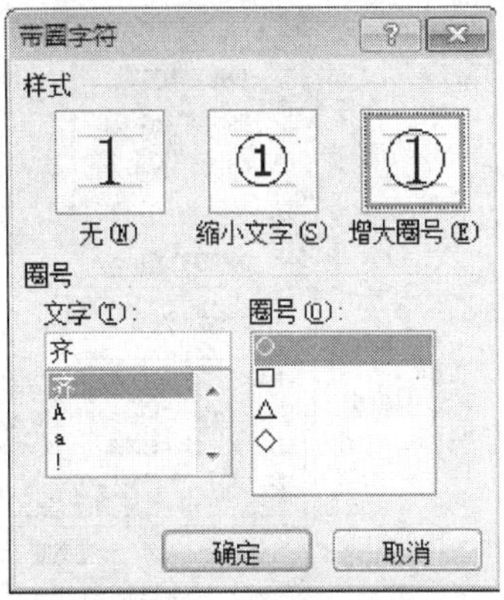

图 4 - 73　“带圈字符”选项

(七)中文版式

Word 2007 提供了具有中文特色的中文版式功能，包括“纵横混排”、“合并字符”、“双行合一”、“调整宽度”和“字符缩放”等功能。

单击“段落”选项组中的“中文版式”按钮，出现下图 4 - 75 所示对话框，在其中进行设置就可完成诸如：我行我素、首都北京、辽宁农业职业技术学院、字 间 距 加 宽、胖瘦、等样式的中文排版。

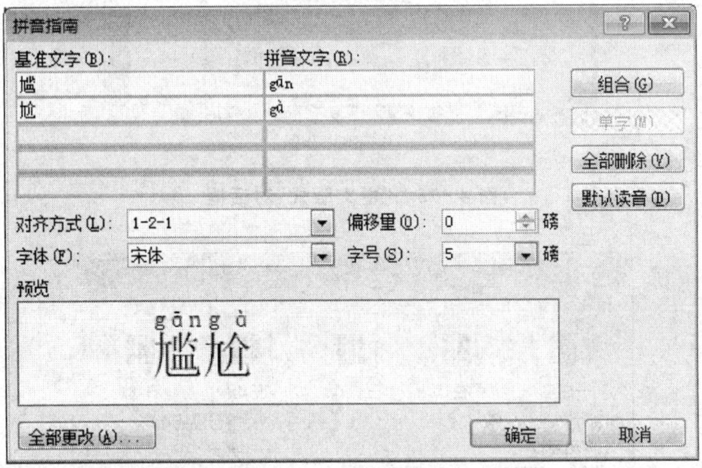

图 4 - 74　“拼音”效果图

(八)分栏排版

在阅读报纸杂志时，常常发现许多页面被分成多个栏目。这些栏目有的是等宽的，有的是不等宽的，从而使得整个页面布局显示更加错落有致，更易于阅读。Word 2007 具有分栏功能，可以把每一栏都作为一节对待，这样就可以对每一栏单独进行格式化和版面设计。

分栏的操作步骤如下：

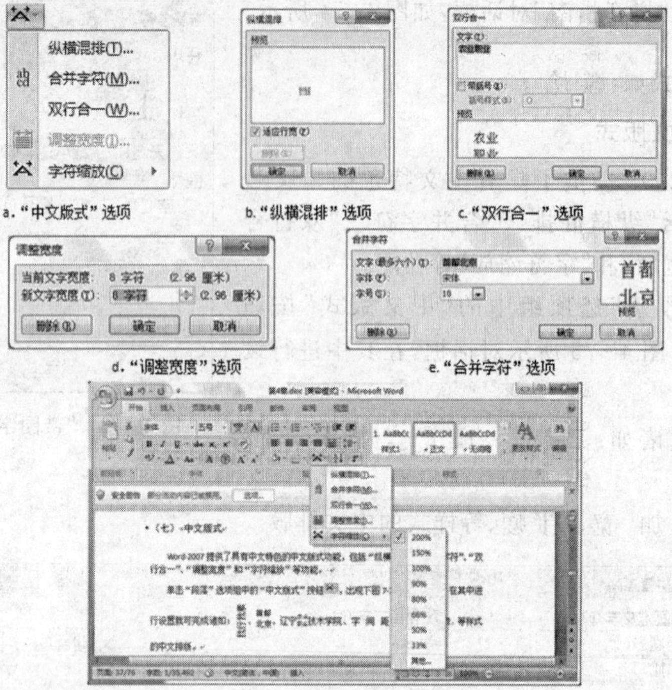

a. “中文版式” 选项　b. “纵横混排” 选项　c. “双行合一” 选项

d. “调整宽度” 选项　e. “合并字符” 选项

f. “字符缩放” 选项

图 4-75 “中文版式”对话框

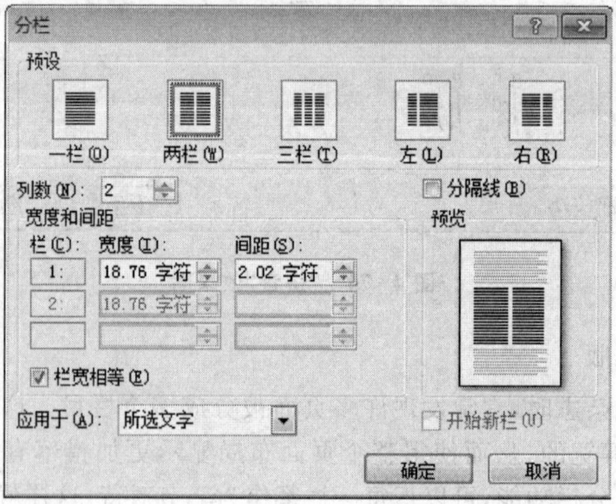

图 4-76 分栏对话框

(1)选中要分栏的段落。

(2)单击“页面布局”选项卡，在“页面布局”项目组中单击“分栏”命令按钮 分栏，则可将所选段落分为相应栏数的样式。如果选择“更多分栏”项，打开如图 4 - 76 所示的对话框。

(3)在“预设”框里设置栏数；在“宽度和间距”框里设置栏宽和间距；在“分隔线”复选框里选择是否设置分隔线；在“预览”窗口中观察设置效果，设置结束后，单击“确定”按钮，分栏完毕。图 4 - 77 是分栏完成后的效果图。

天才梦

张爱玲

1

图 4 - 77　“分栏”效果图

第三节　图形处理

Word 2007 是大家最常用的文档编辑软件，为了使文章图文并茂，在编辑文档时经常要插入一些图片。

一、插入编辑图片和剪贴画

(一)插入图片

(1)在打开的 Word 2007 文档窗口中将光标置于要插入图形的位置，在“插入”功能区的“插图”分组中单击“图片”即可打开“插入图片”的对话框，如图 4 - 78 所示。

图 4 - 78 “插入图片”对话框

(2)在打开的对话框中，“文件类型”编辑框中将列出最常见的图片格式。找到并选中需要插入到 Word 2007 文档中的图片，然后单击“插入”按钮即可。

(二)插入剪贴画

(1)在打开的 Word 2007 文档窗口中将光标置于要插入图形的位置，在“插入”功能区的“插图”分组中单击“剪贴画”即可打开“剪贴画”的任务窗格，如图 4 - 79 左所示。

(2)在搜索文字对话框中输入剪贴画的类型，例如“人物”，还可限定“搜索范围”和“结果类型”，然后单击“搜索”按钮，即可在系统中找到所需类型的剪贴画，选择所需要的一张，单击，即可将剪贴画插入文档中。

(3)在任务窗格的下方单击“管理剪辑”，打开“收藏夹”选择“Microsoft 剪辑管理器”的对话框，如图 4 - 79 右所示，从“收藏集列表”中选择“类型”，则右侧会出现对应剪贴画预览，单击选中的“剪贴画”从快捷菜单中选择“复制”，回到文档中“粘贴”即可。

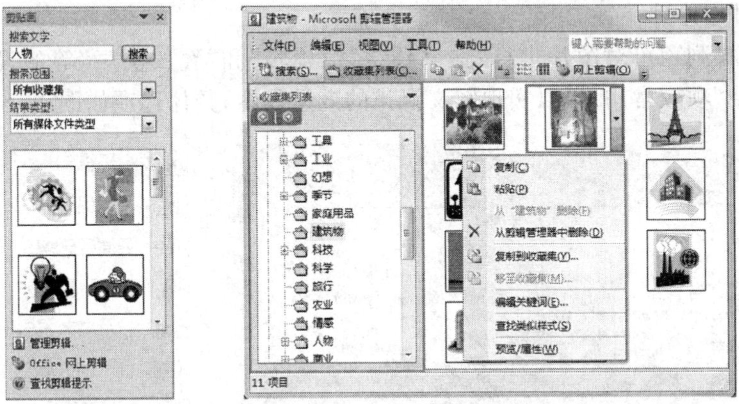

图 4-79 “剪贴画”任务窗格、剪辑管理器

(三)编辑图片或剪贴画

单击插入的图片或剪贴画即可选中它,同时标题栏上出现 图片工具 ,单击该按钮,则出现如下图的“图片工具”,从中选择对应功能按钮即可对图片进行编辑。

图 4-80 “图片工具”选项卡

1. 图片样式修改

在该选项中可给图片形状、边框和效果的设置,具体设置多样化,可根据需要自由发挥,图 4-81 即是对一张风景照片进行“椭圆”、“圆台”、“透视”等修饰后的效果图。

图 4-81 图片修饰效果图

2. 图片排列

图片排列项可对图片进行“文字环绕”、“旋转”和“叠放次序”等的设置，其中“文字环绕”项较常用，可以实现图文混排的效果如图，具体选项如图 4 - 82 所示。

左:图片四周环绕　右:图片环绕选项

图 4 - 82　图文:混排

3. 大小

“大小”选项可以对图片大小进行具体的设置，可整体修改图片大小，也可裁剪图片。单击图片工具选项卡中的“大小”选项组中的相应按钮，可调整图片大小；点击大小选项右侧的对话框启动器▣可出现具体操作对话框，如图 4 - 83 所示，依需要设置即可。

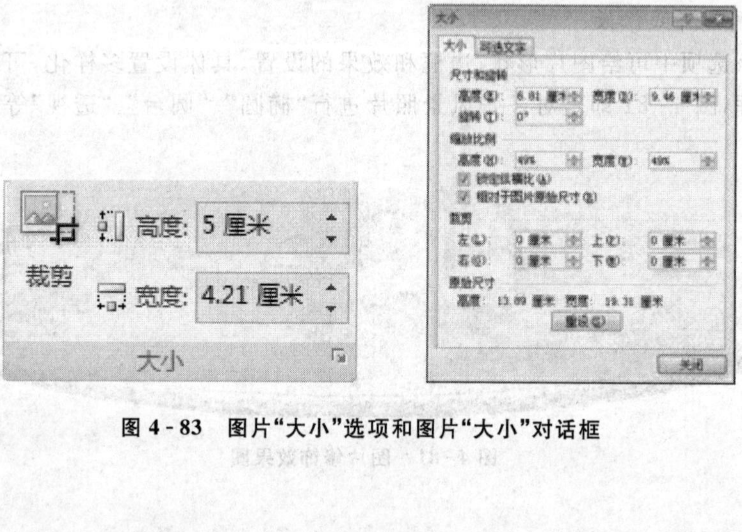

图 4 - 83　图片“大小”选项和图片“大小”对话框

二、插入编辑形状

(一)插入形状

如果准备自己绘制图形,在打开的 Word 2007 文档窗口中将光标置于要插入图形的位置,在“插入”功能区的“插图”分组中单击“形状”即可打开如图 4-84 所示选项,从中选择欲绘制的形状,在文档中拖拽鼠标即可绘制完成。

(二)编辑形状

绘制完“形状”后,单击插入的图片或剪贴画即可选中它,同时标题栏上出现 绘图工具 ,单击该按钮,则出现如图 4-85 的“绘图工具”,从中选择对应功能按钮即可对“形状”进行编辑。

(1)“形状”的“样式”、“排列”和“大小”设置与图片工具类似;选择“形状”后,其上面的绿色圆圈为“旋转”工具,黄色菱形为“变形”工具;效果则只有两项:“阴影”和“三维”效果。

(2)在“形状”上要想添加文字,则在“形状”上单击右键,从快捷菜单中选择“添加文字”或“编辑文字”。

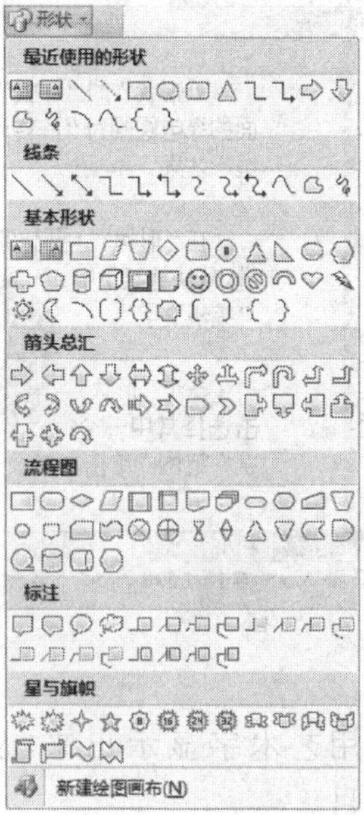

图 4-84 “形状”类型

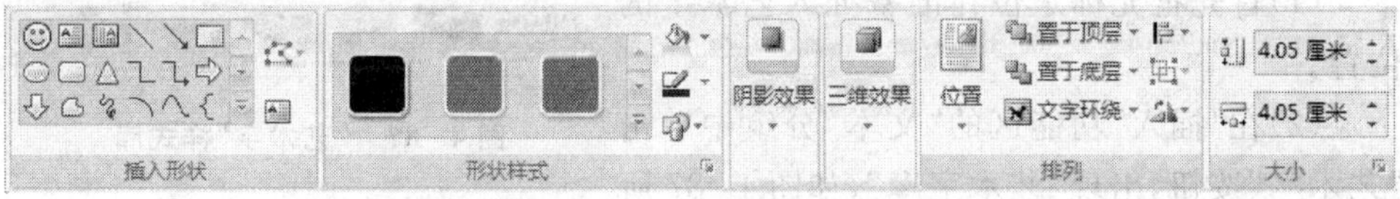

图 4-85 “绘图”工具栏

(3)多个“形状”可“组合”成一个整体,具体操作为:单击选择其中一个“形状”,然后按【Shift】键,分别单击其他“形状”,在“形状”范围内单击右键,快捷菜单中选择“组合”或“重新组合”。图 4-86 是设置“形状”后的效果图。

三、插入编辑艺术字

(一)插入艺术字

Word 2007 提供了“艺术字”功能,可以把文档的标题以及需要特别突出的地

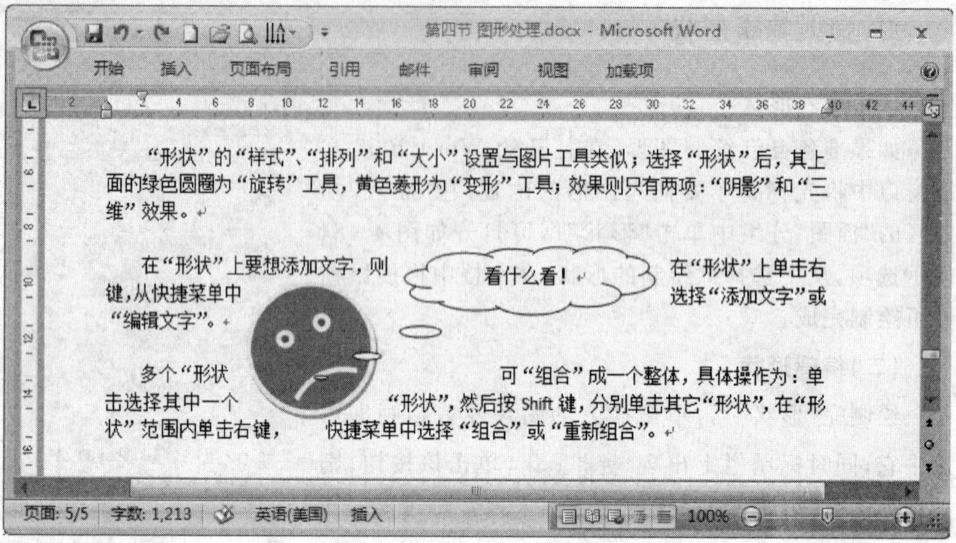

图 4-86 "形状"设置效果图

方用艺术字显示出来，从而使文章更生动、醒目。

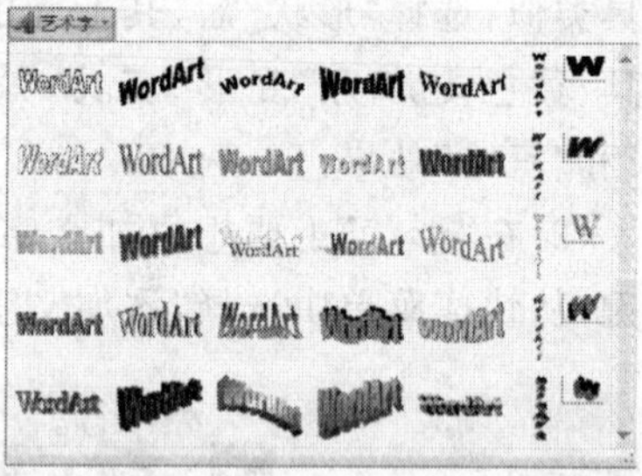

图 4-87 "艺术字"样式库

Word 2007 中的艺术字是一种图形的格式，所以可以像对待图形一样插入和编辑艺术字，操作步骤如下：

(1)首先把光标定位在准备插入艺术字的位置。

(2)在"插入"功能区的"文本"分组中单击"艺术字"按钮，出现"艺术字库"，如图 4-87 所示，从中选择最想要的样式。

(3)接下来出现的"编辑艺术字文字"对话框，如图 4-88 所示，在该对话框中输入你需要的文字，在"字体"框中选择你想要的字体、字号、加粗或斜体，比如我们要输入"天才梦"，设置成楷体、加粗、斜体，设置完毕后，单击"确定"按钮，就会出现如图4-89右所示的效果。

(二)编辑艺术字

绘制完"形状"后，单击插入的图片或剪贴画即可选中它，同时标题栏上出现 艺术字工具 ，单击该按钮，则出现如图 4-90 所示的"艺术字工具"，从中选择对应功能按钮即可对艺术字进行编辑。

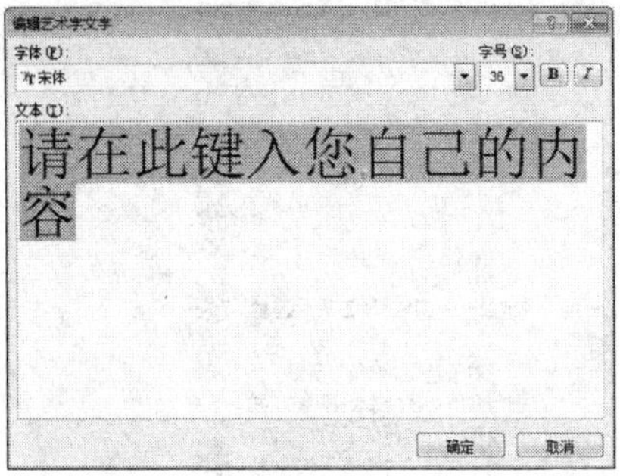

图 4-88　编辑艺术字文字

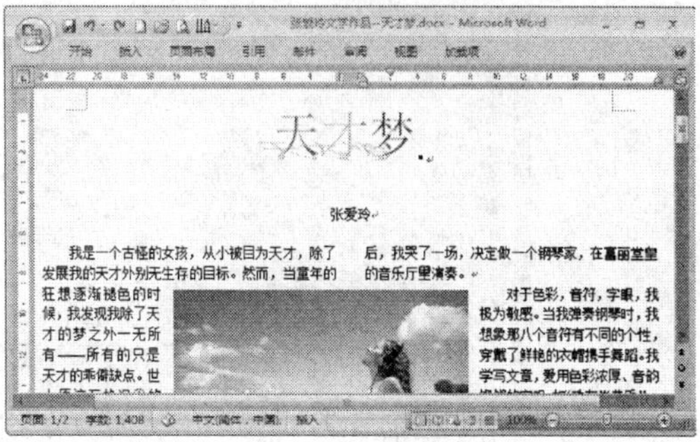

图 4-89　插入艺术字效果图

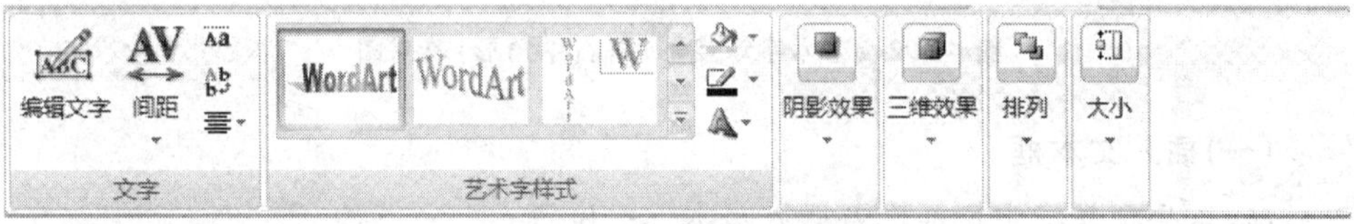

图 4-90　“艺术字”工具栏

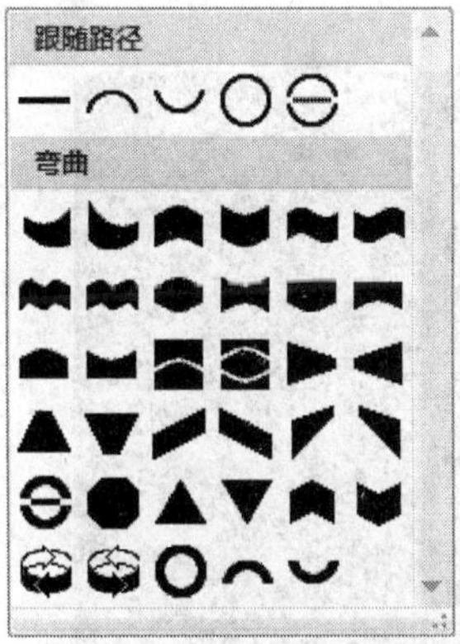

图 4-91　“艺术字形状”选项

“艺术字”的“样式”、“排列”和“大小”设置与图片、形状工具类似；选择“艺术字”点击“更改艺术字形状”按钮，出现如图 4-91 所示选项，可选择其中的形状对“艺术字”进行修改。点击“艺术字竖排文字”按钮，可将横排的艺术字变为竖排文字，再次点击该按钮，则恢复为横排。除此之外还可以通过“编辑文字”按钮、“间距”按钮、和“等高”按钮对“艺术字”文字进行编辑。如图 4-92 所示效果图。

四、插入编辑文本框

在较早版本的 Word 中同样有文本框的功能，但是多少显得有些单薄。Word 2007 对文本框作了改进，可以帮您在插入文本框时进行装饰和美观方面的处理。其提供的强大的样式库可以制作出变化万千的精美文本框。

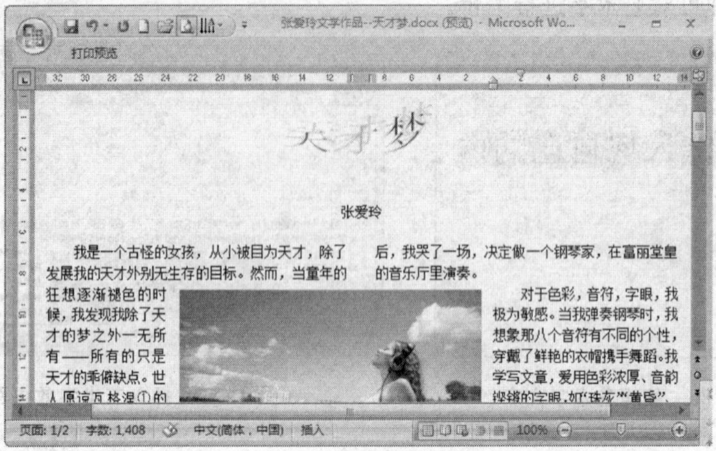

图 4-92　艺术字识变形后(右牛角形)效果图

(一)插入文本框

(1)首先把光标定位在准备插入文本框的位置。

(2)在“插入”功能区的“文本”分组中单击“文本框”按钮[A]，出现“文本框样式库”，如图 4-93 所示，从中选择最想要的样式。

图 4-93　文本框样式库

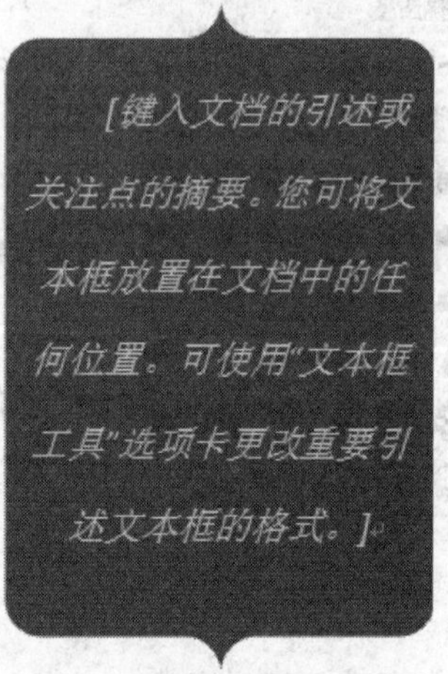

图 4-94　插入文本框后

(3)Word 2007 提供了 30 多种样式供选择，主要排版位置、颜色、大小有所区别，你可根据需要选择一种。插入后可看到文本框工具栏已经弹出，输入你所需要的内容,如图 4-94 所示。

(二)编辑美化文本框

插入“文本框”后单击即可选中它,同时标题栏上出现 文本框工具 ,单击该按钮,则出现如图 4-95 的“文本框工具”,从中选择对应功能按钮即可对文本框进行编辑。

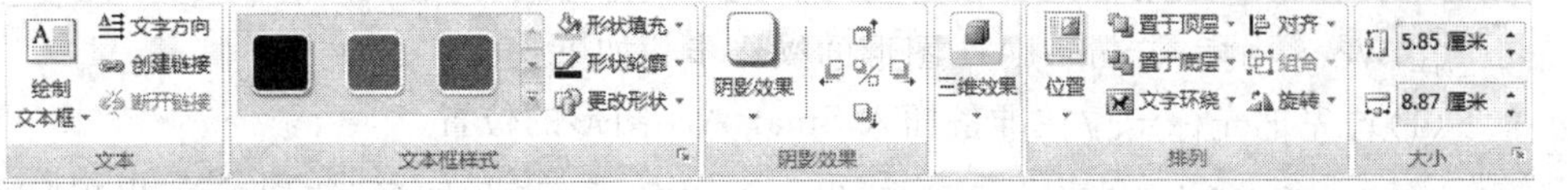

图 4-95 “文本框”工具栏

“文本框”的编辑除了应用系统所提供的模板样式、横排与竖排转换以外,其他操作与“形状”相同。图 4-96 是修饰后的效果图。

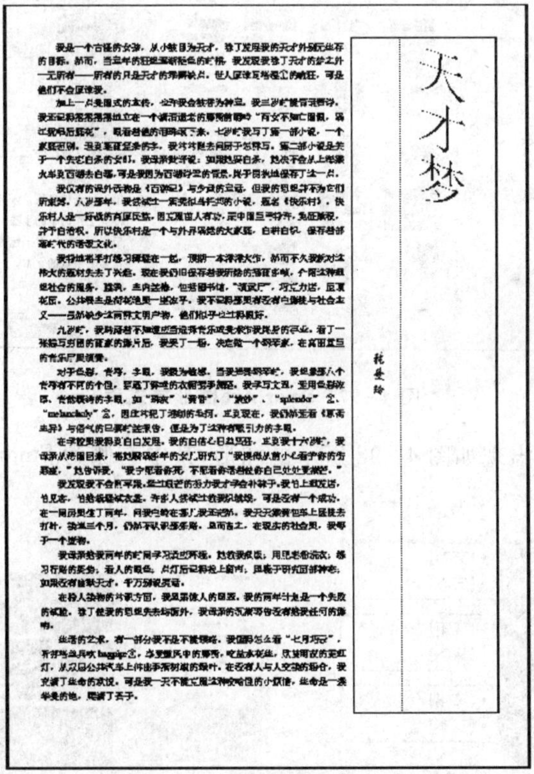

图 4-96 文本框修饰后效果图

五、插入编辑 SmartArt 图形

(一)插入 SmartArt 图形

Word 2007 中增加了一个“SmartArt”工具，有了这个工具制作精美的文档将变得非常容易。SmartArt 图形主要用于演示流程、层次结构、循环或关系。SmartArt 图形包括水平列表和垂直列表、组织结构图以及射线图和维恩图等。

在 Word 中插入 SmartArt 图形的操作步骤如下：

(1)首先把光标定位在准备插入 SmartArt 图形的位置。

(2)在“插入”功能区的“插图”分组中单击“SmartArt 图形”按钮

，出现“选择 SmartArt 图形”对话框，从中选择最想要的样式，例如图 4-97，选择“垂直 V 形列表”，单击“确定”按钮。

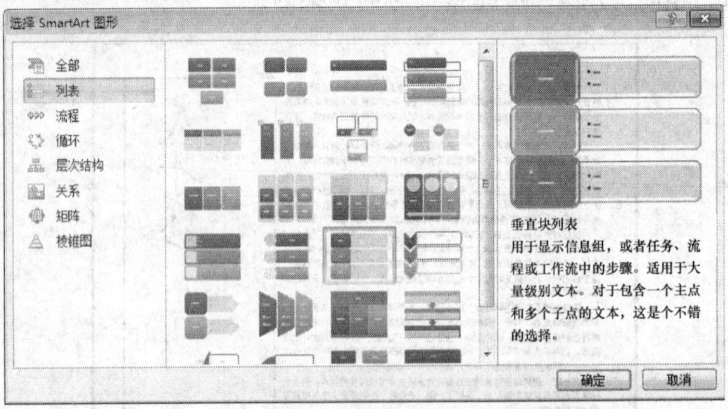

图 4-97 SmartArt 图形样式库

(3)在文档中出现如图 4-98 所示的图形，其中右侧为 SmartArt 图形，左侧为辅助工具。

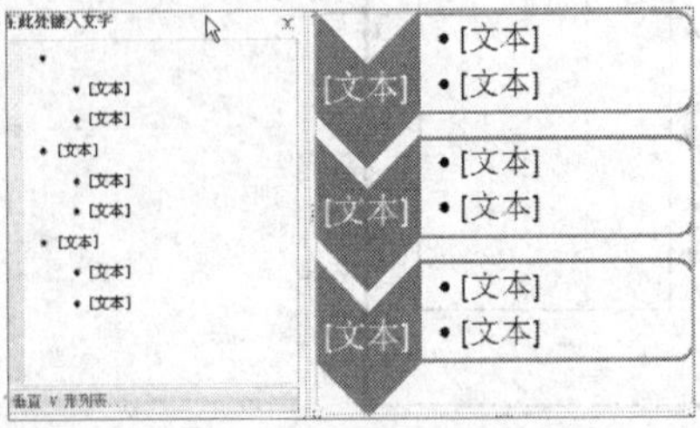

图 4-98 插入 SmartArt 图形

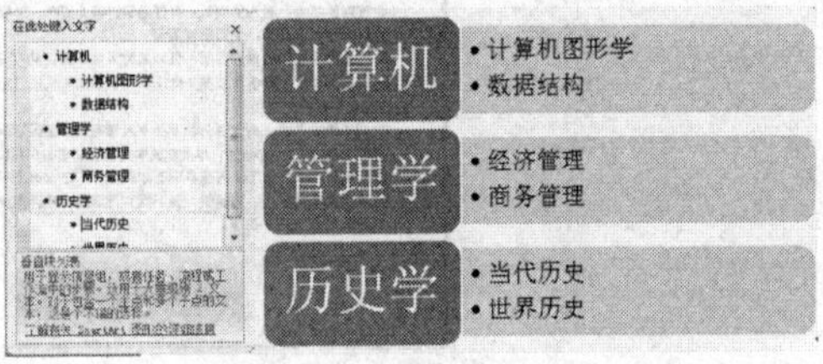

图 4-99 编辑 SmartArt 图形文字

(4)输入文字。输入文字有两种方法:第一种方法是在左侧辅助工具中单击“文本”字样,然后输入文字;第二种方法是直接在 SmartArt 图形中单击“文本”字样,然后输入文字。在 SmartArt 图形右侧默认为两行文字,如果只想输入一行,可以在输入本行之后按下【Del】键删除下一行预置文本。输入完成如图4-99所示。

(5)增加项目。默认插入的 SmartArt 图形只有三个项目,而我们需要的往往是三个以上的项目,因此需要增加项目。选择对应的“SmartArt 图形框”,然后在“SmartArt 工具”中“设计”选项卡上单击“创建图形”项目组中“添加形状”按钮 

,在下拉菜单中选择“在后面添加形状”或“在前面添加形状”命令,如图 4-100 所示,即可添加一个项目,用同样的方法可以添加其他项目。

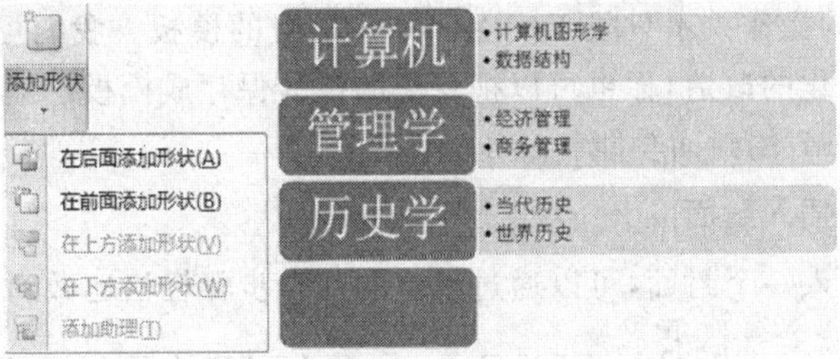

图 4-100　在 SmartArt 图形中添加形状

(二)编辑修饰 SmartArt 图形

插入 SmartArt 图形后单击即可选中它,同时标题栏上出现 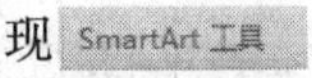

,单击该按钮,则出现如图 4-101 所示的“SmartArt 工具”,从中选择对应功能按钮即可对 SmartArt 图形进行编辑。

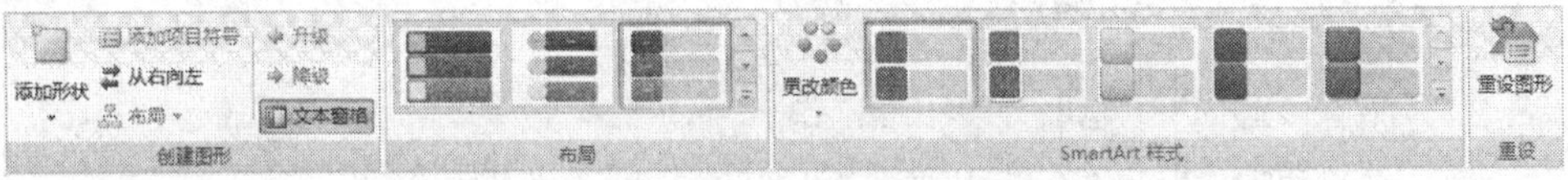

图 4-101　SmartArt 图形工具栏

SmartArt 图形的编辑除了应用系统所提供的 SmartArt 样式以外,其他操作与早期版本的组织结构图类似,也与文本框修饰相差无几。图 4-102 是修饰后的效果图。

六、封面

Word 2007 中最能让人一见钟情的功能之一就是它的封面功能。在 Word 2007 中包含了许多预先定制的封面,我们只要通过点击几次鼠标就能使用它们。

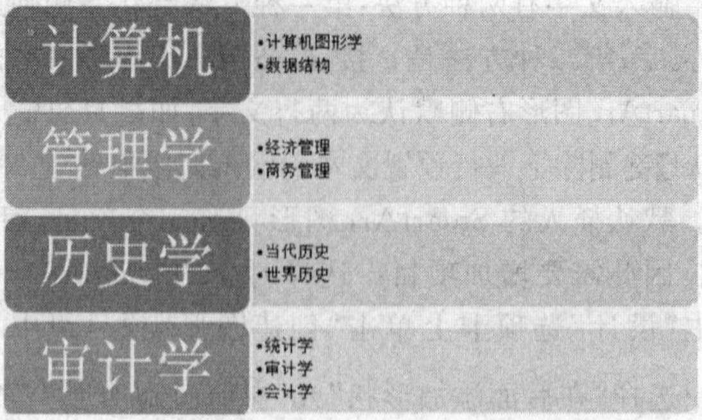

图 4-102 SmartArt 图形修饰后的效果图

当然，我们的操作并不只限于使用 Word 内置的模板。我们可以对预置的设计进行各种个性化的改造，你也可以把自己的设计保存成模板。下面，我们就来认识一下 Word 2007 的封面功能。

(一)为文档插入封面

要为文档插入一个封面，可以通过以下的几个步骤轻松地做到：

在 Word 2007 中点击“插入”项目卡。单击“页”组中的“封面”按钮 ，在默认的封面集里我们可以看到各种风格的模板如图 4-103 所示，选择自己喜欢的就可在当前文档前插入封面，并可以对封面内容进行编辑，如图 4-104 所示。

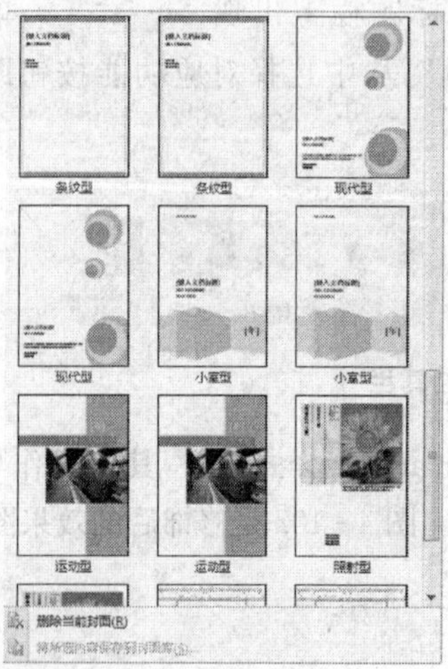

图 4-103 封面样式库

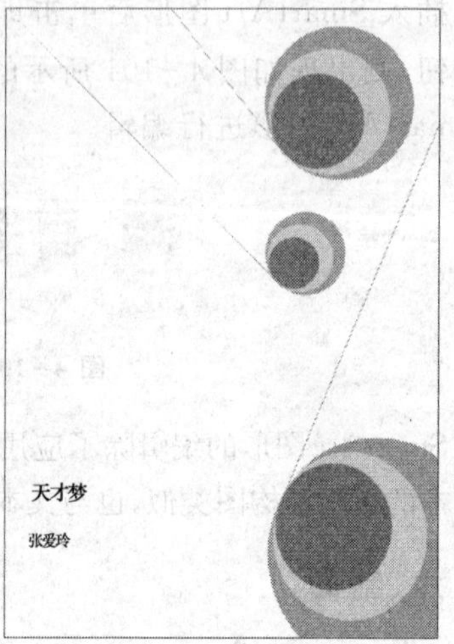

图 4-104 插入封面效果

(二)编辑修饰封面

比如,我们插入了一个"现代型"的风格清新简单的封面,但是对于封面图案的整体颜色并不满意,那么我们就可以选取封面上的元素,在出现的 绘图工具 (图 4-105)中找到相应的工具进行修改,直到满意为止。

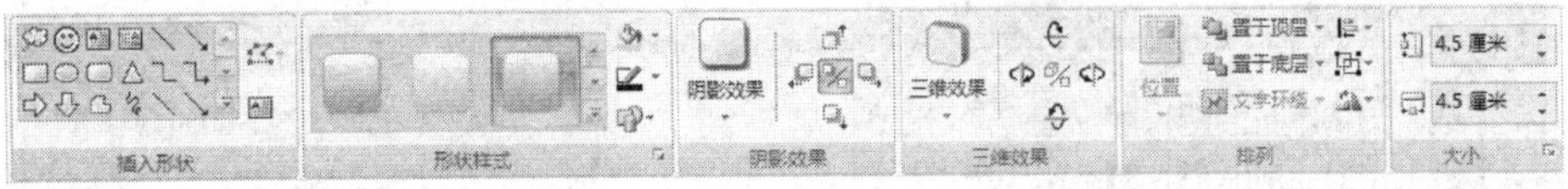

图 4-105　绘图工具栏

Word 2007 为我们预置了多种颜色方案(图 4-16),从单种色彩到渐变色彩都具备,选择非常多,并且色彩表现也很不错。对于封面中的每一个元素或者每一个区域都可以进行类似的色彩上的自定义,除了可以自定义各种色彩,还可以进行阴影效果、三维效果、排列和大小的自定义修改。相信通过 Word 2007 强大的封面功能,我们的文档封面可以更加光彩夺目。

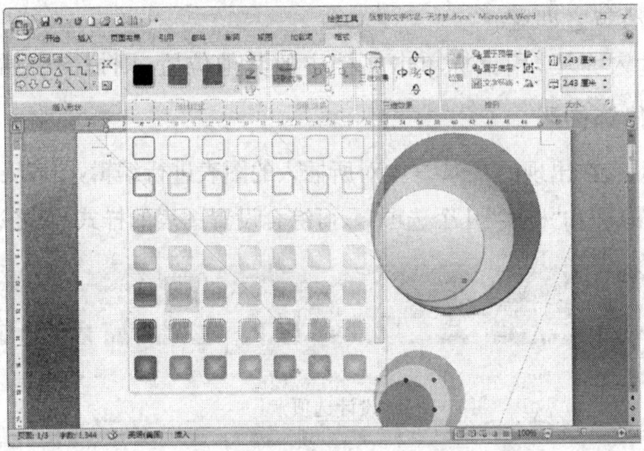

图 4-106　利用"绘图工具"修饰封面

七、图表

图表是以图的形式对数据进行的形象化的表示。数据以图表的形式显示,可使数据更加清楚、有趣且有助于理解。图表还能帮助用户分析数据,为用户提供直观、准确的信息。在 Word 中,有两种方式制作图表。如果用户在安装 Office 2007 的时候安装了 Excel,则会使用 Excel 的图表功能,否则将启用 Office Graph 来制作图表。下面以前者为例进行说明。

(一)插入图表

(1)在“插入”功能区中单击“图表”按钮，出现插入图表对话框，如图 4 - 107 所示，从中选择插入的图表类型后会在文档中打开一个 Excel 数据表如图 4 - 108 所示，同时在光标插入点处插入默认数据的图表。

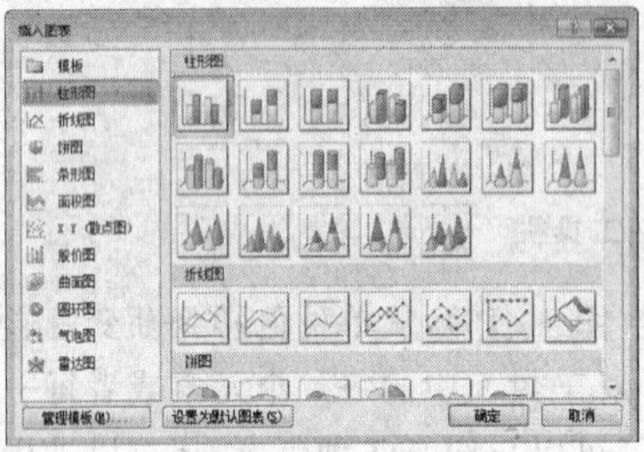

图 4 - 107　插入图表

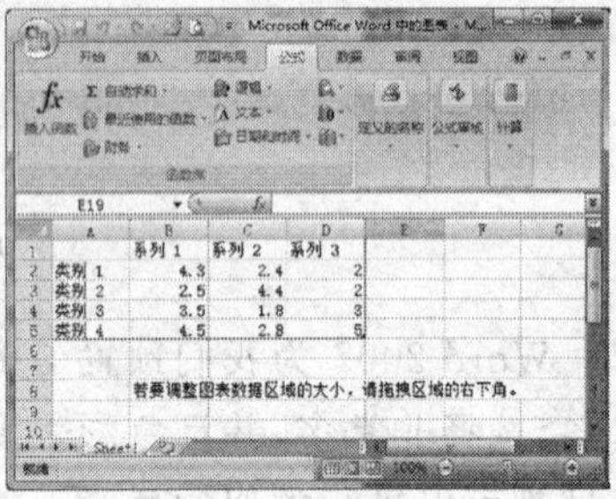

图 4 - 108　Excel 数据表

(2)输入数据。在 Excel 数据表中输入自己的数据，在修改数据的同时，文档中的图表将自动与之匹配。

(3)数据输入完毕，用鼠标单击文档中的其他位置，则把图表插入到文档中。

(二)编辑修饰图表

(1)选择图表，在出现的图表工具中对所插入的图表进行编辑，图表工具如图 4 - 109 所示，有“设计”、“布局”和“格式”几个选项卡，可综合设置图表的样式，使之达到设计要求。

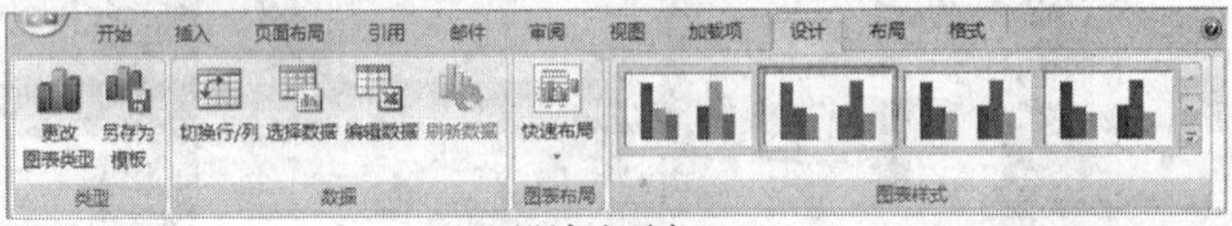

a. 设计选项卡

b. 布局选项卡

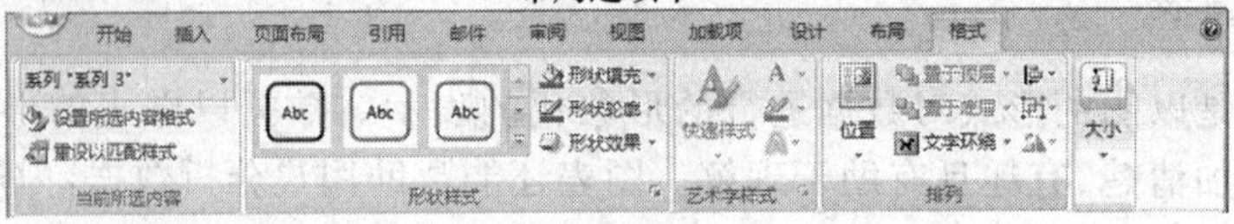

c. 格式选项卡

图 4 - 109　图表工具栏

(2)单击图表中的任一部分均可做一定修饰,图 4 - 110 是完成后的效果图。

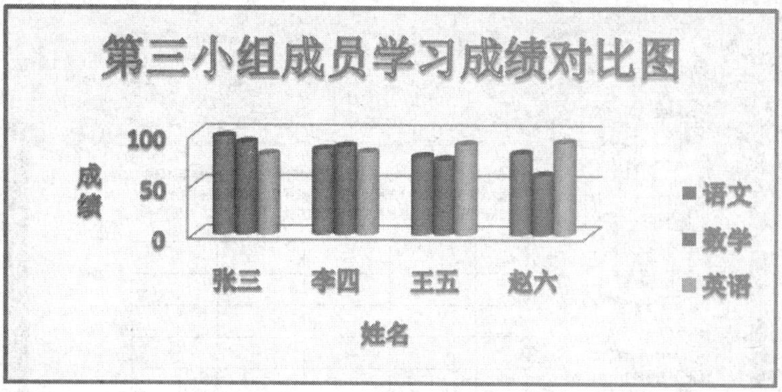

图 4 - 110　图表设计后效果图

第四节　Word 2007 表格创建排版设计

表格在设计、生活中应用很广泛,应用表格不但可以简化复杂的说明,使读者一目了然,而且还可以辅助排版。本节主要介绍如何在 Word 2007 中创建表格、修饰表格,在表格中添加数据、管理数据和表格中数据的简单计算等。

一、插入表格

用户可以根据实际情况在 Word 文档中插入表格、手绘表格、插入 Excel 表格,还可以应用 Word 2007 内置的快速表格样式创建表格。您可以将表格插入到文档中或将一个表格插入到其他表格中以创建更复杂的表格。

(一)插入表格

“插入表格”命令可以让您在将表格插入文档之前,选择表格尺寸和格式。在要插入表格的位置单击,然后执行下列操作步骤之一:

(1)在“插入”选项卡上的“表格”组中,单击“表格”按钮 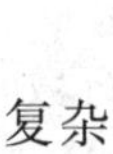,接着直接用鼠标在表格配置上选择所需要插入的行数和列数,如图 4 - 111 所示。如果你知道你需要创建一个几行几列的表格,那么这就是到目前为止创建表格的最简易的方式。

(2)你也可以选择图 4 - 112 中的其他菜单项并通过对话框来插入表格,或者是绘制出一个表格。单击“插入表格”,出现图 4 - 113 所示对话框。在“表格尺寸”

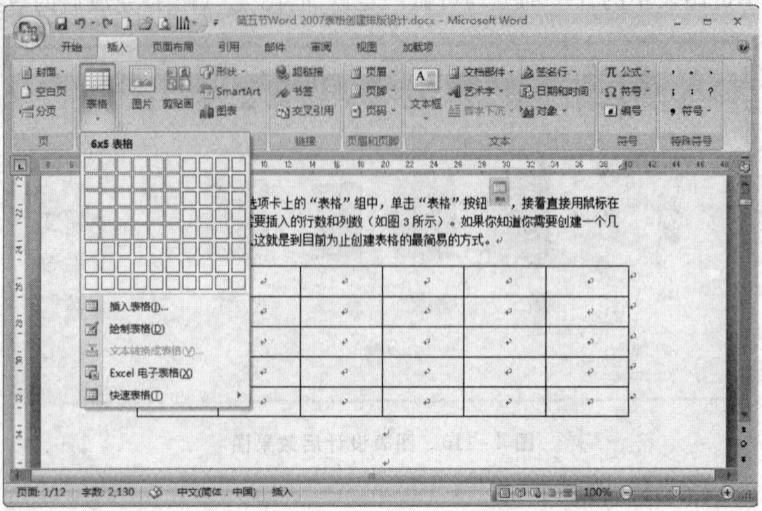

图 4-111　设置行和列

下，输入列数和行数。在“自动调整”操作下，选择选项以调整表格尺寸。单击“确定”按钮，即可在该文档中插入一个规则表格。

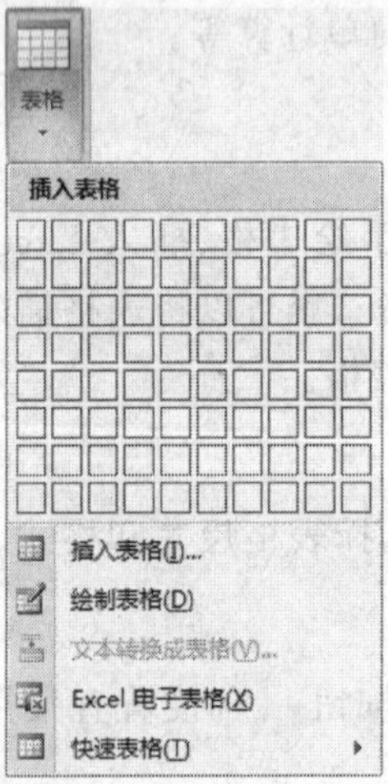

图 4-112　插入或绘制表格按钮选项

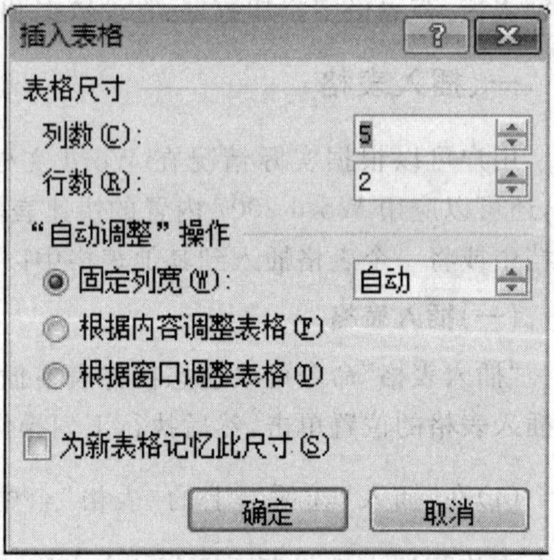

图 4-113　“插入表格”对话框

(3)在 Word 文档中插入 Excel 表格，点击“Excel 电子表格”项目就会插入一个如图 4-114 所示的可用函数的工作表对象。

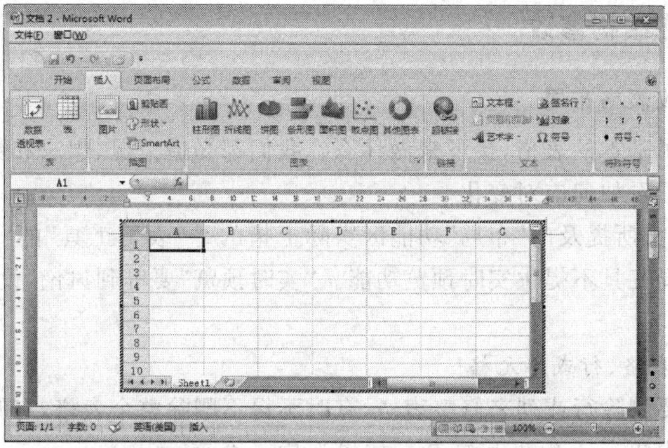

图 4 - 114　在 Word 文档中插入 Excel 表格

(4)一些预设计好的表格模板也能够在“快速表格”菜单项中进行选择，如图 4 - 115所示。你可以插入表格式列表、日历以及双表，只需要对表格中的一些名称之类进行更改即可。

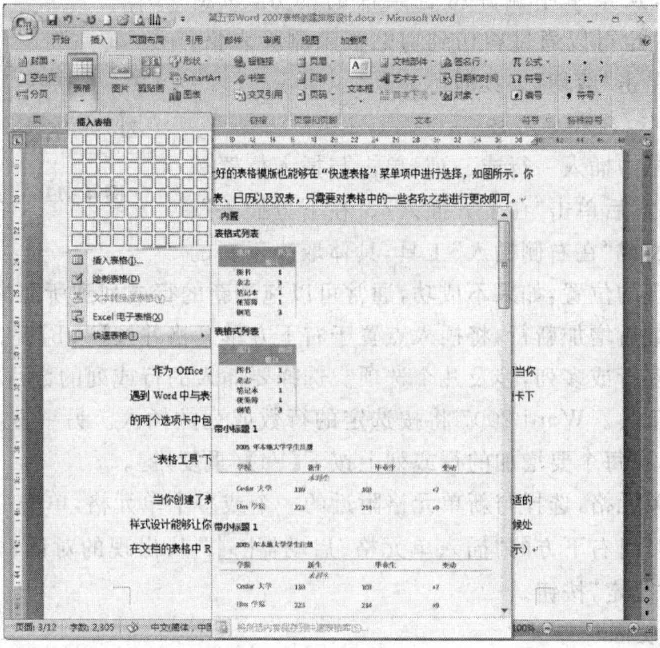

图 4 - 115　快速表格

二、表格结构修改

(一)修改表格布局

一旦有了基本的表格,接下来做什么?我们都知道情况、想法和数据会发生变化。让我们看看如何应对变化。

注意:本文所提及的“布局”功能区实际上指的是“表格工具”的“布局”子功能区。注意布局工具不提供实时预览功能。“实时预览”要等到讨论“设计”功能区的时候。

1. 删除表格、行或单元格

有时需要删除行或列来修整表格,有时不得不删除整个表格,有时这个简单的操作比想象中更令人生畏和复杂。如果选中一个表格然后敲下“删除”键,表格里的数据被删除了,但表格本身的外壳仍在那。有时删除一个单元格、行或列时,也会发生同样的事情。如果要删除单元格、行、列或表格中的内容,选中要删除的并按“布局”功能区中“删除”按钮,从菜单中删除符合条件的部分,如图4-116所示。也可以通过剪切到剪贴板来删除表格,选中表格并单击“剪切”工具即可。

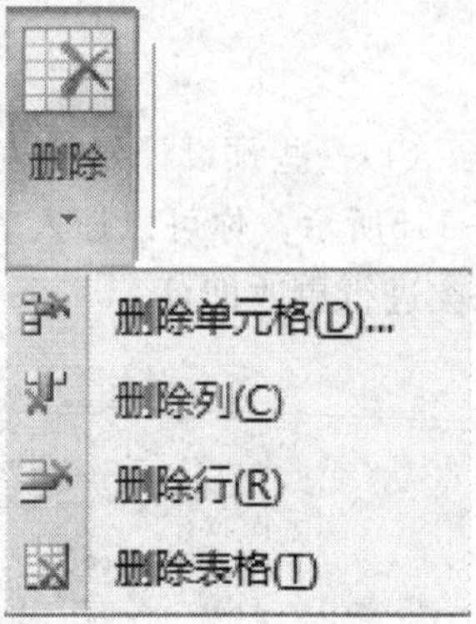

图 4-116 删除选项

2. 插入行、列和单元格

要在表格中插入一行或一列,单击与插入位置邻近的行或列,然后单击“在上方插入”、“在下方插入”、“在左侧插入”或“在右侧插入”工具,具体取决于新的行或列将出现的位置,如果不成功,通常可以拖动新的行或列到所需的位置。要在现有表格的最后增加新行,将插入点置于右下方单元格并按【Tab】键。

要插入多行或多列,涉及几个选项。选择要插入的行或列的数目,然后单击适当的“插入”工具。Word 2007 将按选定的行数或列数插入。另一方面,要插入单独的行或列,在每个要增加的行或列上按下【F4】(重复)键。

要插入单元格,选择与新单元格附近的一个或多个单元格,单击“布局”子功能区中“行和列”组右下方的“插入单元格”启动器。从出现的对话框中选择所需的操作单击“确定”按钮。

3. 控制表格断行

有时并不特别在意表格在跨页时如何操作,但有时也会。有这样想法时,选中有疑问的一行或多行并单击“布局”子功能区中的“属性”(或是右键单击从快捷菜单中选择“表格属性”)。在行选项卡的“选项”下，默认选中了“允许跨页断行”。如果确实不想让选中的行断行，则清除该选项。

要强制表格在指定的位置断行，移动插入点到表格断行所在的那一行，然后按下【Ctrl】+【Enter】，或单击“布局”子功能区中的“拆分表格”。注意这并不仅仅强制表格在该处断行；它实际上将表格拆成了两个表格。如果启动了“在各页顶端以标题行形式重复出现”设置，它将不会按“新”的表格继承。如果需要，要复制标题行到新的表格并恢复设置。

4. 合并单元格

有时需要合并单元格，合并单元格比较容易，选中要合并的单元格并单击“布局”子功能区中的“合并单元格”工具

，即可将两个及以上的连续单元格合并为一个单元格。

5. 拆分单元格

起初，一个单元格、行或列看上去还不错，但后来为了表达的合理性你决定把原来只有一个单元格的地方变成两个或更多。方法是选定要拆分的单元格，单击“表格工具”中“布局”子功能区上面的“拆分单元格”按钮

，即可将一个及以上的连续单元格拆分为多个单元格。

6. 单元格大小

用表格展示有固定格式的表格时，单元格的度量有时必须准确，特别是要将Word 2007 文档与预打印表格进行排列时。要准确控制单元格的高度和宽度，单击“布局”子功能区“单元格大小”组中相应的对话框，如图 4-117 所示。

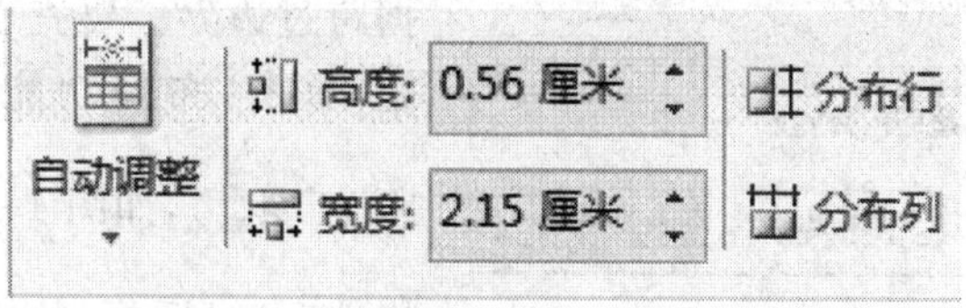

图 4-117 确定行和列的准确高度和宽度

如果希望所选定的行具有同样的高度，单击“分布行”按钮。同样的，单击“分布列”可设置选中的列或所有列宽度相同。如果不同行中的列宽不同，这个命令不会平均整个表格。它只在所有行具有相同宽度时才起作用。

7. 单元格对齐

“单元格对齐”提供了9个选项，如图4-118所示。要设置或修改单元格对齐方式，单击或选中要修改的单元格，然后单击所需的工具。

正如在其他地方提到的，许多用户对单元格对齐方式和表格对齐方式感到困惑。当选中整个表格时，这个工具至多影响每个单元格的单独的对齐方式，对表格的对齐方式不起作用。

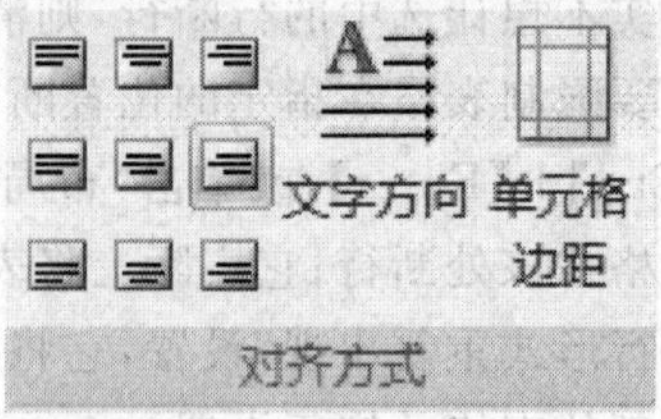

图4-118　单元格对齐方式

8. 表格对齐方式

选中整个表格并使用“开始”功能区中的“段落对齐”工具，或是使用“表格属性”对话框中的“对齐方式”设置。

9. 文字方向

要控制Word 2007表格单元格中的文字方向，单击“布局”子功能区中的“文字方向”工具。这个选项通常可以使表格纵向显示文字，否则可能要用多个分散的横向文字实现。

10. 单元格边距和间距

Word 2007为单元格边距提供了几种不同的控制方法。单元格边距是单元格内容与划分单元格的虚构的线条之间的距离。适当的边距能避免单元格间过于拥挤。有时增加间隔有助于生成合适的外观。用表格来格式化预打印表格中的数据时，它也能防止打印数据跨过边界。要查看单元格边距和间距，单击“布局功能区”的“单元格边距”工具，如图4-119所示出现“表格选项”对话框，从中可以设置所选表格的默认“单元格边距”。

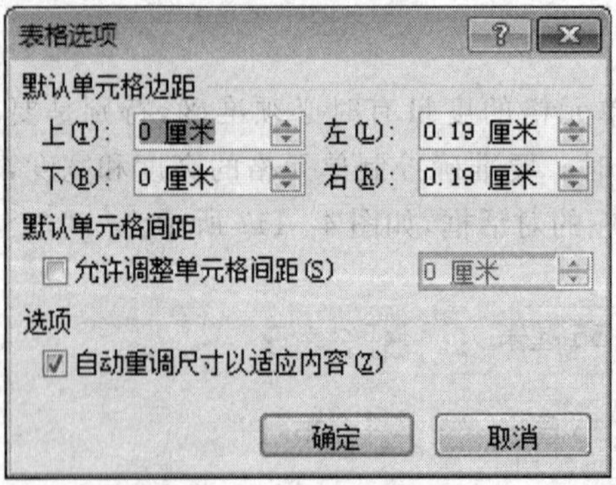

图4-119　表格选项

11. 跨过多页的表格

当一个表格跨过多页，Word 2007能自动重复一个或多个标题行，使表格更易管理。如果要求更高，选择表格的标题行(你可以有多个标题行)，单击“布局”子功能区的“重复标题行”工具，选中的标题行可在有需要的地方重复。

可以为每个单独的表格打开或关闭此设置。因为标题行的数目各异，所以该设置不能作为所有表格的默认设置，也不能纳入样式定义。

对于只显示或打印到一个页面的表格，这项设置没有明显的效果。它同时对“Web 版式视图”下的页面不起作用，因为 Web 页面在内容上是无缝且不分页的。

12. 表格排序

Word 2007 提供快速灵活的方法为表格中的数据排序。要对表格进行排序，单击表格中的任一处并单击“布局”子功能区的“排序”工具 ，Word 2007 显示“排序”对话框，如图 4 - 120 所示。如果表格在每一列的顶端都有标题，启用“标题行”设置起到 2 个作用：首先，它提供“主要关键词”、“次要关键词”和“第三关键字”下拉列表的候选标签；其次，它把标题行排除在排序数据之外。

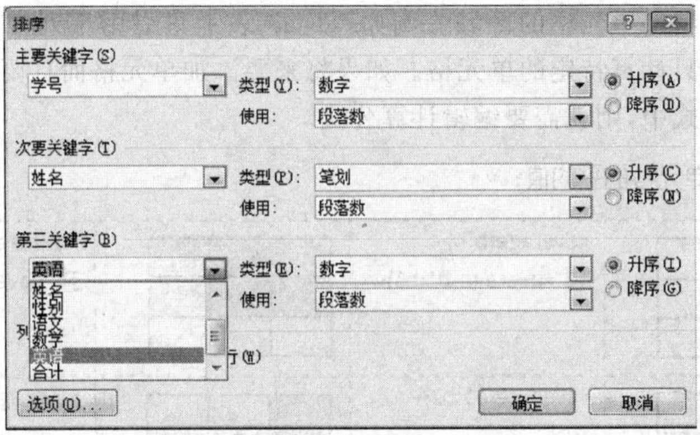

图 4 - 120 “排序”对话框

要排序，先设置第一组“主要关键字”。设置“类型”为“笔画”、“拼音”、“数字”或“日期”会影响数据排序方式。在本例中以“学号”为例，按数字排序才能以正确的排序顺序，“姓名”则可按“拼音”或“笔画”进行排序。选择所需的顺序，“递增”或“递减”。如果有其他排序字段，用“次关键字”加入其他最多 2 个字段。单击“选项”进行另外的设置，包括如何分隔字段(针对非表格排序)和是否区分大小写排序，还可以设置排序语言。单击“确定”按钮关闭“排序选项”对话框，然后单击“确定”按钮完成排序。

13. 表格内数据计算

(1)引用表格中的单元格。在 Word 2007 表格中执行计算时，可用 A1、A2、B1、B2 的形式引用表单，其中字母表示列，数字表示行。与 Microsoft Excel 不同，Microsoft Word 对“单元格”的引用始终是绝对引用，并且不显示美元符号。例如,在 Word 中引用 A1 单元格与在 Excel 中引用 A1 单元格相同。如图 4 - 121所示。

①引用单独的单元格。

在公式中引用单元格时,用逗号分隔单个单元格,而选定区域的首尾单元格之间用冒号分隔,如图 4 - 122 所示。

	A	B	C
1	A1	B1	C1
2	A2	B2	C2
3	A3	B3	C3

图 4 - 121 单元格引用

②引用整行或整列。

可以用以下方法在公式中引用整行和整列:

使用只有字母或数字的区域进行表示,例如,1:1 表示表格的第一行。如果以后要添加其他的单元格,这种方法允许计算时自动包括一行中所有单元格。

使用包括特定单元格的区域。例如,a1:a3 表示只引用 1 列中的 3 行。使用这种方法可以只计算特定的单元格。如果将来要添加单元格而且要将这些单元格包含在计算公式中,则就需要编辑计算公式。

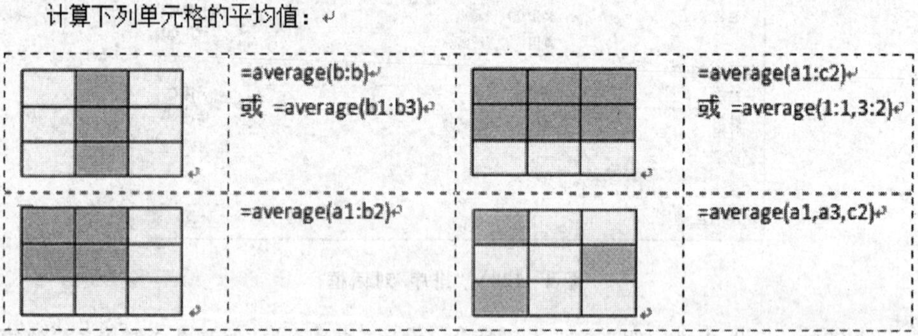

图 4 - 122 计算平均值(单元格引用)

(2)计算行或列中数值的“总和”和“均值”。

①单击要放置求和结果的单。

②单击“布局”子功能区的“插入公式”命令按钮 *fx* 公式,出现公式对话框。

③如果选定的单元格位于一列数值的右侧,Microsoft Word 将建议采用公式=SUM(LEFT) 进行计算。如果该公式正确,请单击“确定”按钮。如图 4 - 123 所示,求个人总分。

如果选定的单元格位于一行数值的底端,Word 将建议采用公式=SUM(ABOVE) 进行计算。如果该公式正确,请单击“确定”按钮。

姓名	英语	数学	语文	总分
张三	90	91	68	
李四	85	75	78	
王五	76	86	95	
赵六	86	89	89	

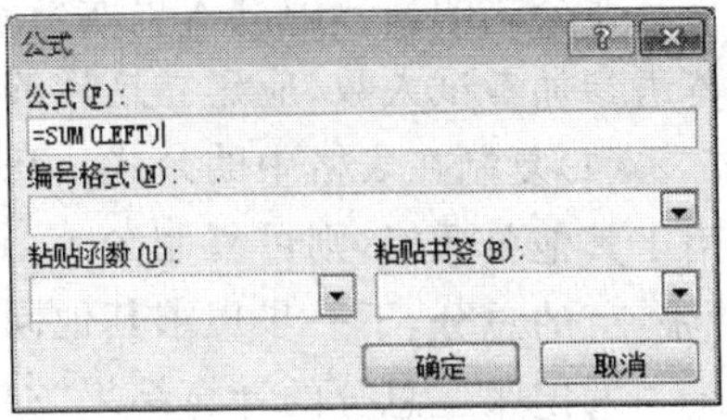

图 4-123 用公式求和

④平均值的方法与求和基本相同，只是引用的函数名称不同，为 AVERAGE。如图 4-124 所示，求单科平均分。

姓名	英语	数学	语文
张三	90	91	68
李四	85	75	78
王五	76	86	95
赵六	86	89	89
平均			

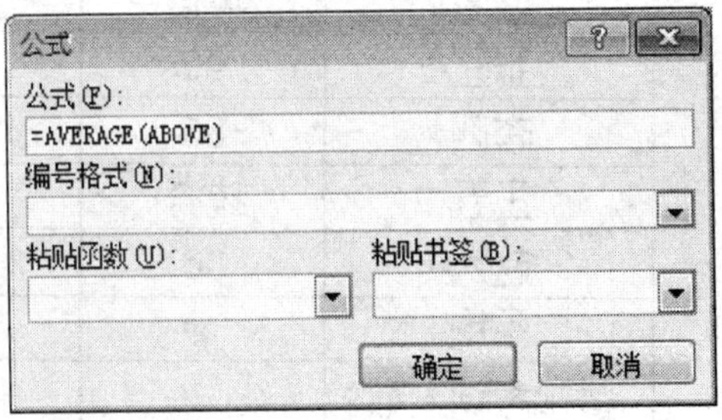

图 4-124 用公式求平均值

(3)在表格中进行其他计算。

①单击要放置计算结果的单元格(单元格:由工作表或表格中交叉的行与列形成的框，可在该框中输入信息)。

②单击“表格”菜单中的“公式”命令。

③如果 Microsoft Word 提议的公式非您所需，请将其从“公式”框中删除。

④请不要删除等号，如果删除了等号，请重新插入。

⑤在“粘贴函数”框中，单击所需的公式。例如，要进行求数值型单元格的个数，请单击“COUNT”，如图 4-125 所示。

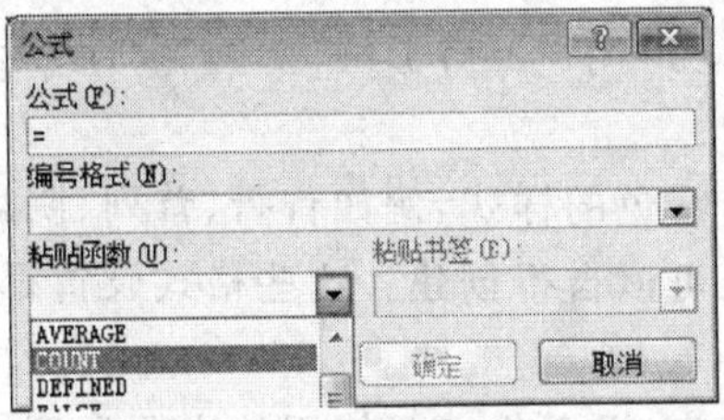

姓名	英语	数学	语文	总分
张三	90	91	68	
李四	85	75	78	
王五	缺考	86	95	
赵六	86	89	89	
平均				
参加考试人数				

图 4-125 粘贴函数

在公式的括号中键入单元格引用，可引用单元格的内容。例如，如果需要计算英语参加考试人数，应建立这样的公式：=COUNT(b2:b5)。

(4)复制在表格中的公式。在计算出了一个数值之后如果想要将相同的公式用于其他单元格，则可复制公式，进行计算。例如，已经用“SUM(LEFT)”计算出“张三”的总分，下一步想求其他同学的“总分”，只需按下列步骤执行即可。

选定张三总分的计算结果“249”，点击复制按钮或命令【Ctrl】+【C】。

选定想要复制公式的单元格，例如 E3:E5，然后按粘贴按钮或命令【Ctrl】+【V】；

按【F9】重新计算上述复制的公式，即完成计算。

姓名	英语	数学	语文	总分
张三	90	91	68	249
李四	85	75	78	238
王五	缺考	86	95	181
赵六	86	89	89	264
平均				
参加考试人数				

图 4-126 复制表格中的公式

三、设计表格样式

当你遇到 Word 中与表格有关的操作时，“表格工具”就会出现在界面中。在“表格工具”选项卡下的两个选项卡中包含了许许多多你可以用来自定义你的表格的格式工具。

(一)“表格工具”下的“设计”选项卡

当你创建了表格并填妥了数据之后，接下来的步骤就是要为表格设计表样式。合适的样式设计能够让你的表格更好地传达其中的信息。在 Word 2007 中，无论你是什么时候处在文档的表格中，界面都会出现一个“表格工具”下的“设计”选项卡，如图 4-127 所示。

在“设计”选项卡中，你可以设计一些具有特色的样式，例如首行、首列、阴影、边框以及颜色。你可以使用预定义的样式，也可以自行创建。这些格式设置都能应用到指定的单元格、行、列或整个表格中。

“表格工具”下的“设计”选项卡包含了你可以设置你需要使用的边框类型、粗

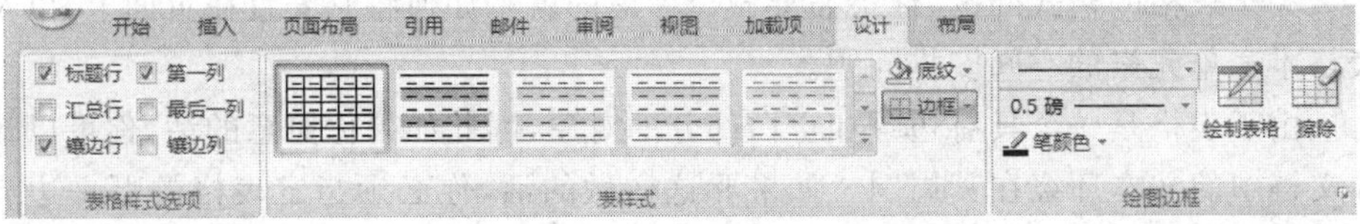

图 4 - 127　表格工具“设计”选项卡

细程度以及颜色;还可以设置阴影,也可以添加或移除边框线。所有可用的选项提供给你的都是非常灵活的样式设计。如图 4 - 128 所示为表格边框绘制选项。

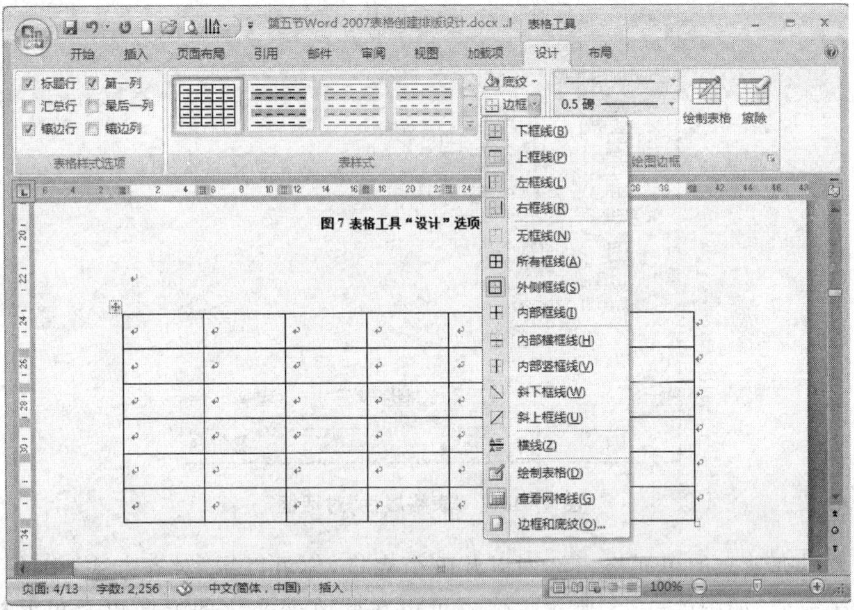

图 4 - 128　边框控制

(二)“表格工具”下的“布局”选项卡

其他的一些表格格式选项则在“表格工具”下的“布局”选项卡中,如图 4 - 129 所示。

图 4 - 129　表格工具“布局”选项卡

关于表格的格式问题，你最需要做出考虑的就是如何将它安置在页面上，以及表格本身单元格的空间安排问题。

由于表格是一个具有边缘和空白部分的对象，因此如果你愿意的话，你可以让你文档中的文本环绕在其周围。如果要这样做的话，你必须指定表格的哪一边有文本，而哪一边没有。这个操作你可以使用“布局”选项卡中的“表”这部分来完成。如果你按下“属性”，你所看到的对话框就与 2003 版本中“属性”对话框相类似，在此，你就可以选择文字环绕的方式以及页面的对齐方式，如图 4-130 所示。

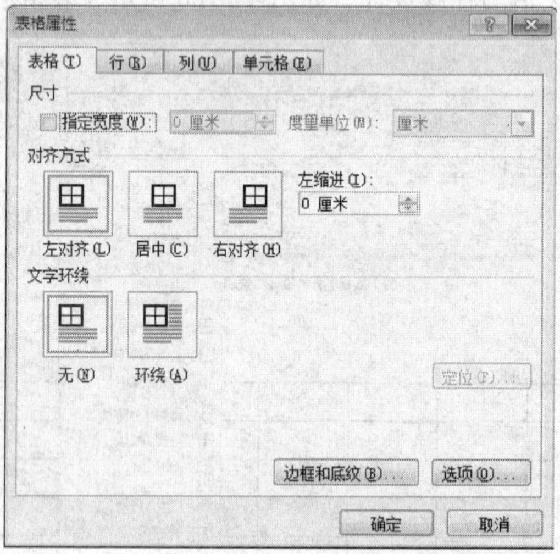

图 4-130 “表格属性”对话框

要对齐独立的单元格、行、列以及整个表格，你可以用“对齐方式”中的一些图标来完成，如图 4-118 所示。你也可以在此改变文字的方向以及单元格的边距。

在“布局”选项卡中，你还可以对表格插入行和列，既可以插入在表格的尾端，也可以插入在现有的行和列之间。

(三)表样式

Microsoft Office 2007 中的每个应用程序都包含了很多的主题和模板，包括 Word 2007 的表格。而其中一个 Word 2007 与 Word 2003 相比有明显不同的特性在于它能够在你应用它们之前预览这些模板和主题。将鼠标移动到“设计”选项卡中的“表样式”上方，你就能够对预设计的样式进行预览，从而决定是否应用它，如图 4-131 所示。

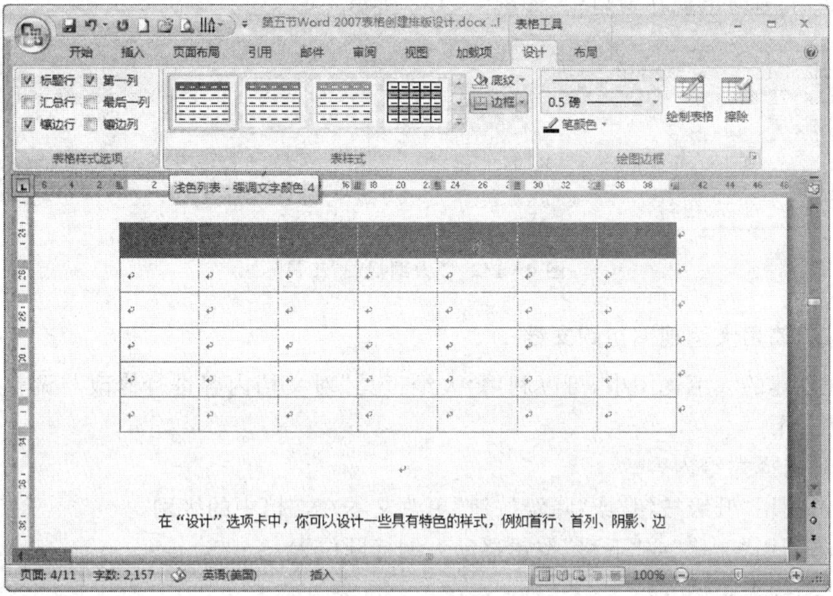

图 4 - 131 预览表格样式

第五节 Word 2007 长文档的编排

在建立长文档后，可以使用大纲方式来组织和查看文档，帮助用户理清文档思路，迅速把握文档的中心思想；可以在文档中插入目录和索引，方便用户查阅；还可以在需要的位置插入批注表达意见。

一、长文档的编辑策略

Word 2007 提供了一些管理长文档功能和特性的编辑工具，例如使用大纲视图方式组织文档，用主控文档来合并和管理子文档。

（一）使用大纲视图查看文档

Word 2007 中的“大纲视图”就是专门用于制作提纲的，它以缩进文档标题的形式代表在文档结构中的级别。

选择“视图”选项卡，在“文档视图”组中单击“大纲视图”按钮，或单击状态栏上的“大纲视图”按钮，就可以切换到大纲视图模式。此时，“大

纲”选项卡随即出现在窗口中，如图 4-132 所示。

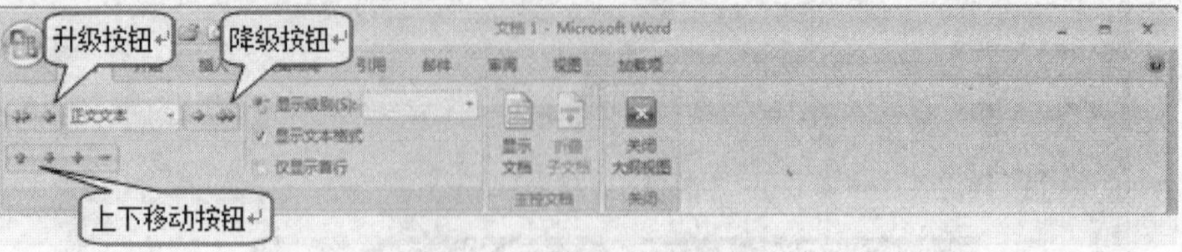

图 4-132 “大纲视图”工具

(二)使用大纲视图组织文档

在创建的大纲视图中，可以利用“大纲工具”对文档内容进行修改与调整。具体步骤如下：

(1)选择大纲内容。

(2)利用“升级按钮”或“降级按钮”更改文本在文档中的级别。

(3)利用“上移”或“下移”按钮移动大纲标题位置。

(三)创建主控文档

主控文档是一组单独文档(或子文档)的容器。使用主控文档可创建并管理多个文档，例如包含几章内容的一本书。

如果要创建主控文档，需要从大纲着手，将大纲中的标题指定为子文档。也可以将当前文档添加到主控文档，使其成为子文档。

(四)编辑主控文档

当创建一个主控文档之后，可以对其进行多种操作。在大纲视图下，可将整个文档作为一个大纲来处理，每一个子文档相当于一节，可以扩展、折叠、降级或升级任意一节；在正常视图模式下，对主控文档的操作完全像普通文档的操作一样。

二、使用书签

在 Word 2007 中，可以使用书签命名文档中指定的点或区域，以识别章、表格的开始处，或者定位需要工作的位置、离开的位置等。

1. 添加书签

在 Word 2007 中，可以在文档中的指定区域内插入若干个书签标记，以方便用户查阅文档中的相关内容，如图 4-133 所示。

2. 定位书签

在定义了一个书签之后，可以使用两种方法来定位它。一种是利用“定位”对

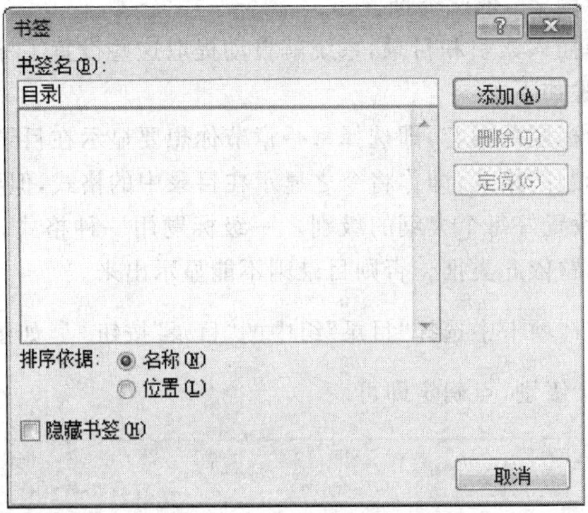

图 4 - 133　“书签”对话框

话框来定位书签，如图 4 - 134 所示；另一种是使用“书签”对话框来定位书签。

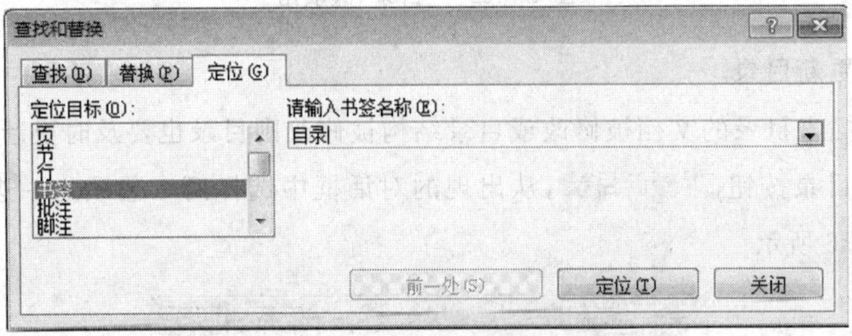

图 4 - 134　“定位”对话框

三、插入目录

目录与一篇文章的纲要类似，通过它可以了解全文的结构；目录可以帮助用户迅速了解整个文档讨论的内容，并很快查找到自己感兴趣的信息。

(一)创建目录

插入目录的一个前提是，你在文章中一定要把文章中将来要做目录的标题部分设置为标题格式。

一般在格式工具栏，有文章内格式的设置，通常都是“正文”，你要做的就是根据文章的标题分级，把你文章中的小节的题目分别设置为大的就设置“标题 1”，比它小的就设置“标题 2”，依此类推。

然后，你选择插入索引和目录，系统就自动提取这些设置了标题格式的标题为目录了！具体步骤如下：

(1)选择作为标题的内容，即选择每一章节你想要显示在目录中的题目。

(2)设置好标题的格式，即你将令之显示在目录中的格式，但要注意的是，你必须在段落设置中设置好每个大纲的级别。一级标题用一种格式，二级标题用另外一种格式，三级标题依此类推。否则目录则不能显示出来。

(3)在“引用”选项卡中选择“目录”组中的“目录”按钮目录，如图 4-135 所示，设置你要显示的目录级别，点确定即可。

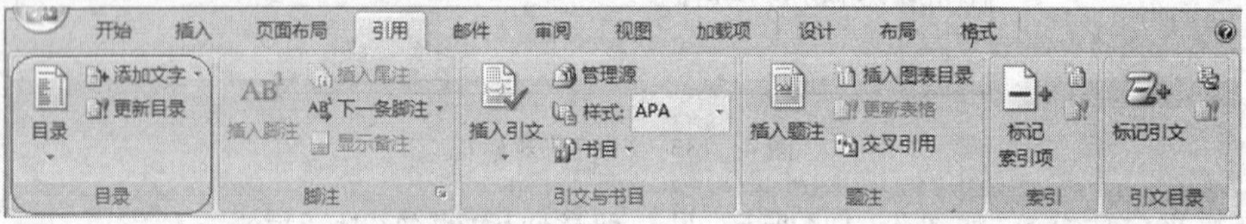

图 4-135 “目录”选项组

(二)更新目录

如果插入目录的文档被修改或目录结构被修改则目录也要及时更新。方法是点击更新目录按钮更新目录，从出现的对话框中选择两个选项之一进行更新，如图 4-136 所示。

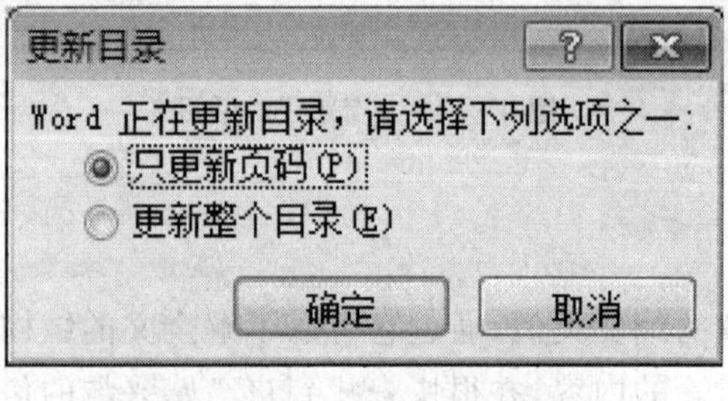

图 4-136 “更新目录”对话框

四、插入批注

批注是指审阅者给文档内容加上的注解或说明，或者是阐述批注者的观点。批注并不影响文档的格式，也不会随着文档一同打印。

(一)添加批注

在文档中添加批注时,可以显示一个批注框,在其中输入内容即可。具体步骤如下:

(1)选中欲加批注的文本。

(2)单击“审阅”选项卡上的“新建批注”按钮,如图 4-137 所示。

(3)在“批注框”中输入批注内容。

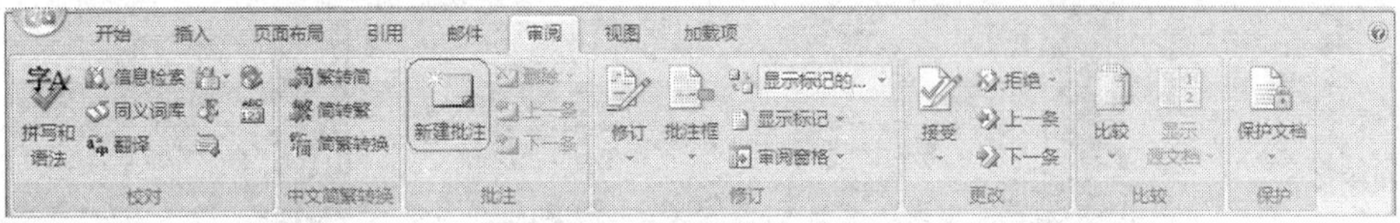

图 4-137　“新建批注”对话框

(二)编辑批注

插入批注后,用户还可以使用相应的命令按钮对其进行编辑修改。可修改的内容包括:

(1)显示或隐藏批注。

(2)设置批注格式。

(3)删除批注。

五、长文档的编辑技巧

由于长文档内容多,打开速度慢,在页面之间翻动也不方便,为此,Word 2007 提供了拆分窗口、快速定位和字数统计等功能,帮助用户编辑长文档。

(一)拆分窗口

当需要在一篇很长的 Word 文档的两个位置来回进行操作时,翻来翻去,实在是不方便,这时可以使用“拆分”功能,将 Word 文档的整个窗口拆分为两个窗口,通常,我们都会单击“视图”选项卡,在“窗口”命令组中单击“拆分”按钮完成窗口拆分,如图 4-138 所示。也可用鼠标向下拖拽垂直滚动条上方的“横线”将文档窗口拆分为两个窗口,如图 4-139 所示。

(二)快速定位

在 Word 中用户可以使用快速定位功能方便地将插入点定位到某一位置。方法是利用查找或替换命令按钮调出定位命令进行定位。

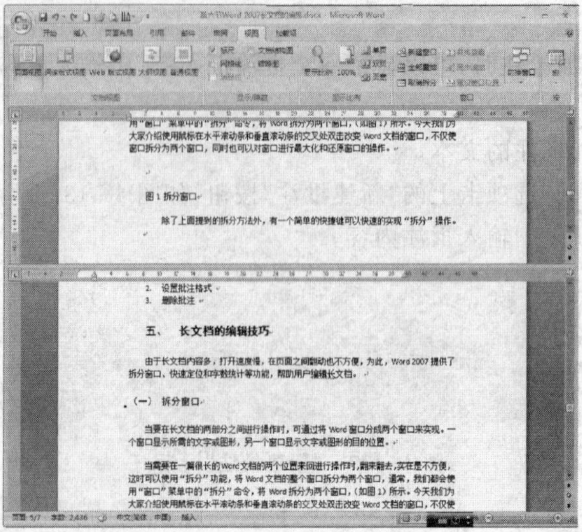

图 4-138 “拆分窗口”后

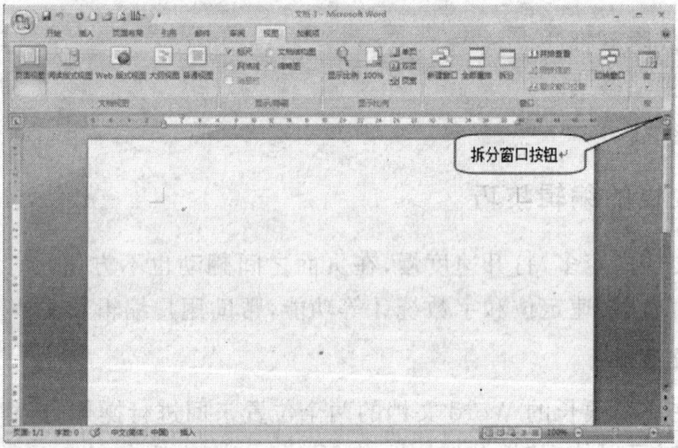

图 4-139 “拆分”窗口按钮

(三)字数统计

在 Word 2007 中用户可以使用字数统计功能方便地统计某一段、某一页或某一篇文章的字数。只要选中欲统计的文档内容，在“审阅”选项中，单击“校对”组中的“字数统计”命令按钮 字数统计 即可，如任何内容都不选中则默认为整篇文档，如图 4-140 所示。

六、插入页眉和页脚

页眉和页脚是文档中每个页面的顶部、底部和两侧页边距(即页面上打印区域之外的空白空间)中的区域,可以在页眉和页脚中插入或更改文本或图形。当用户进入页眉、页脚编辑状态之后,即可在页眉、页脚中添加内容。例如,可以添加页码、时间和日期、公司徽标、文档标题、文件名或作者姓名。如果要更改已插入的页眉或页脚,在“页眉和页脚工具”下的“页眉和页脚”中可以找到更多的页眉和页脚选项。修改页眉、页脚与修改页面正文基本上是相同的,但是就其内容而言,页眉、页脚与正文不同,它会出现在文档的全部或部分页面上,起到提示文章主题、设置页码等作用。

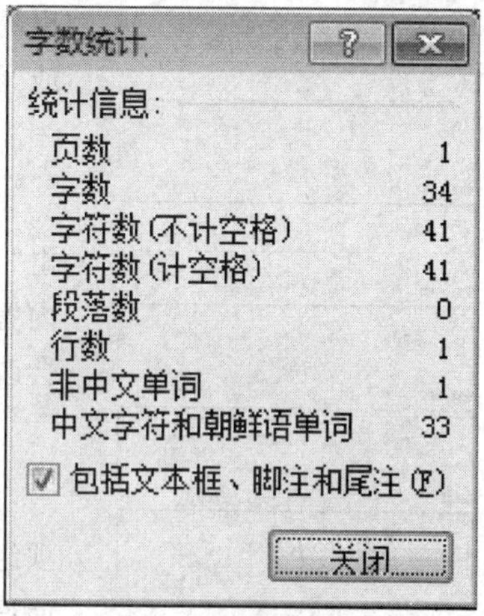

图 4-140　“字数统计”对话框

在默认情况下,Word 2007 文档中的页眉和页脚均为空白内容,只有在页眉和页脚区域输入文本或插入页码等对象后,用户才能看到页眉或页脚。

(一)在整个文档中插入相同的页眉和页脚

在“插入”命令标签上的“页眉和页脚”组中,单击“页眉”或“页脚”按钮,如图 4-141所示,单击所需的页眉或页脚设计,页眉或页脚即被插入到文档的每一页中。

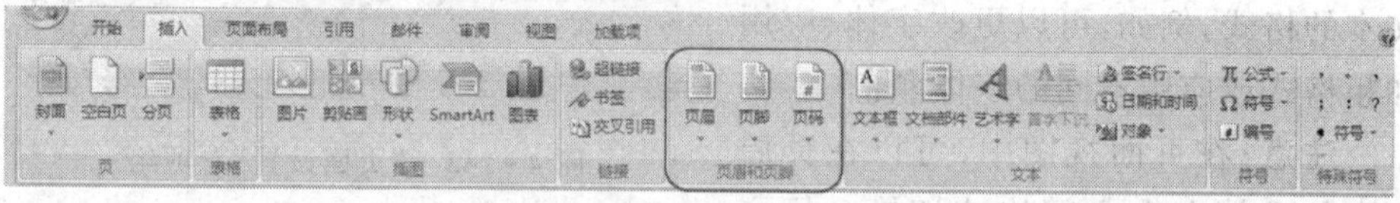

图 4-141　“页眉和页脚”选项组

注释:如有必要,选中页眉或页脚中的文本,然后使用微型工具栏上的格式选项,便可以设置相应文本的格式。

(二)在页眉或页脚中插入文本或图形

在“插入”命令标签上的“页眉和页脚”组中,单击“页眉”或“页脚”按钮,然后在弹出的下拉菜单中单击“编辑页眉”或“编辑页脚”命令,如图 4-142 所示。

(三)将页眉或页脚保存到样式库中

要将创建的页眉或页脚保存到页眉或页脚样式库中，则先选择页眉或页脚中的文本或图形，单击“页眉”或“页脚”按钮，然后在弹出的下拉菜单中单击“将选择的内容另存为页眉库”或“将选择的内容另存为页脚库”命令。

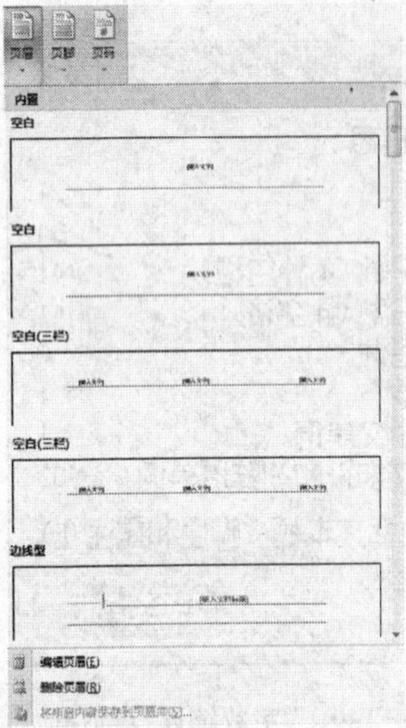

图 4-142 编辑页眉

(四)更改页眉或页脚样式

在“插入”命令标签上的“页眉和页脚”组中，单击“页眉”或“页脚”按钮，在弹出的下拉菜单中单击内置的页眉或页脚样式，整个文档的页眉或页脚都会改变。

(五)删除首页中的页眉或页脚

在“页面版式”命令标签上，单击“页面设置”选项组的对话框启动器，如图 4-143 所示，打开“页面设置”对话框，然后单击“版式”命令标签，选中“页眉和页脚”下的“首页不同”复选框，如图 4-144 所示，页眉和页脚即从文档的首页中删除。

(六)更改页眉或页脚的内容

在“插入”命令标签上的“页眉和页脚”组中，单击“页眉”或“页脚”按钮，然后在弹出的下拉菜单中单击“编辑页眉”或“编辑页脚”命令，选中文本然后进行修改，或使用微型工具栏上的选项来设置文本的格式，例如，可以更改字体、应用加粗格式或应用不同的字体颜色。

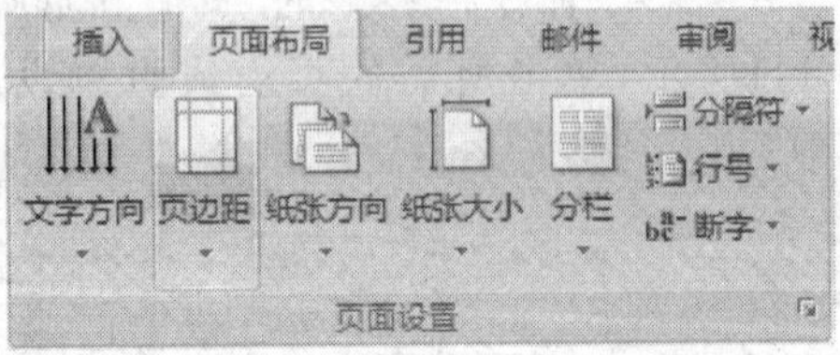

图 4-143 “页面设置”选项组

注意：在页面视图中，可以在页眉页脚与文档文本之间快速切换。只要双击灰显的页眉页脚或灰显的文本即可。

(七)删除整个文档中的页眉或页脚

单击文档中的任何位置。在“插入”命令标签上的“页眉和页脚”组中，单击“页眉”或“页脚”，在弹出的下拉菜单中单击“删除页眉”或“删除页脚”命令，页眉或页脚即被从整个文档中删除。

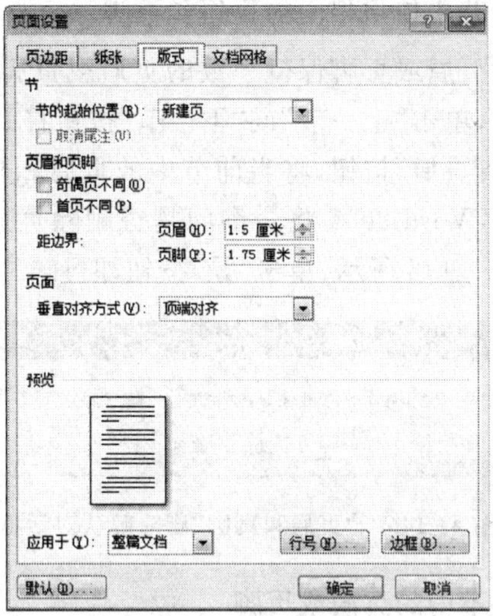

图 4-144　“页面设置”对话框

(八)为文档的不同部分创建不同的页眉或页脚

在含有节的文档中,可以在每一节插入、更改和删除不同的页眉和页脚;也可以在所有节中使用相同的页眉和页脚。

要创建分节符,在文档中需要设置节的位置单击。在“页面版式”命令标签上的“页面设置”组中,单击“分页符”按钮。

在希望创建不同页眉或页脚的节内单击鼠标,然后在“插入”命令标签上的“页眉和页脚”组中,单击“页眉”或“页脚”按钮,单击“编辑页眉”或“编辑页脚”命令。

在“页眉和页脚”命令标签的“导航”组中,单击“链接到前一条页眉”按钮,如图 4-145 所示,以便断开新节中的页眉和页脚与前一节中的页眉和页脚之间的链接。当 Word 2007 不在页眉或页脚的右上角显示“与上一节相同”信息时,即可更改本节现有的页眉或页脚,或创建新的页眉或页脚。

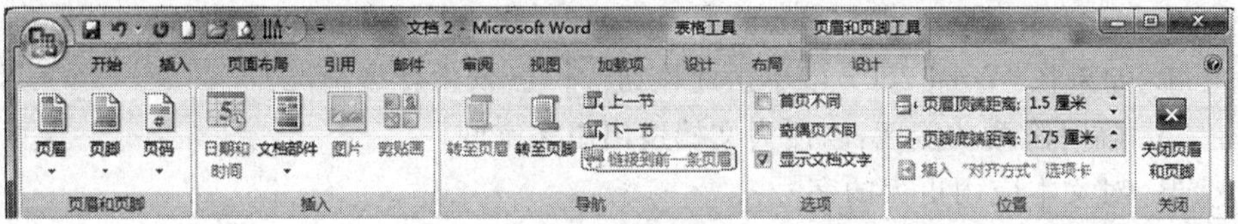

图 4-145　“页眉和页脚”工具

(九)在文档的所有节中使用相同的页眉和页脚

双击要与前一节的页眉或页脚保持一致的页眉或页脚,然后在"页眉和页脚"命令标签的"导航"组中,单击"上一节"或"下一节"按钮移到要更改的页眉或页脚。

单击"链接到前一条页眉"按钮,将当前节中的页眉和页脚重新链接到前一节中的页眉和页脚。此时 Word 2007 将会询问是否删除页眉和页脚并连接到前一节的页眉和页脚,如图 4-146 所示,单击"是"按钮即可。

图 4-146 "页眉和页脚"删除确认对话框

(十)对奇偶页使用不同的页眉或页脚

奇偶页上有时需要使用不同的页眉或页脚,例如,用户可能选择在奇数页上使用文档标题,而在偶数页上使用章节标题。

在"插入"命令标签上的"页眉和页脚"组中,单击"页眉"或"页脚"按钮,然后单击"编辑页眉"或"编辑页脚"命令。在"页眉和页脚"命令标签的"选项"组中,选中"奇偶页不同"复选框,如图 4-147 所示。

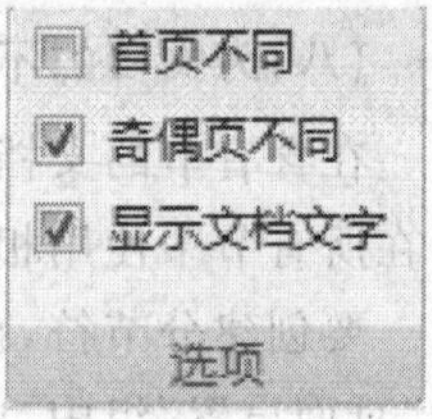

图 4-147 "页眉和页脚"选项

如有必要,在"导航"组中,单击"前一节"或"后一节"按钮,移到奇数页或偶数页页眉或页脚区域中。在"奇数页页眉"或"奇数页页脚"区域中为奇数页创建页眉或页脚;在"偶数页页眉"或"偶数页页脚"区域中为偶数页创建页眉或页脚。

习 题

一、选择题

1. 如果在 Word 2007 中单击此按钮,会发生什么情况?

A. 临时隐藏功能区,以便为文档留出更多空间

B. 对文本应用更大的字号

C. 将看到其他选项

D. 将向快速访问工具栏上添加一个命令

2. 快速访问工具栏位于何处？应该什么时候使用它？

A. 它位于屏幕的左上角，应该使用它来访问您常用的命令

B. 它浮在文本的上方，应该在需要更改格式时使用它

C. 它位于屏幕的左上角，应该在需要快速访问文档时使用它

D. 它位于“开始”选项卡上，应该在需要快速启动或创建新文档时使用它

3. 在以下哪种情况下，会出现浮动工具栏？

A. 双击功能区上的活动选项卡

B. 选择文本

C. 选择文本，然后指向该文本

D. 以上说法都正确

4. 在以下哪种情况下，功能区上会出现新选项卡？

A. 单击“插入”选项卡上的“显示图片工具”命令

B. 选择一张图片

C. 右键单击一张图片并选择“图片工具”

D. 第一个或第三个选项

5. 通过使用哪个选项卡和组，可以应用项目符号列表？

A.“页面布局”选项上、“段落”组

B.“开始”选项卡、“段落”组

C.“插入”选项卡、“符号”组

D.“插入”选项卡、“文本”组

6. 您如何在 2007 版本的 Word 中选择打印选项？

A. 单击功能区上的“打印”按钮

B. 单击快速访问工具栏上的“打印”按钮

C. 使用“Office 按钮”

D. 上述第一个或第二个选项

7. 哪个角提供缩放控件？

A. 右上角　　B. 左上角

C. 左下角　　D. 右下角

8. 在 Word 2007 中，通过下列哪个过程可以选择自动更正和拼写设置？

A. 在“工具”菜单上，单击“选项”

B. 在通过“Office 按钮”打开的菜单上，单击“Word 选项”

C. 右键单击功能区上的任意位置，并选择“Word 选项”

D. 在“视图”选项卡上，单击“属性”

9. 在 Word 文档的标题栏中，显示“Marketing report. doc（兼容模式）”，这是什么意思？

A. 可以使用文档，但不能保存它

B. 不能使用文档，因为它是不兼容的

C. 可以对文档使用所有新的 Word 功能

D. 可以在文档中进行操作，但 Word 将限制某些新功能

10. 您的朋友通过电子邮件向您发送了一篇 Word 2000 文档，您是否可以在 Word 的新版本中打开它？

A. 可以，但将收到一个警告，告知您需要获取一个转换器

B. 可以，但文档将以兼容模式打开

C. 可以，但是需要首先使用快速访问工具栏打开兼容模式

D. 不可以，只有 Word 2002 及更高版本的文件才可以在 Word 新版本中打开

11. 如果在通过“Office 按钮”打开的菜单上单击“转换”命令，会发生什么情况？

A. Word 将现有的文件升级到新文件格式，并将该文件从“document. doc”重命名为“Upgraded：document. doc”

B. Word 将现有文件升级到新文件格式，并将打开在 Word 新版本中可用的新功能

C. Word 将限制其功能以便与文档的文件格式兼容

D. Word 将以安全、只读状态打开文档，以便您用新文件格式查看

二、简答题

1. Word 2007 的窗口由哪几部分组成？

2. 在 Word 2007 中如何插入一个图片？插入图片之后如何使它处于文本中的任意一个位置？

3. 样式对于一个 Word 2007 文档来说是非常重要的，那么样式的创建以及应用、修改等操作是具体如何操作的？

4. 在 Word 2007 中也可以直接选择纸张的类型，如 A4 纸等，那么是如何选择的？

5. 图片的正文环绕方式有几种？它们的设置效果有何不同？

6. Word 2007 有哪几种视图方式？各有什么特点？

7. 简述文本框的作用及其操作方法。

8. 要对一个文档的各个段落进行多种分栏，应如何操作？

9. 在 Word 2007 中页眉和页脚有何用途？如何设置？

10. 在 Word 2007 中插入表格之后，还可以对它进行拆分或合并等操作，如何用学到的知识自己制作一个成绩单？

三、操作题

1. 使用公式编辑器在文本末尾输入公式：$e^x \approx 1+x+\frac{x^2}{2!}+\frac{x^3}{3!}+\cdots+\frac{x^n}{n!}$并使其右对齐。

2. 文档的格式设置与版面设置，本例的最终要实现的效果如图 4-148 所示。

(1)输入下列方框中文字，并保存为 D:\W1.docx。

人有人言，兽有兽语。 动物学家发现，猴子会使用不同的声音来报告不同敌人的来临。如遇见豹子，它们会发出狗吠似的“汪汪”声；看见秃鹰，就发出一声低沉的喉音；见到逼近的毒蛇，则发出急促的“嘶嘶”声。 大雁的语言重在音调的变化上。当雁群在茫茫月光下沉睡时，担任哨兵的大雁却睁大警惕的眼睛，并不时从喉管中发出迟钝的“嗒嗒”声，这是说：平安无事，安心睡吧！要是发现了不祥之物，它便马上发出尖锐的“叽叽”声，唤醒群雁，准备撤退。 更为奇妙的是，动物也有“方言土语”。鸟类学者研究发现，美国密执安湖畔的乌鸦就不能与意大利佛罗伦萨郊区的乌鸦通话；城市的乌鸦与农村的乌鸦互不理解对方的“话语”。 动物语言学在科技的许多领域中都是大有可为的。苏联的鸟类学家在森林中播送表示欢迎的鸟语，吸引了大批益鸟在林中定居；当成群结队禁捕的大海豚在渔轮周围嬉闹而影响作业时，一阵阵表示危险的“嘟嘟”语言传入水中，顷刻之间，捣蛋鬼们便统统逃之夭夭了！

(2)设置纸张大小和页边距：纸张大小为 16 开；页边距：上 2.8 厘米，下 3 厘米，左、右 2.7 厘米；装订线左侧 0.5 厘米。

(3)设置字体与字号：正文第一段与第四段为楷体，小四；其他段落字体为宋体，五号。

(4)设置段落缩进：正文各段首行缩进 2 字符。

(5)设置行(段)字距：全文设置行间距 1.5 倍，第一段段前、段后各 0.5 行；第三段段前、段后各 3 磅；最后一段段前 6 磅。

(6)设置艺术字：插入艺术字“生动有趣的动物语言”作为标题，艺术字样式：第 1 行第 1 列，字体：黑体；艺术字形状：细上弯弧；将该艺术字插入文本框中，文本框填充色：黑色；按样图适当调整艺术字的大小和位置。

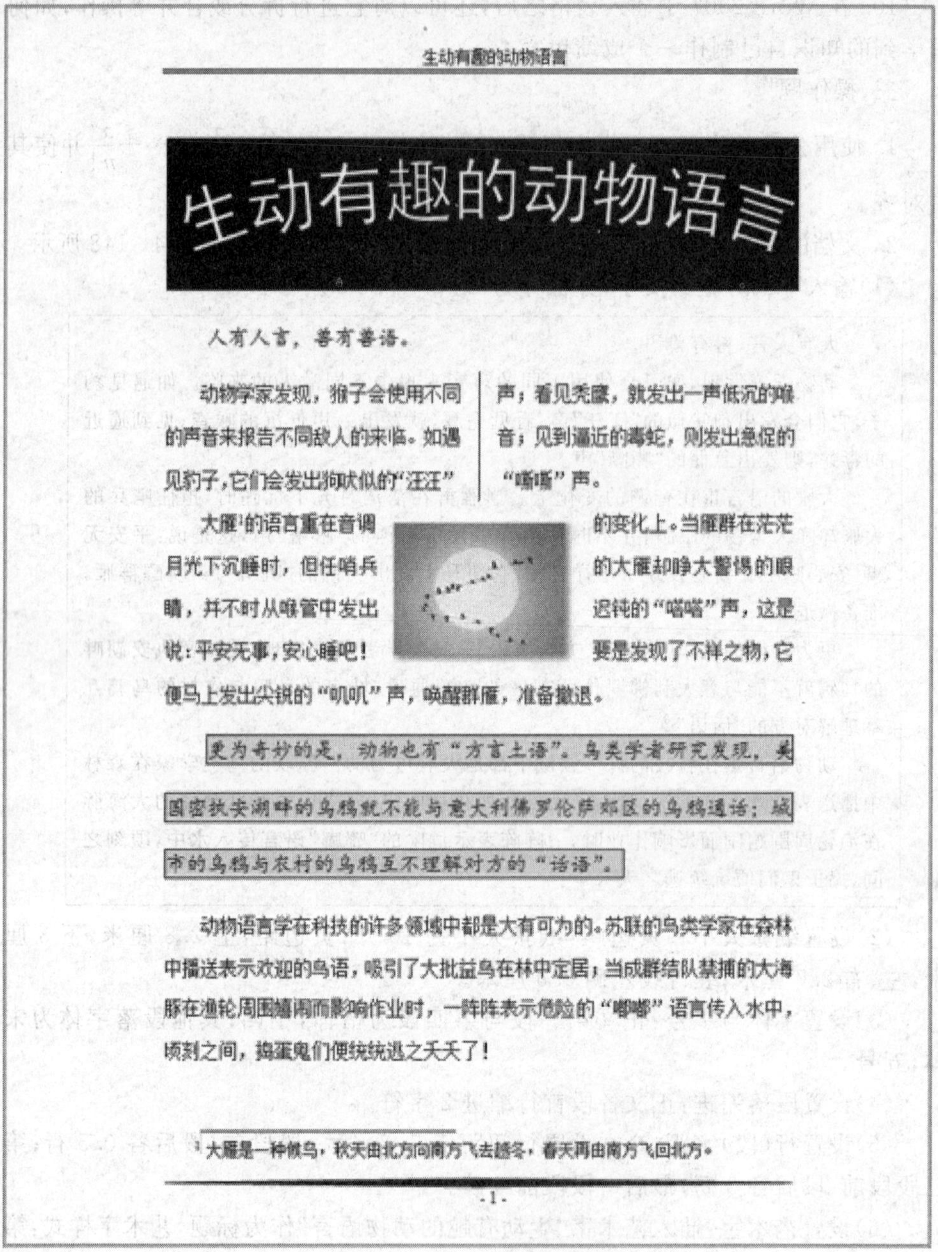

生动有趣的动物语言

生动有趣的动物语言

人有人言，兽有兽语。

动物学家发现，猴子会使用不同的声音来报告不同敌人的来临。如遇见豹子，它们会发出狗吠似的“汪汪”声；看见秃鹰，就发出一声低沉的喉音；见到逼近的毒蛇，则发出急促的“嘀嘀”声。

大雁[1]的语言重在音调的变化上。当雁群在茫茫月光下沉睡时，但任哨兵的大雁却睁大警惕的眼睛，并不时从喉管中发出迟钝的“嗒嗒”声，这是说：平安无事，安心睡吧！要是发现了不祥之物，它便马上发出尖锐的“叽叽”声，唤醒群雁，准备撤退。

更为奇妙的是，动物也有“方言土语”。鸟类学者研究发现，美国宾夕法尼亚州的乌鸦就不能与法国的乌鸦“交谈”；城市的乌鸦与农村的乌鸦互不理解对方的“话语”。

动物语言学在科技的许多领域中都是大有可为的。苏联的鸟类学家在森林中播送表示欢迎的鸟语，吸引了大批益鸟在林中定居；当成群结队禁捕的大海豚在渔轮周围嬉闹而影响作业时，一阵阵表示危险的“嘟嘟”语言传入水中，顷刻之间，捣蛋鬼们便统统逃之夭夭了！

[1] 大雁是一种候鸟，秋天由北方向南方飞去越冬，春天再由南方飞回北方。

-1-

图 4 - 148　文档排版效果图

(7)设置分栏格式：将正文第 2 段文字设置为 2 栏，加分隔线。

(8)设置边框和底纹：设置正文第 4 段底纹：填充式样：白色，背景 1，深色 15%；边框为方框；边框、底纹均应用于文字。

(9)插入图片：在文中插入一幅来自文件的图片，适当调整大小和位置，加图片效果："右下斜偏移"阴影，实现四周环绕。

(11)给"大雁"设置脚注："大雁是一种候鸟，秋天由北方向南方飞去越冬，春天再由南方飞回北方。"

(12)设置页眉/页码：给文本添加页眉文字"生动有趣的动物语言"，加双线；在页面底端插入页码，样式为"上有粗强调线的居中数字 - 1 -"。

3. 在 Word 2007 文档中输入毛泽东诗词"沁园春 · 雪"，并按下列要求排版，并保存文档为："D:\w2.docx"。见图 4 - 149。

(1)将文字方向设为竖排。

(2)标题：华文新魏、三号、红色。

(3)正文：华文行楷，小四，行间距为固定值 16 磅。

(4)插入图片，环绕方式为"衬于文字下方"，适当调整其大小。

图 4 - 149　"沁园春 · 雪"参考图

4. 在 Word 2007 文档中输入柯灵先生的"人生真味"，并按下列要求排版，保存文件为："D:\人生真味.docx"，如图 4 - 150 所示。

(1)标题：黑体、三号、居中、段前段后自动。

(2)正文：宋体、小四、单倍行距、两端对齐。

(3)插入人物类剪贴画,四周环绕,适当调整大小。

(4)文档右正方插入形状:前凸带状,添加文字"名家名言",紧密型环绕。

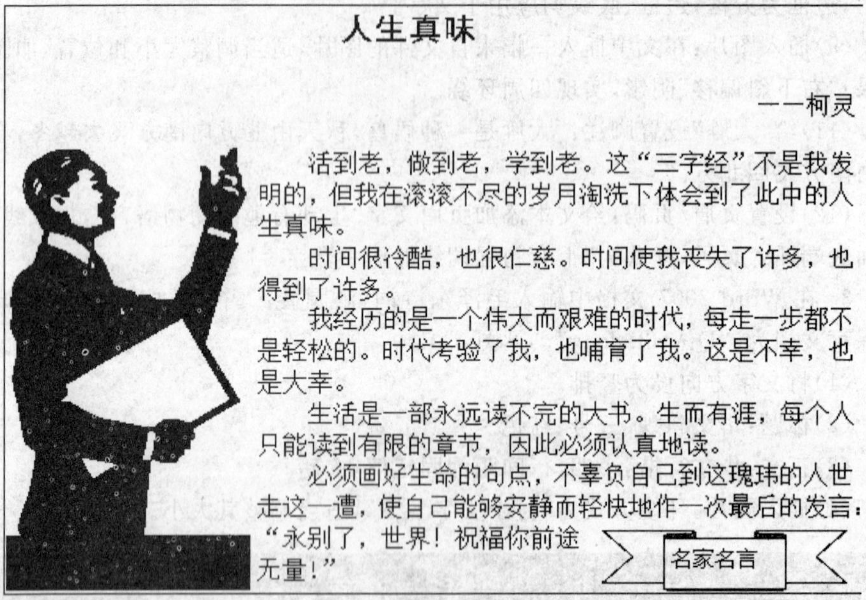
人生真味

——柯灵

活到老,做到老,学到老。这"三字经"不是我发明的,但我在滚滚不尽的岁月淘洗下体会到了此中的人生真味。

时间很冷酷,也很仁慈。时间使我丧失了许多,也得到了许多。

我经历的是一个伟大而艰难的时代,每走一步都不是轻松的。时代考验了我,也哺育了我。这是不幸,也是大幸。

生活是一部永远读不完的大书。生而有涯,每个人只能读到有限的章节,因此必须认真地读。

必须画好生命的句点,不辜负自己到这瑰玮的人世走这一遭,使自己能够安静而轻快地作一次最后的发言:"永别了,世界!祝福你前途无量!"

图 4-150 文档"人生真味"效果图

5. 按图 4-151 建立课程表,并保存到文档"D:\w3.docx"中。要求:

(1)首先创建一个 7×5 表格,并在第二行以下的各单元格中输入文字内容。

(2)表格每行行高设为 0.8 厘米;表格每列列宽设为 2.1 厘米;整个表格居中。

(3)所有单元格文字水平居中对齐、垂直居中对齐。

(4)重调第一、二行行高为 0.76 厘米;合并第一、二行左端两单元格,将该单元格设置成斜线表头,行标题一为"时间",行标题二为"节",列标题为"星期",七号字;第一行合并单元格"上午"、"下午";拆分第二行单元格 1~8。

(5)表格外框为 0.5 磅双线;第一列至第四列右框线为 1.5 磅实线;第一行、第二行的下框线为 1.5 磅实线;第三行至第六行各行间下框线为 0.5 磅虚线;其余表格线保留原来 0.5 磅单实线。

(6)表格中所有文字均设置"水平居中",即文字在单元格内水平和垂直都居中。

课 程 表

	上午				下午			
	1	2	3	4	5	6	7	8
星期一	线性代数		体育		普通物理			
星期二	Java 语言				哲学原理			
星期三	线性代数		Java 语言					
星期四	普通物理		大学英语				艺术教育	
星期五	线性代数				大学英语			

图 4-151 斜线表格效果图

6. 按图 4-152 制作表格。

出差旅费报销单

部门： 厂(部) 科 年 月 日

日期		地点		车费	膳费	住宿	其他	合计	说明
月	日	起点	终点						
合计人民币(大写)			万 仟 佰 拾 元 角 分						
旅费总额		暂支旅费额		应付(收)额					

经理： 会计： 主管： 出差人：

图 4-152 复杂表格图例

7. 利用图形工具制作图 4-153、图 4-154 所示的两个流程图。

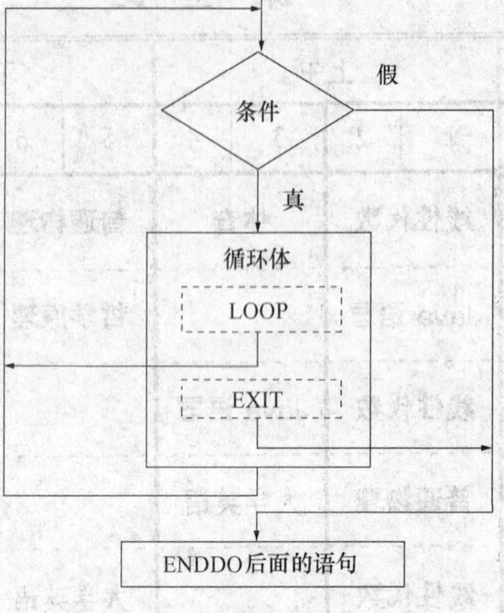

图 4-153 图形流程图的应用(一)

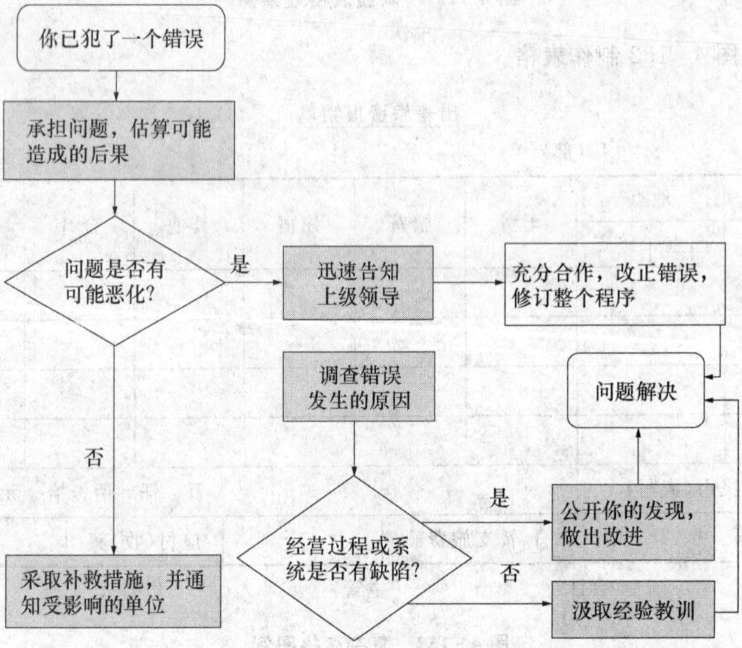

图 4-154 图形流程图的应用(二)

8. 按下列要求设计成绩单，最终结果参考图 4-155。

(1)制作六行五列的规则表格，填写姓名、科目及各科成绩。

(2)用 SUM 函数计算个人“总分”。

(3)用 AVERAGE 函数计算单科“平均”。

(4)将表中所有文字设置“水平居中”。

(5)套用样式下列表格样式“中等深浅底纹 2——强调文字颜色 1”。

(6)将表格设置段落居中。

姓名	英语	数学	语文	总分
张三	90	91	68	249
李四	85	75	78	238
王五	缺考	86	95	181
赵六	86	89	89	264
平均	86	85.25	82.5	233

图 4-155　表格效果图

9. 用艺术字、剪贴画和图形组成如图 4-156 所示 的一则笑话。

图 4-156　图形组合效果图

10. 制作如图 4－157 所示表格。

保险代理从业人员基本资格考试报名表

编号：□□□□——□□□□□□　　　　　　（　　年　　次）

<table>
<tr><td>姓名</td><td></td><td>性别</td><td></td><td>出生年月</td><td></td><td>民族</td><td></td><td rowspan="5">照片</td></tr>
<tr><td colspan="2">身份证件号</td><td colspan="2"></td><td>学历</td><td colspan="3"></td></tr>
<tr><td colspan="2">毕业学校</td><td colspan="6"></td></tr>
<tr><td colspan="2" rowspan="2">报名方式</td><td colspan="4">个人</td><td colspan="2"></td></tr>
<tr><td colspan="4">集体(注明拟属保险公司)</td><td colspan="2"></td></tr>
<tr><td colspan="2">通讯地址</td><td colspan="7"></td></tr>
<tr><td colspan="2">电话</td><td colspan="4"></td><td>邮编</td><td colspan="2"></td></tr>
<tr><td colspan="2">有关事项说明</td><td colspan="7">(一)判处刑罚，执行期满未逾五年(过失犯罪的除外)　有(　　)无(　　)
(二)欺诈等不诚信行为受行政处罚未满三年　有(　　)无(　　)
(三)被金融监管机构宣布在一定期限内为行业禁入者，禁入期限仍未届满　有(　　)无(　　)</td></tr>
<tr><td colspan="2">本人申明</td><td colspan="7">本人承诺上述内容均属实，如有不实，承担一切法律责任。
申请人(签名)：
年　月　日</td></tr>
<tr><td colspan="2">考点审核意见</td><td colspan="7">经办人签字：</td></tr>
</table>

要求事项：1. 身份证、学历证书复印件附在本表背面；2. 本表要求真实准确、字迹工整、不得涂改；3."有关事项说明"栏应如实在"有"或"无"的括号中划"√"；4. 报名编号前 1～4 位为机构统一代码，后 5～10 位为本次报名人员流水顺序号。

图 4－157　表格效果图

第5章　Excel 2007应用速成

本章导读

Excel 2007是微软公司推出的Microsoft Office 2007办公软件中的组件之一，它是一个优秀的电子表格处理软件，主要用于制作电子表格、完成复杂的数据运算、进行数据分析和预测，并且具有强大的图表制作功能。

Excel 2007较以前的版本有了很大的区别，它不再延续以前版本的下拉菜单，而是采用了全新的界面。将所有功能集成在“功能区”中，并将使用频率最高的“保存”、“撤销”和“恢复”命令放置在“快速访问工具栏中”，极大地方便了用户的操作。下面我们就来认识一下全新的Excel 2007。

第一节　初识Microsoft Office Excel 2007

一、Excel 2007的启动

使用Excel 2007，首先要启动Excel 2007进入它的工作窗口，然后在Excel 2007的工作窗口上完成电子表格的编辑工作。启动Excel 2007方法很多，下面介绍几种常用的方法。

(一)常规启动

单击“开始”菜单按钮，打开开始菜单，指向“程序”，选择“Microsoft Office”将打开子菜单，如图5-1所示。

然后在“Microsoft Office”子菜单中单击“Microsoft Office Excel 2007”，就打开了“Book1 - Microsoft Excel”窗口，如图5-2所示。

(二)利用快捷方式启动

如果桌面上有Excel 2007快捷方式，用户只要双击该图标即可启Excel 2007。如果桌面上没有快捷方式，可以在桌面上创建一个Excel 2007的快捷图标，具体

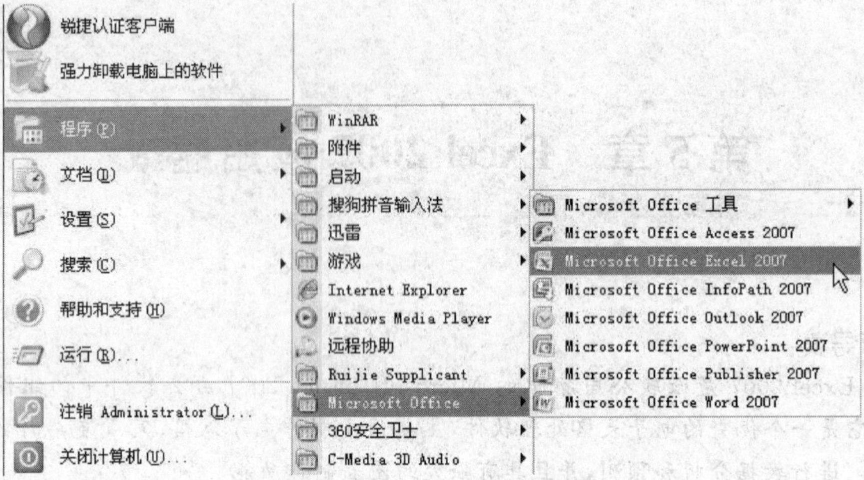

图 5-1 启动 Excel 2007 程序子菜单

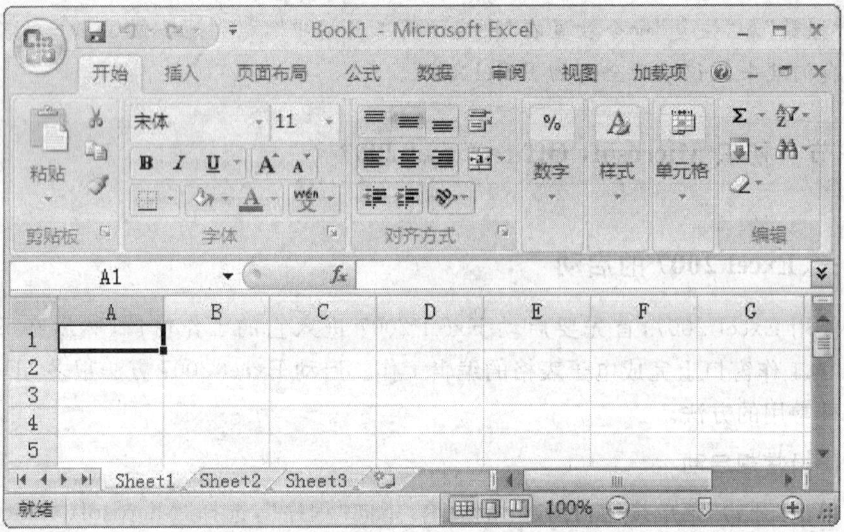

图 5-2 Excel 2007 窗口

方法如下：

(1)单击“开始”菜单按钮，打开开始菜单，指向“程序”，选择“Microsoft Office”将打开子菜单。

(2)在“Microsoft Office Excel 2007”命令上单击鼠标右键，打开快捷菜单，单击“发送到”→“桌面快捷方式”，即可在桌面上生成 Excel 2007 快捷方式。如图 5-3所示。

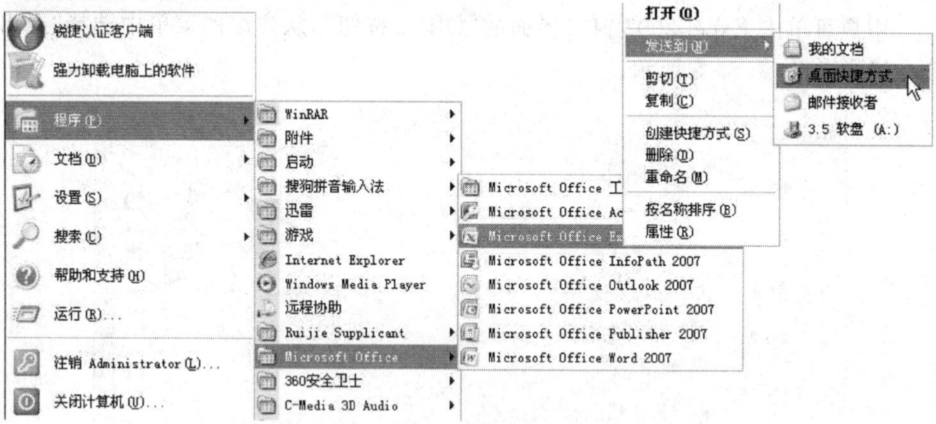

图 5-3 创建桌面快捷方式

(三)利用现有文档启动

进入存有 Excel 2007 文档的路径，双击该 Excel 2007 文档即可启 Excel 2007，如图 5-4 所示。

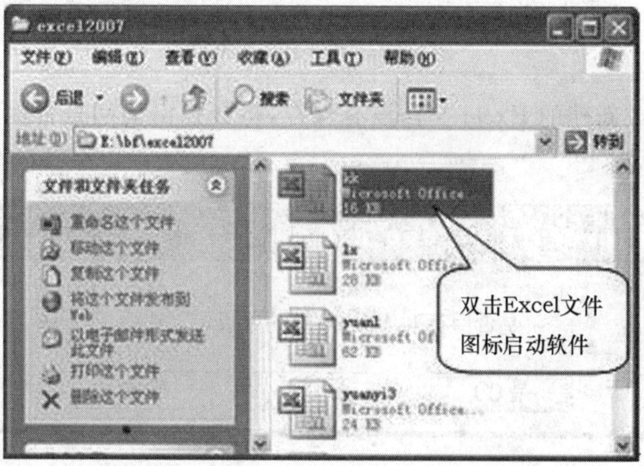

图 5-4 通过双击 Excel 文件图标启动

二、Excel 2007 的退出

当完成文档的创建、修改及保存等一系列操作后，即可退出 Excel 2007，下面介绍 2 种常用的方法。

(一)从主菜单退出

用户可单击 Excel 2007 窗口界面的“Office 按钮”,从弹出的菜单中选择“退出 Excel”按钮,如图 5-5 所示。

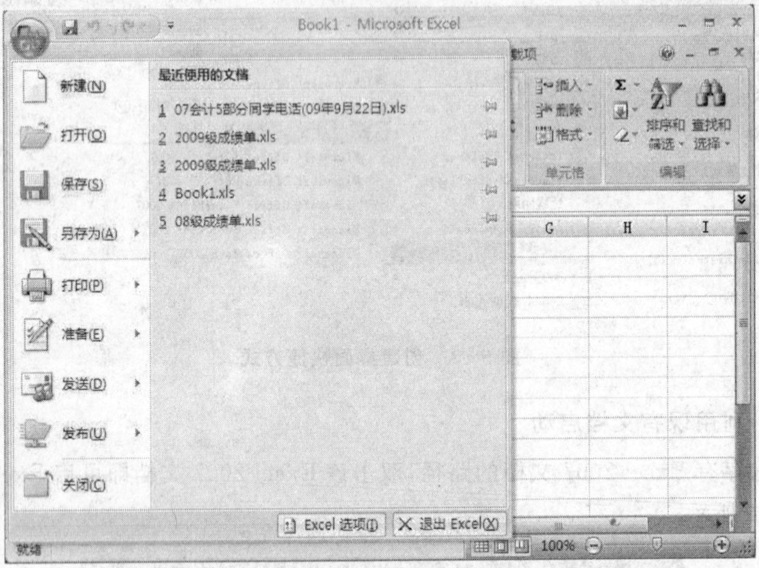

图 5-5 退出 Excel 2007

如果打开或新建的 Excel 文档没有保存,将会弹出询问是否保存更改的对话框,如图 5-6 所示。

图 5-6 询问保存对话框

(二)单击“关闭”按钮

用户也可直接单击 Excel 2007 主窗口右上角的“关闭”按钮来退出 Excel 程序窗口,如图 5-7 所示。

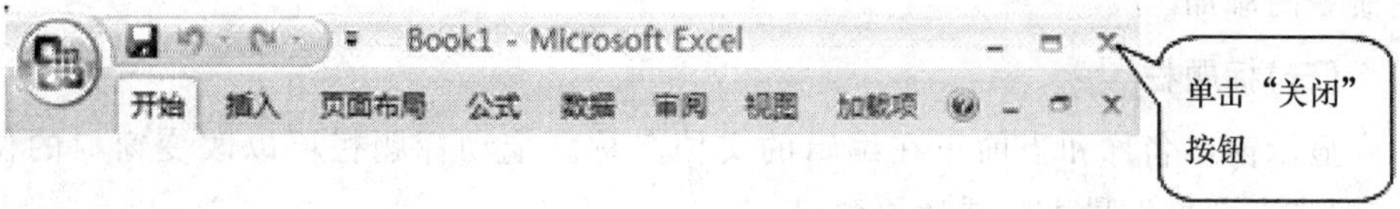

图 5-7 关闭 Excel 程序

用户也可以按【Alt】+【F4】组合键快速关闭 Excel 2007 程序窗口。

三、Excel 2007 的工作界面

在 Office 2007 中，微软放弃了延续多年的下拉式菜单，改用可智能显示相关命令的 Ribbon 界面，使其操作更加方便。其工作界面包括：Office 按钮、快速访问工具栏、标题栏、功能选项卡和组、数据编辑区、工作表编辑区以及状态栏等几个部分，如图 5-8 所示。

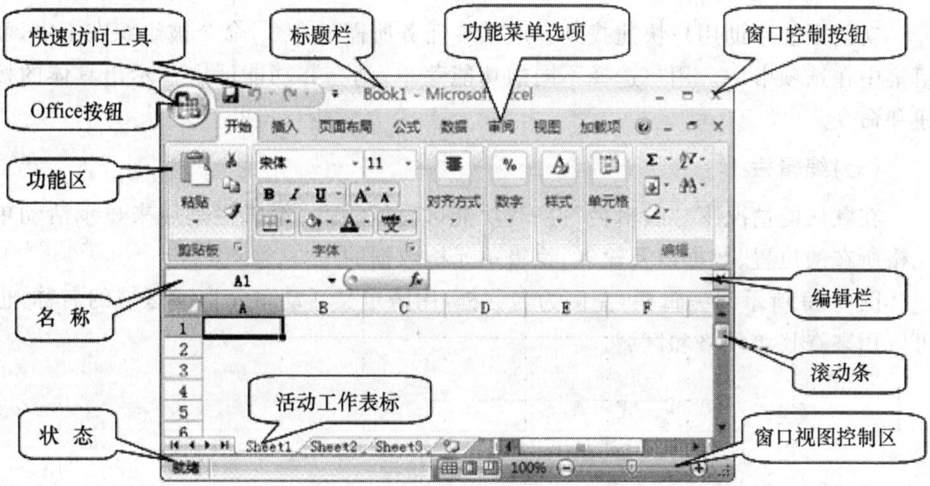

图 5-8 Excel 2007 的工作界面

（一）Office 按钮

Office 按钮相当于以前版本中的“文件”菜单。单击该按钮后，在弹出的菜单中可进行新建、打开、保存、另存为、打印等操作。

（二）快速访问工具栏

快速访问工具栏提供了对常用命令的快速访问，在默认状态下，该工具栏只提供了“保存、撤销、恢复”三个常用操作命令。用户可单击右边的按钮 进行其他常

用命令的添加。

(三)标题栏

显示窗口名称和当前正在编辑的文档名称。拖动标题栏可以改变窗口的位置,双击它则可以最大化或还原窗口。

(四)窗口控制按钮

窗口控制按钮位于标题栏的最右端,它有 3 个按钮,分别是“最小化”、“最大化/向下还原”和“关闭”按钮。

(五)功能菜单选项卡

默认状态下,Excel 2007 只显示“开始”、“插入”、“页面布局”、“公式”、“数据”、“审阅”、“视图”和“加载项”8 个基本功能菜单选项卡。用户在一定的操作状态下,其他功能菜单选项卡会显示出来。

(六)功能区

功能区能帮助用户快速找到完成某一任务所需的命令,命令被组织在组中,而组集中在选项卡中。用户选择不同的功能菜单,则会在功能区中显示出具体的按钮和命令。

(七)编辑栏

在默认的情况下,“编辑栏”位于“功能区”的下面。编辑栏是用来显示活动单元格所在的位置、数据以及输入、编辑单元格数据的地方。

图 5-9 所示为编辑栏,左侧为名称框,用来定义活动单元格或区域的名称,也可以用来查找单元格和区域。

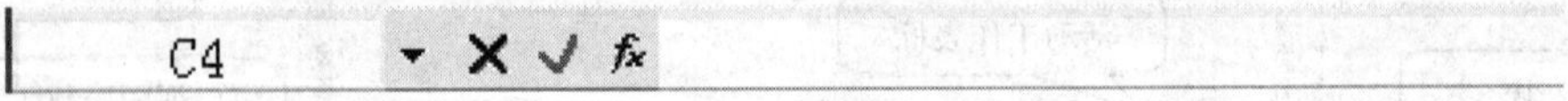

图 5-9 编辑栏

编辑栏右侧为编辑区,当在单元格中输入内容时,除了在单元格中显示内容外,还在编辑区显示该内容。如果要改动或删除单元格中的内容,可以把光标移动到编辑区,在编辑区中进行修改或删除,当在编辑区修改完毕后,单元格便自动显示修改后的内容。

(八)状态栏

状态栏位于工作簿窗口的最底部,用来显示窗口当前有关的状态信息。

(九)滚动条

滚动条用来调整在文件编辑区中所能够显示的当前文件的部分内容。Excel 2007 中的滚动条位于编辑区的右侧和下侧,分别称为水平滚动条和垂直滚动条。在工作表窗口中单击滚动条两端的按钮,可以在窗口中移动工作表、浏览工作表的内容。

(十)窗口视图控制区

主要用于在不同编辑视图之间进行切换。通过该区域可对文档编辑区内容的显示比例进行调整。

四、什么是工作簿、工作表、单元格

工作簿、工作表和单元格是构成 Excel 表格的三大主要元素,下面我们来做简要介绍。

(一)工作簿

在 Excel 2007 中,工作簿是处理和存储数据的文件,每个工作簿可以包含多张工作表,每张工作表可以存储不同类型的数据,因此可以在一个工作簿文件中管理多种类型的相关信息。默认情况下启动 Excel 2007 时,系统会自动生成一个包含 3 个工作表的工作簿。

(二)工作表

工作表是工作簿的重要组成部分,是 Excel 2007 进行组织和管理数据的地方,用户可以在工作表中输入数据、编辑数据、设置数据格式、进行数据排序和汇总数据等。

默认情况下,每一个工作簿会显示 3 个工作表,分别以 Sheet1、Sheet2 和 Sheet3 来命名,也可以称工作表标签。用鼠标单击工作表标签,即可切换到相应的工作表中。在 Excel 2007 窗口中,空白的一大块区域就是工作表窗口,用户可以在其中输入数据、公式等内容。

工作表是由排列在一起的行和列,即单元格构成的。列是垂直的,由字母“A”到“XFD”;行是水平的,由数字“1”到“1 048 576”。因此,一个工作表可以达到 1 048 576行、16 384 列。

(三)单元格

单元格是 Excel 2007 电子表格的最小单位,工作表中的白色长方格就是单元格,在单元格中可以输入数据。在工作表单击某个单元格,该单元格的边框变黑加粗，它被称为活动单元格。可以向活动单元格中输入数据，这些数据可以是文字、数字、图形等。

在 Excel 2007 中，每个工作表有 1 048 576×16 384 个单元格，每个单元格都有固定的地址，即由该单元格所在的列标和行号组成。单元格的地址通常在编辑栏左端的名称框中显示出来，如图 5-10 所示。

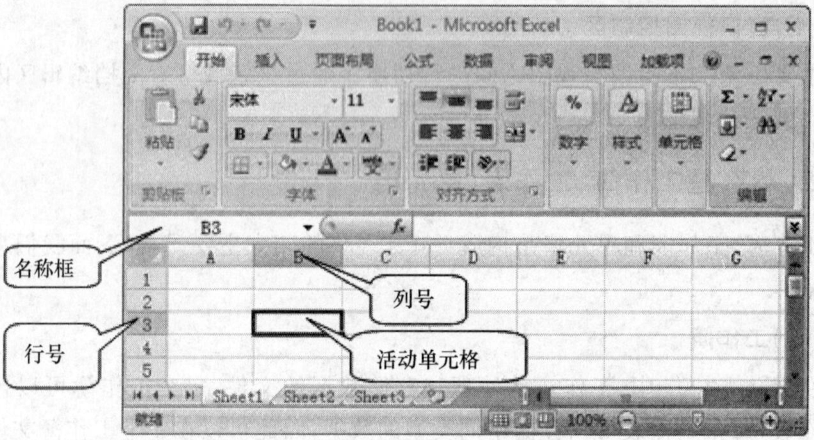

图 5-10 单元格

一个工作簿文件中可以包含多个工作表，为了区分不同工作表中的单元格，要在单元格地址前增加工作表名称。例如：Sheet1！B3 表示该单元格是工作表 Sheet1 中的 B3 单元格。

第二节 Excel 2007 的基本操作

上一节中，我们介绍了 Excel 2007 的窗口界面，这一节，我们将具体介绍 Excel 2007 的基本操作。

一、工作簿

大多数办公用户需要在工作中使用 Excel 处理数据，因此我们学习制作表格的过程中首先要学习新建、保存、打开和关闭工作簿等基本操作。

(一)新建工作簿

我们以任何一种方式启动 Excel 2007，系统会默认创建一个名称为“Book1”的工作簿。用户在使用 Excel 2007 的过程中，也可以自己选择命令新建一个空白工作簿，具体操作步骤如下：

(1)用鼠标单击“Office 按钮”，在弹出的菜单中选择“新建”命令。

(2)在打开的“新建工作簿”对话框中，单击“空白文档和最近使用的文档”，从中选择“空工作簿”，再单击右下角的“创建”按钮即可创建一个新工作簿，如图 5-11所示。

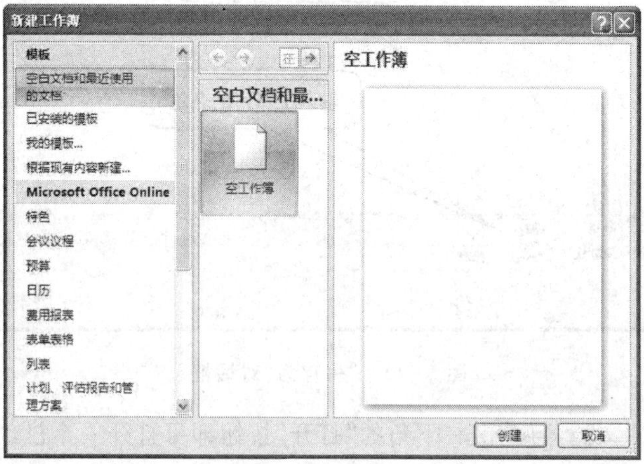

图 5-11 新建工作簿

(二)保存工作簿

在完成新工作簿的创建后，可以立即将其保存到电脑中指定的位置，以防止因死机、断电等故障而造成的工作簿中的数据丢失，影响工作效率。保存新工作簿的方法如下：

单击窗口左上角的“Office 按钮”，在弹出的菜单中选择“保存”命令，将打开“另存为”对话框，从左侧的列表中选择保存位置，在“文件名”文本框中输入文件名，打开“保存类型”下拉列表选择保存类型，单击“保存”按钮，如图 5-12 所示。

(三)打开工作簿

如果要修改或查阅已存储在的工作簿，应先打开该工作簿。

在未启动 Excel 2007 时，用户可以直接进入文档保存路径，双击要打开的工作簿即可。用户在进入 Excel 2007 后，可通过“打开”对话框选择要打开的工作簿，具体操作步骤如下：

(1)用鼠标单击“Office 按钮”，在弹出的菜单中选择“打开”命令。

(2)在弹出的“打开”工作簿对话框中，从上面下拉菜单中选择文档路径，并从

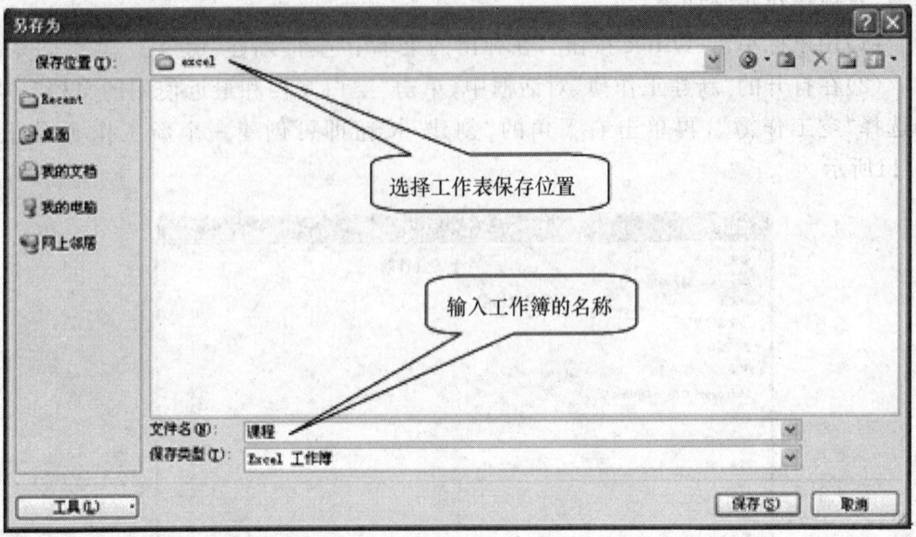

图 5-12 “另存为”对话框

中选择要打开的文档，再单击右下角的“打开”按钮即可打开一个已经存在的Excel文档。

(四)关闭工作簿

用户对工作簿进行查看或修改其内容并保存后，应该随手关闭工作簿，以释放占用的系统资源。关闭工作簿有以下两种方法：

(1)单击选项卡右侧的“关闭”按钮实现关闭当前工作簿，如图 5-13 所示。

图 5-13 新建工作簿

(2)单击“Office 按钮”,选择“关闭”命令,这两种操作都可以关闭工作簿,并且不会退出 Excel 程序。

二、数据的录入与编辑

在 Excel 2007 中,数据包括文本、数值、百分比、货币、邮编等。为了在 Excel 2007 中得到不同的类型的数据,必须对数据进行相关设置。

(一)输入数据

例如,要将下面这组数据制作成一个 Excel 表格。

2010 年第一学期园林 1 班成绩单

	语文	数学	英语	计算机
张　明	85	90	60	84
李小佳	88	94	76	90
王　磊	78	80	90	68
许玲玲	83	90	95	60

具体操作步骤如下:

(1)选择要输入数据的单元格。可以看到当前的活动单元格是左上角的 A1,如果不想在 A1 中输入数据,而要在 B3 中输入,那么,单击 B3 单元格,B3 单元格便成为活动单元格,然后输入内容“2010 年第一学期园林 1 班成绩单”。

(2)用鼠标单击 C4 单元格,输入“语文”,单击 D4 单元格,或者按【→】键,活动单元格移到 D4,键入“数学”,依此类推。

输入下一行时,可以用鼠标单击 B5 单元格,或用【↓】键【←】键把活动单元格移到 B5 继续输入,直到把全部数据输入完毕,如图 5-14 所示。

(3)如果在数据输入过程中出现错误,可以再次单击有错误的单元格,然后按退格键重新输入即可。

(二)编辑数据

在向单元格中输入数据时,如果发现错误,可以进行修改,修改的方法有两种,一种是在单元格中直接修改;一种是在“编辑栏”中修改。

在单元格中修改数据很简单,只要单击选中要修改的单元格,直接输入新的数据就可以覆盖旧的数据;或者双击单元格后,按退格键把原有的内容删除后再输入新的内容。

在“编辑栏”中修改数据的操作步骤如下:

(1)选中要修改内容的单元格。

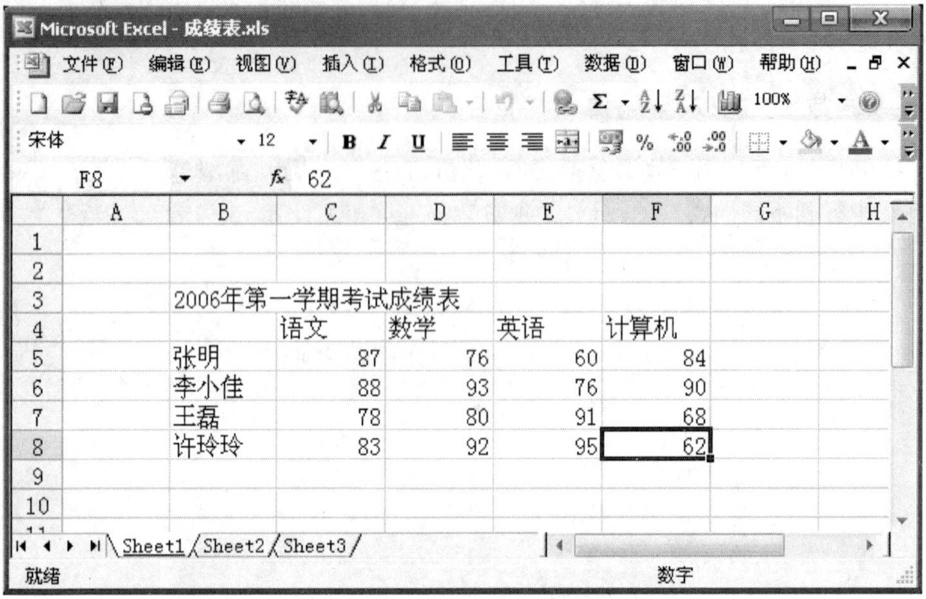

图 5-14 输入数据

(2)单击"编辑栏",在编辑栏中出现闪烁的光标。

(3)用鼠标定位插入点的方法或用【→】、【←】键移动光标到需要删除的字符后,按退格键删除光标前面的字符,然后输入新的字符即可。

如果要取消本次修改,可以单击"编辑栏"左侧的"×"按钮,如果保留本次修改,可以单击"√"按钮或按回车键完成修改。

(三)特殊数据的输入

在编辑 Excel 2007 表格的内容时,往往需要输入一些特殊数据,如文本编号、分数、带货币的数字等。

1. 输入文本编号

当我们输入 0001,0002,0003……这种格式的数据时,需要先设置单元格的格式,方法如下:

(1)选择需要设置格式的单元格。

(2)单击"单元格"组中的"格式"按钮,从中选择"设置单元格格式"命令。

(3)选择"数字"选项卡,选择"文本类型",单击"确定"按钮,即可在设置好格式单元格中输入文本编号。

文本编号输入还可以采用单引号的格式,如输入"065200",可输入"'065200'"。

需要注意的是，单引号必须在英文输入法状态下输入。

2. 输入时间和日期

Excel 2007 中已设置了默认的时间和日期格式，例如，在单元格中输入“8/25”，将得到“2010/8/25”；如果输入“2010 - 8 - 25”，也会得到“2010/8/25”效果，如果想改变日期的显示格式，就要设置日期类型，方法如下：

(1)在“设置单元格格式”的对话框中单击“数据”选项卡。

(2)从“数字”选项卡中选择“日期”，在右边的列表框中选择想要的日期格式。如图 5 - 15 所示。

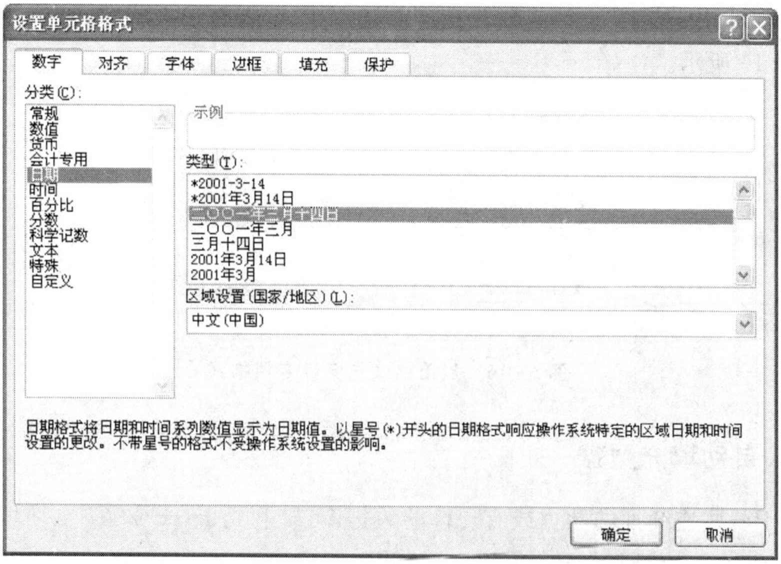

图 5 - 15 设置日期格式

如果要在单元格中插入当前的日期，可以按【Ctrl】+【;】组合键；要在单元格中插入当前时间，可以按【Ctrl】+【Shift】+【;】组合键。

时间的设置方法与日期类似，这里不再赘述。

3. 输入负数、小数和分数

输入负数，要在数字前加一个负号，或者将数字括在括号内：如输入“－10”，先键入“－”负号，再键入 10，或者键入“(10)”，都可以在单元格中显示“－10”。

输入小数，可以直接在单元格中输入小数，如果需要调整小数点后面的位数，可以用“增加小数位数”或“减少小数位数”按钮 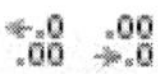 调节。

输入分数，要先输入“0”及一个空格，然后再输入分数，例如输入“3/5”，要先输入“0”和一个空格，然后输入“3/5”。如果不输入“0”和空格，Excel 2007 会把“3/5”当作日期处理，认为输入的是“3 月 5 日”。

4. 输入货币格式数据

输入美元格式，可以直接键入“$”符号和数字；输入人民币格式可以直接输入“¥”符号和数字，也可以直接输入数字，然后单击“数字”组中的“会计数字格式”按钮。

我国的货币使用小数点形式表示时，一般使用两位小数，并在小数前添加货币符号¥（人民币专用符号），如¥45.00。

在同列单元格中，为了使数据看起来更整齐，可将其设置为“会计专用”格式，如图 5-16 所示。

¥100.00		¥　100.00
¥200.00		¥　200.00
¥3,500.00		¥3,500.00
货币格式		会计专用格式

图 5-16　货币格式与会计专用格式

三、自动填充数据

对于一些连续性的数据或有规律的数据，可以利用 Excel 2007 自动填充功能快速输入，从而减轻工作量，提高工作效率。

（一）应用填充柄填充数据

应用填充柄可以完成一些常用数据的快速输入。比如我们创建一个课程表，要在一行内输入“星期一、星期二、星期三……”，应用自动填充功能的操作步骤如下：

(1) 在第一个单元格中输入“星期一”。

(2) 鼠标左键单击该单元格右下角叫做“填充柄”的小黑点，不松开鼠标并向右拖动，会看到鼠标每选中一个单元格，该单元格下方就会显示应该输入的数据，比如拖动鼠标到第二个单元格，该单元格下方就显示“星期二”，当鼠标一直拖动到第五个单元格，数据就显示到“星期五”，如图 5-17 所示。

(3) 此时松开鼠标左键，“星期一”至“星期五”就填充完毕，如图 5-18 所示。

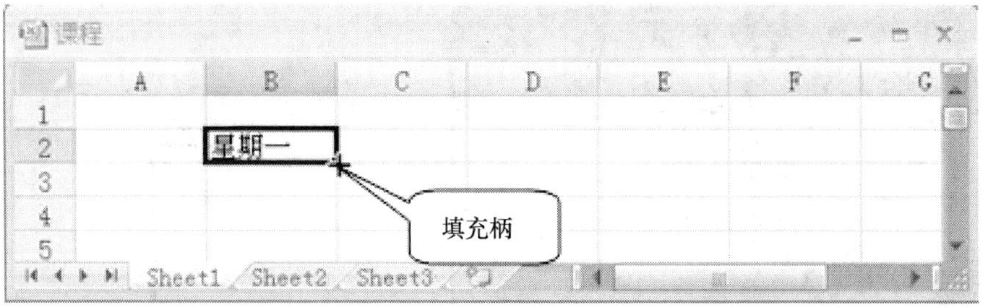

图 5-17 自动填充柄

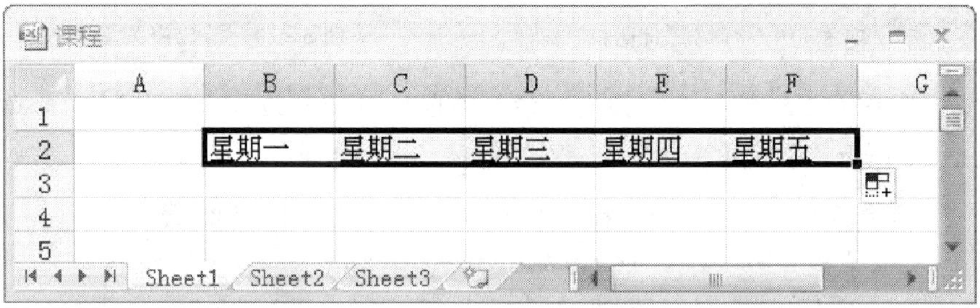

图 5-18 数据填充完毕

(二)等差、等比序列填充

等差序列是指相邻两数值差之绝对值相等的数据系列，其中最常见的等差序列为整数序列，其步长为 1。填充整数序列时，可直接拖拽“填充柄”完成填充。

等比序列是指两数值相除之商相等的数据系列。下面介绍等比序列填充的方法，具体操作如下：

(1)输入等比序列初始值，并选择需要填充的单元格。

(2)鼠标左键单击“编辑”组中“填充”右边的箭头，从弹出菜单中选择“序列”，将弹出“序列”对话框，如图 5-19 所示。

(3)按照图 5-19 进行相应设置，单击“确定”按钮，得到如图 5-20 所示的等比填充效果。

(三)自定义序列填充

除了等差、等比序列、日期填充外，用户还可以根据需要自定义常用的填充序列，以便在以后输入这些数据时，可以应用自动填充功能。下面介绍自定义序列填充的方法，具体操作如下：

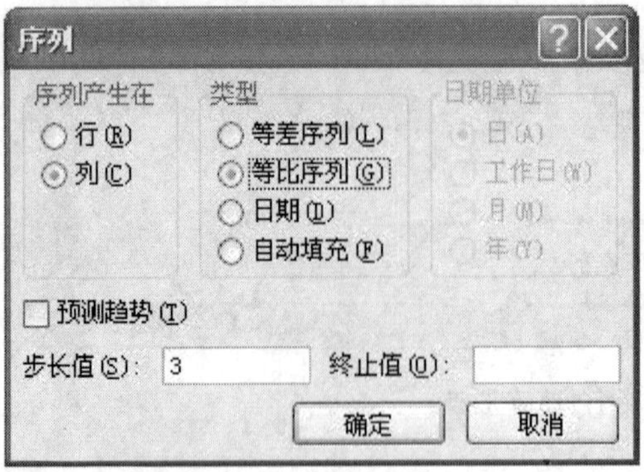

图 5-19 “序列”对话框

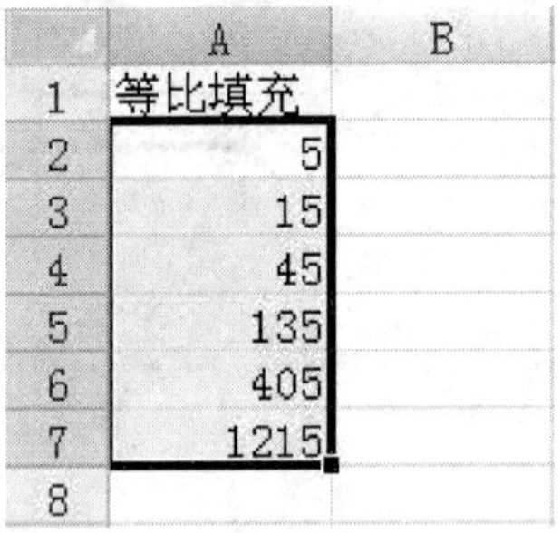

图 5-20 等比序列填充效果

(1)单击“Office 按钮”,在弹出的菜单中选择“Excel 选项”,打开“Excel 选项”对话框,如图 5-21 所示。

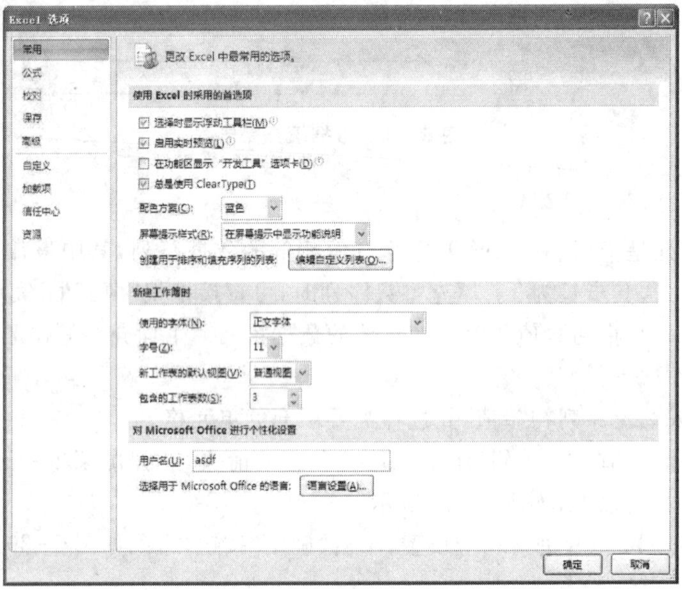

图 5-21 “Excel 选项”对话框

(2)单击“使用 Excel 时采用的首选项”组中的“编辑自定义列表”按钮,打开“自定义序列”对话框。

(3)在“输入序列”列表中分别输入序列的每一项,比如我们要输入“2006 年,2007 年……2010 年”,如图 5-22 所示。

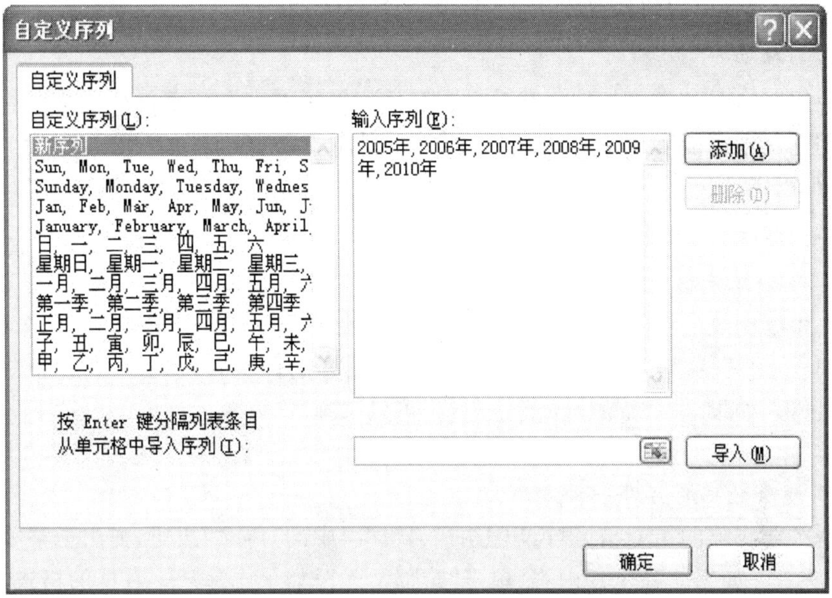

图 5-22 “自定义序列”对话框

(4)单击“添加”按钮,所定义的序列就添加到“自定义序列”列表中。

(5)单击“确定”按钮,自定义序列完成,退出对话框。

(6)在单元格中输入自定义序列的任意一项,然后拖拽“填充柄”即可完成填充。

四、复制、移动和删除单元格中的数据

(一)复制

(1)使用鼠标拖动的方法复制单元格数据。先选中要复制数据的单元格区域,将鼠标移动到选定单元格区域的边缘,当鼠标指针变成十字形时,按住【Ctrl】键,拖动鼠标到目的单元格区域,松开鼠标,数据便被快速复制到所需要的位置。

(2)使用“剪切板”组中的按钮复制数据。选中要复制的单元格。单击“剪切板”组中的“复制”按钮,这时可以看到选中区域出现的一个虚线框。然后选中要粘贴数据的目的单元格,单击“剪切板”组中的“粘贴”按钮。

(3)使用鼠标右键快捷菜单复制数据。使用鼠标右键快捷菜单的方法可以更快地进行操作,从而有效地提高工作效率。具体操作步骤如下:选中要复制的单元格,单击右键,从弹出的快捷菜单中选择“复制”。选中要粘贴数据的目的单元格。

右击鼠标,从弹出的快捷菜单中选择"粘贴"命令。

(二)移动

使用"剪切板"组中的按钮移动数据和使用鼠标右键快捷菜单移动数据的操作与使用这两项功能复制数据的操作类似,只是把选择"复制"的操作变为选择"剪切"就可以了。

(三)删除

1. 删除单元格中数据的操作步骤

选中要删除的单元格区域,右击鼠标弹出快捷菜单,单击"删除"命令选项,弹出如图5-23所示的对话框。要删除整行或整列的内容,直接选择"整行"或"整列"单选框,如果是删除单个单元格内容,可以选择"右侧单元格左移"或"下方单元格上移"单选框。

2. 删除数据的另外一种方法

选中要删除的单元格区域,单击的"编辑"组中的"清除"按钮,弹出子菜单如图5-24所示。如果删除全部内容,单击"全部清除";如果删除某一数据的格式,单击"清除格式";如果删除数据,单击"清除内容";如果只删除批注,单击"清除批注"。

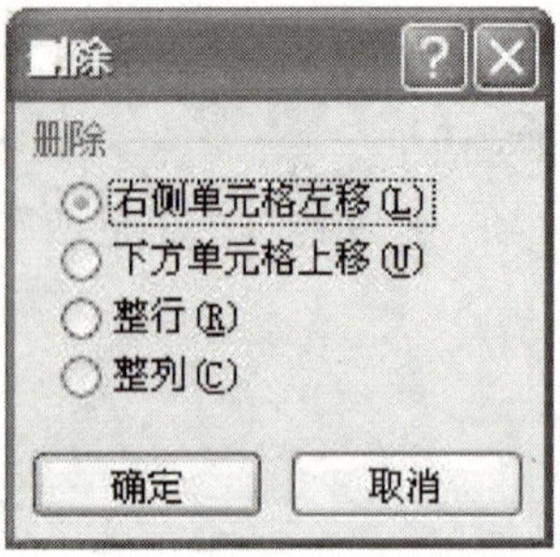

图5-23 删除数据

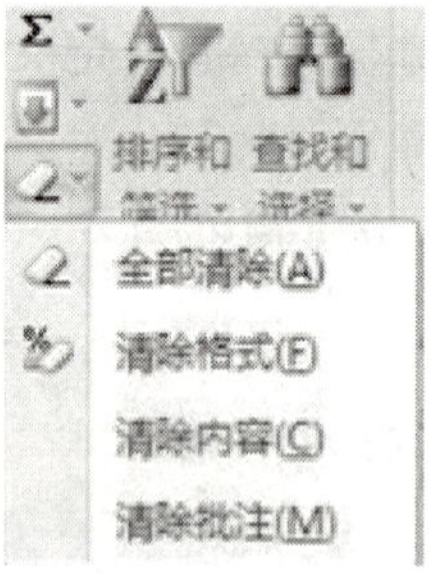

图5-24 "清除"按钮下拉菜单

五、转置复制和有选择地复制或移动单元格数据

转置复制是将一行数据复制成一列,或将一列数据复制成一行。有选择的复制或移动是指用户只想对单元格中的公式、数字、格式进行选择性复制。实现这些操作的步骤如下:

(1)先选中要复制的单元格区域,单击"剪切板"组中的"复制"或"剪切"。

(2)选中要粘贴数据的区域,单击鼠标右键在弹出的下拉菜单中单击"选择性粘贴"命令,弹出如图5-25所示的对话框。

如果我们要将一列中的 2005 年到 2010 年转置粘贴成一行，那么先选中 2005 年到 2010 年所在的列，单击“复制”以后，再选中 1 行中的 6 个单元格，在图 5 - 25 所示的对话框中，选中“转置”复选框，然后单击“确定”按钮，则原先由列显示的 2005 年至 2010 年就变成由行显示了，如图 5 - 26 所示。

另外，在“选择性粘贴”对话框的“粘贴”区域中，除了“全部”粘贴以外，还有“公式”、“数值”、“格式”等选项供用户选择进行选择性粘贴。

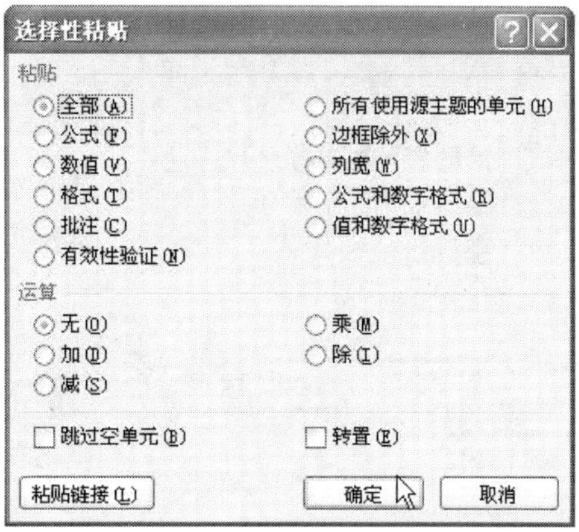

图 5 - 25 “选择性粘贴”对话框

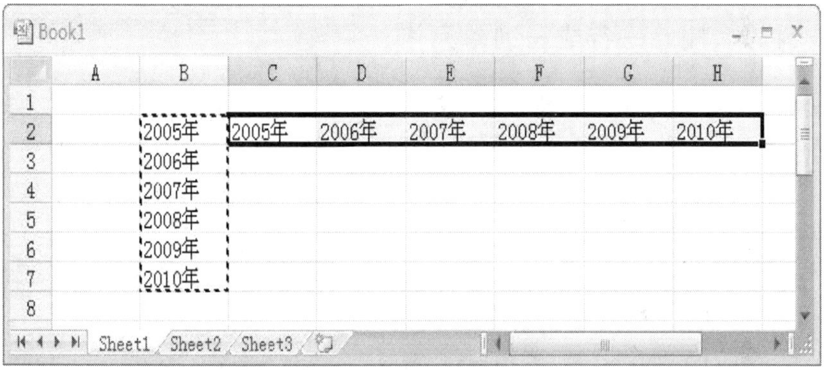

图 5 - 26 转置复制

六、插入、删除单元格

用户在单元格中输入数据后，还需要对单元格本身进行操作，以便使制作的工作簿符合办公的需要。这些操作包括插入、删除、移动单元格等。

(一)插入单元格

插入单元格的操作步骤如下：

(1)选中要插入新单元格的位置(可能该位置已经有数据，但是没有关系，插入新单元格不会覆盖已有的数据)，然后单击“单元格”组中的“插入”命令，在弹出的下拉菜单中单击“插入单元格”命令，弹出“插入”对话框如图 5 - 27 所示。

(2)选择活动单元格的移动方向，单击“确定”按钮，完成单元格的插入。

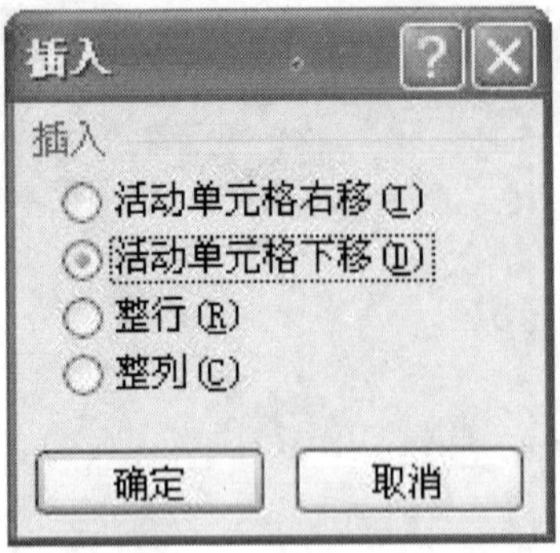

图 5-27 “插入”对话框

(二)删除单元格

删除单元格与删除单元格中的数据完全不同,删除单元格是将单元格本身及其数据一起删除,并由相邻的单元格来补充空缺的位置。操作步骤如下:

(1)选中要删除的单元格。

(2)单击“单元格”组中的“删除”命令,在弹出的下拉菜单中单击“删除单元格”命令,这时弹出“删除”对话框。

(3)在“删除”对话框中,如果选择“右侧单元格左移”,按“确定”按钮后,则右侧的单元格便左移来补充被删除的单元格;如果选择“下方单元格上移”,则下面的单元格上移来补充被删除单元格的位置。

七、插入、删除一行或一列单元格

可能在更多的情况下需要插入或删除一行或一列单元格。比如在图 5-28 所示的成绩表中,我们要在“计算机”左侧增加一门课程,需要在这一列中输入每一个同学的成绩,这就需要插入一列;或者需要增加一名同学的成绩,就需要插入一行。下面分别来介绍如何进行插入一行或一列的操作。

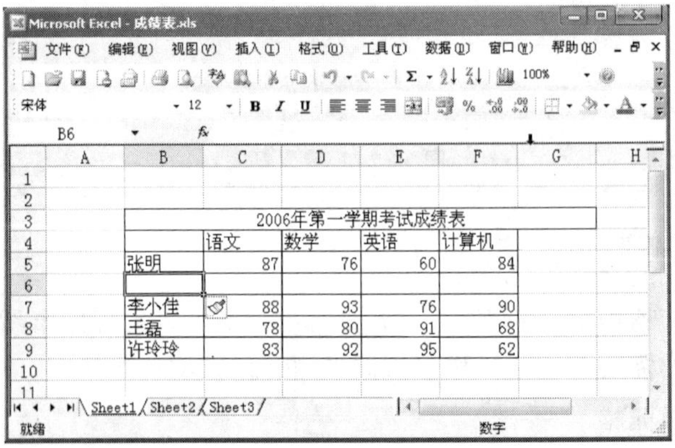

图 5-28 插入一行的效果

(一)插入一行

(1)选中插入行的位置中任意一个单元格。

(2)选择“单元格”组中“插入”命令，在弹出的下拉菜单中单击“插入工作表行”命令选项。

(3)此时，选中的这一行便下移一行，该行下面的所有行都依次下移一行，而插入行的位置变成一行空白单元格，如图 5-28 所示。

(二)插入一列

(1)选中插入列的位置中的任意一个单元格。

(2)选择“单元格”组中“插入”命令，在弹出的下拉菜单中单击“插入工作表列”命令选项。

(3)这时，被选中的列向右移动一列，而原先的位置成为一列空白的单元格，如图 5-29 所示。

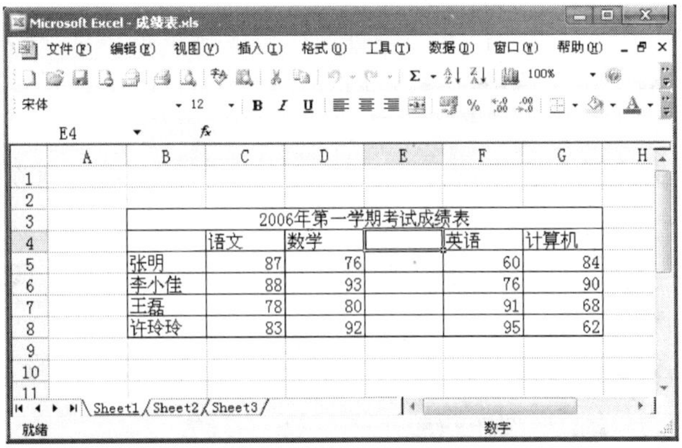

图 5-29 插入一列的效果

(三)删除一行或一列

(1)选中要删除的行或列中任意一个单元格。

(2)选择“单元格”组中“删除”命令，在弹出的下拉菜单中单击“删除工作表行”命令选项，则选中的行就被删除，这时，被删除的行下方所有行会依次上移一行。

删除列的方法与删除行的方法类似，这里不再赘述。

第三节 格式化工作表

通过前面的学习，我们可以利用 Excel 2007 来创建表格，编辑表格。但是，这些表格是没有任何格式的，如果想使工作表看起来更美观、更有吸引力，就要对工作表进行各种格式设置。例如，调整单元格的宽和高，设置字体、字号、对齐方式，为单元格添加边框、填充等。

一、调整单元格的行高和列宽

在向单元格中输入数据时，经常会出现这样的情况：单元格中的文字只显示一部分或显示一串“#”符号，造成这种结果的原因可能是单元格的高度或宽度不合适，此时可以对工作表中单元格的高度或宽度进行调整。

1. 调整单元格的行高

一般情况下，用户不必调整行高度，因为在用户改变字体大小时，它会自动调整。但是因工作需要，也可以进行人工调整。方法如下：

(1)将鼠标指针移到要调整高度的行的下框线，当鼠标指针变成╋形状时，按下鼠标左键并向下拖动，即可改变行的高度。

(2)用户也可以通过对话框来调整行的高度。用鼠标单击“单元格”组中的“格式”命令，在弹出的下拉菜单中选择“行高”命令，在“行高”对话框中输入好数值，然后单击“确定”按钮即以该数值调整行高。

如果选择“自动调整行高”选项，系统便根据字符的大小自动设置行的高度。

2. 调整单元格的列宽

默认情况下，单元格的列宽会使用默认的宽度，如果用户对这个数值不满意，可以对其进行调整。

调整单元格列宽的方法与调整单元格的行高类似，最快捷的方法是用鼠标单击列单元格的右框线，然后向右拖动鼠标即可。

二、设置数字格式

默认情况下，单元格中的数字是常规格式，不包括任何特定的数字格式，即以整数、小数、科学计数的方式显示。Excel 2007 提供了多种数字显示格式，如货币、千位分隔符、百分比、日期等。用户可以根据数字的不同类型设置它们在单元格中的显示格式。

(一)利用命令按钮设置数字格式

如果要格式化的单元格中的数据比较简单，可以利用“数字”组中的命令按钮进行设置。在“数字”组上的命令按钮有 5 个：会计数字格式、百分比样式、千位分隔样式、增加小数位数、减少小数位数，如图 5-30 所示。

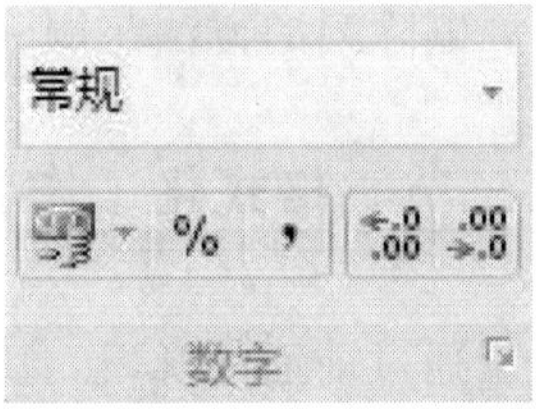

图 5-30 “数字”命令按钮

选中要设置的单元格区域，在工具栏上单击相应的按钮即可完成设置。

(二)利用对话框设置数字格式

如果数字格式化的工作比较复杂,可以利用“设置单元格格式”对话框来完成。具体操作方法如下:

(1)选中要设置的单元格区域。

(2)单击“数字”组右下角的 按钮,打开“设置单元格格式”对话框,单击“数字”选项卡,根据需要进行相应的设置即可。如图 5-31 所示。

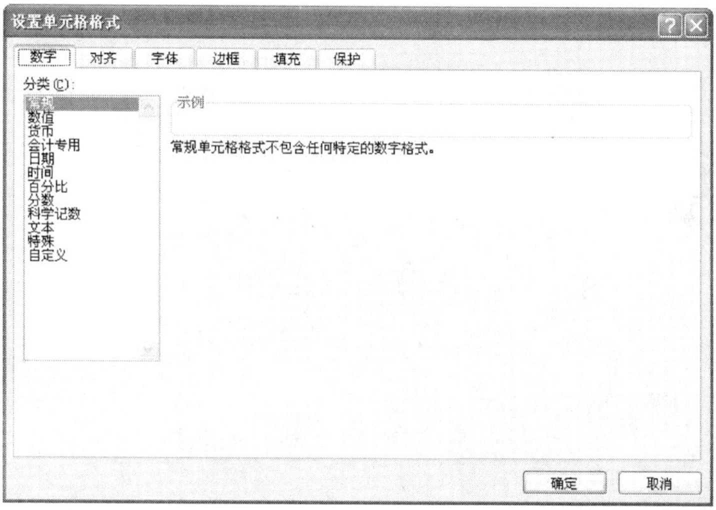

图 5-31 “数字”选项卡

三、设置对齐格式

对齐是指单元格中的数据在显示时相对单元格上、下、左、右的位置。默认情况下,输入的文本在单元格内左对齐,数字右对齐,逻辑值和错误值居中对齐。为了使工作表更加美观,可以使数据按照需要的方式进行对齐。

(一)利用命令按钮设置对齐格式

简单的对齐设置可以利用“对齐方式”组中的命令按钮,它们包括:顶端对齐、垂直居中、底端对齐、文本左对齐、居中、文本右对齐,此外还有方向、减少缩进量、增加缩进量、自动换行、合并后居中命令按钮。选中要对齐数据单元格区域,单击某一按钮,就会实现相应的对齐方式,如图 5-32 所示。

(二)利用对话框设置对齐格式

如果单元格中的数据需要在水平、垂直方向上两端对齐、分散对齐等,此时可以利用“设置单元格格式”对话框进行设置,如图 5-33 所示。

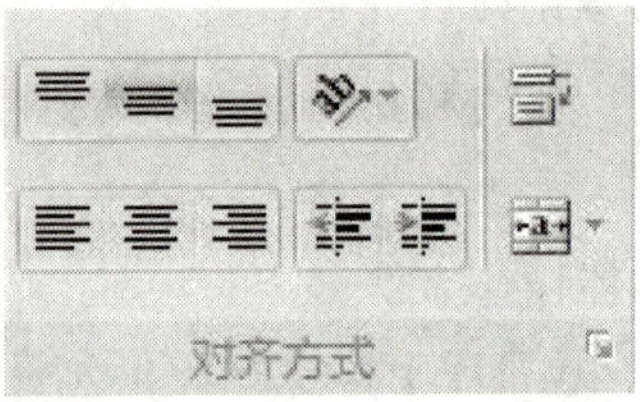

图 5-32 “对齐方式”命令按钮

1. 在“文本对齐方式”区域内

(1)水平对齐列表框中包括常规、靠左、居中、靠右、填充、两端对齐、跨列居中、分散对齐选项。可以根据需要单击某一选项。默认的情况下是“常规”选项,即文本左对齐,数字右对齐。

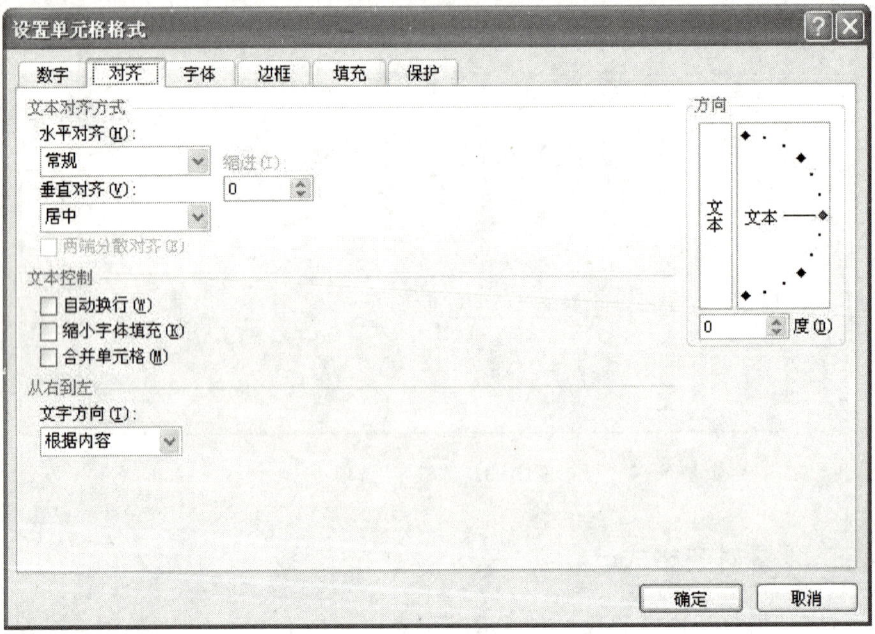

图 5-33 “对齐”选项卡

(2)垂直对齐列表框中包括靠上、居中、靠下、两端对齐和分散对齐选项。默认情况下是靠下对齐。

(3)缩进框中可以指定单元格中的文本从左向右缩进的幅度。

(4)两端分散对齐:选中该项,为单元格内容添加缩进。

2. 方向

用来改变单元格中文本旋转的角度。“度”框中如果是正数,文本逆时针方向旋转;如果是负数,则文本顺时针方向旋转。

3. 文本控制

文本控制包括下面 3 个复选框。

(1)自动换行：根据文本长度及单元格宽度自动换行，并且自动调整单元格的高度，使全部内容都显示在该单元格上。

(2)缩小字体填充：缩减单元格中字符的大小以使数据调整到与列宽一致。

(3)合并单元格：将多个单元格合并为一个单元格，合并后单元格的引用为合并后前左上角单元格的引用。

四、设置字体

默认情况下，工作表中的中文字体为“宋体”，英文字体为“Time New Roman”。为了使工作表中的数据能够突出显示和整洁美观，可以将单元格的内容设置成不同的效果。设置字体的操作方法有两种。

(一)利用命令按钮设置字体

如果只是对文字字体、字号、字形或颜色等方面进行设置，可以直接使用“字体”组中的命令按钮，如图 5-34 所示。

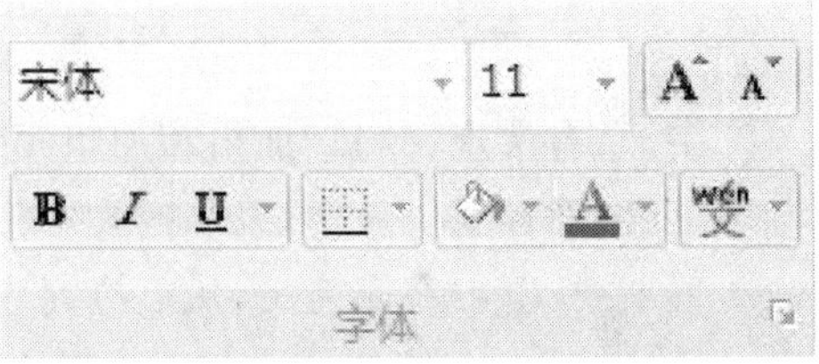

图 5-34　“字体”命令按钮

具体操作步骤是：

(1)选中要设置格式的文本或数字。

(2)如果是设置字体或字号，单击“字体”组中的命令“字体”或“字号”右侧的箭头打开下拉列表框，选择需要的字体或字号；如果是设置加粗、倾斜、下划线，可以单击相应的按钮。如果设置字符颜色，单击“字体颜色”按钮右侧的箭头，弹出“字体颜色”下拉菜单，单击需要的颜色即可。

(二)利用对话框设置对齐格式

如果进行更复杂的设置，可以使用“单元格格式”进行设置。操作步骤是：

(1)选中准备设置的文本或数字。

(2)单击“字体”组右下角的按钮，在弹出的“设置单元格格式”对话框中，选择“字体”选项卡进行相应设置，如图 5-35 所示。

在“字体”选项卡中我们可以对字体进行各种设置。“字体”选项卡中的各项名称与功能是：

• 字体：选择所需要的字体，如宋体、隶书等。

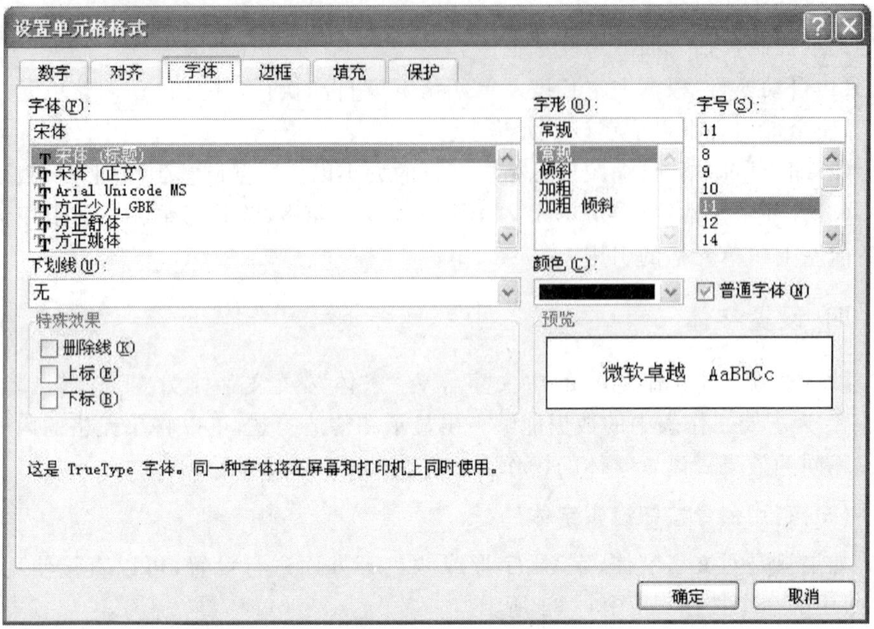

图 5-35 "字体"选项卡

• 字形:有常规、倾斜、加粗和加粗倾斜 4 个选项。

• 字号:设置字体大小,以"磅"为单位。

• 下划线:单击右侧箭头,从下拉列表框中选择下划线种类。

• 颜色:单击右侧箭头,从下拉列表框中选择一种颜色以改变选定字体的颜色。

• 普通字体:选中此选项则将选项卡各项设置为默认值。

• 特殊效果:有删除线、上标、下标 3 个选项。选择删除线后,可以产生一条贯穿于选中字符的直线,表示该内容被删除;上标和下标可将选中的文本和数字设为上标和下标。

• 预览:可以观察所设置的效果。

五、设置边框

(一)设置单元格边框

Excel 2007 工作表中的网格线是用来分隔单元格的,在打印时不会显示出来。如果要在打印时输出表格框线,必须给单元格加上边框线。添加边框线不但可以

区分工作表的范围,还可以使工作表更加清晰美观。设置单元格边框的操作步骤如下:

(1)选择要添加边框的单元格区域。

(2)如果只设置简单的边框,可以直接单击"字体"组中的 命令按钮右侧的小三角,打开"边框"下拉菜单,选择需要的边框即可。

如果设置比较复杂的边框,打开"设置单元格格式"对话框,选择"边框"选项卡进行相应设置,如图 5-36 所示。

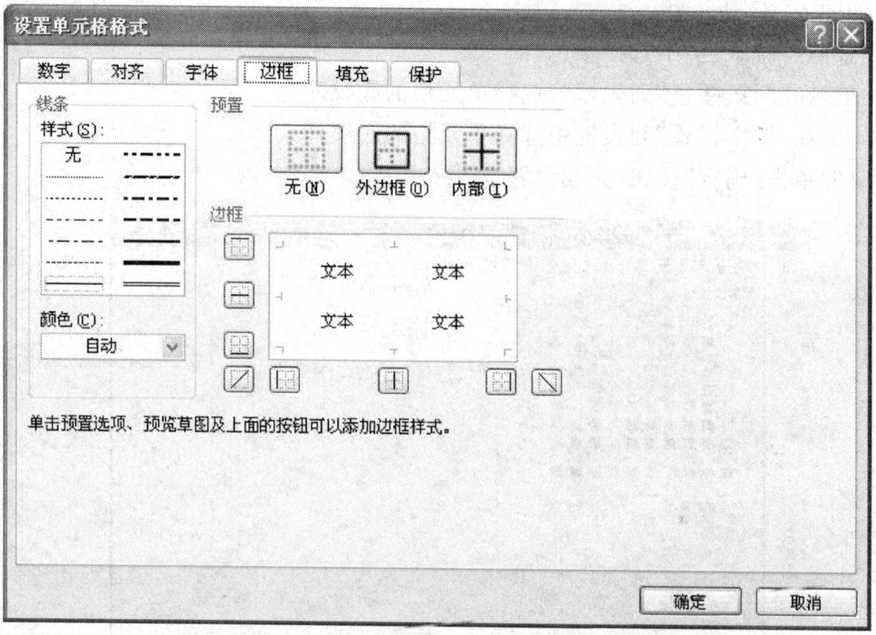

图 5-36 "边框"选项卡

在"线条"区域选择外边框线条;在"颜色"区域设置外边框的颜色,然后在"预置"区域,单击"外边框"设置外边框线。重新选择线和颜色,继续设置内部线。

在预览窗口中预览设置效果,满意后单击"确定"按钮。

(二)删除单元格边框

删除单元格边框的操作步骤如下:

(1)选定要删除边框的单元格区域。

(2)打开"设置单元格格式"对话框,选择"边框"选项卡。单击"预置"中的"无"选项,然后单击"确定"按钮。

六、设置填充

默认情况下，单元格既无颜色也无底纹图案。给单元格添加底纹、图案可以增强单元格的视觉效果，还可以突出需要强调的数据。

设置单元格图案和颜色的操作步骤如下：

(1)选定要添加图案的单元格区域。

(2)打开“设置单元格格式”对话框，单击“填充”选项卡，打开“填充”选项卡页面，如图 5-37 所示。

(3)在“背景色”中选择颜色。

(4)在“图案颜色”列表框中选择单元格的底纹颜色。

(5)在“图案样式”列表框中选择单元格的底纹样式。

(6)单击“确定”按钮，完成设置。

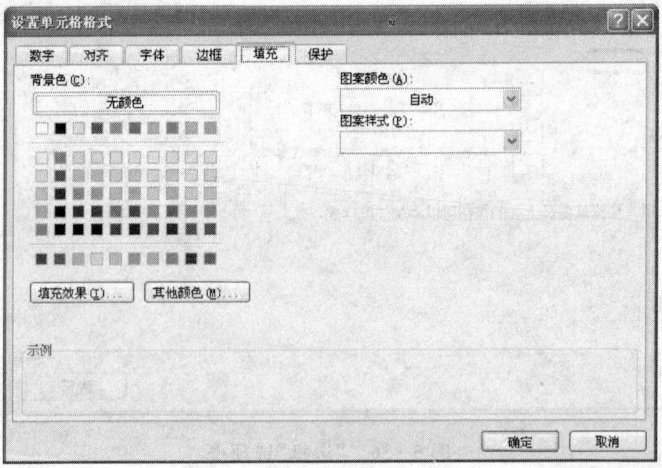

图 5-37 “填充”选项卡

如果对以上颜色不满意，还可以单击“其他颜色”按钮，选择其他颜色；或者单击“填充效果”按钮，设置其他填充效果。

七、设置条件格式

条件格式是指当单元格中的数据满足某种条件时，电脑将自动把单元格显示成与条件对应的单元格样式，以便用户对其进行查看和管理。

下面通过一个具体例子来说明使用条件格式搜索数据的方法，如图 5-38 所示是一张成绩表。

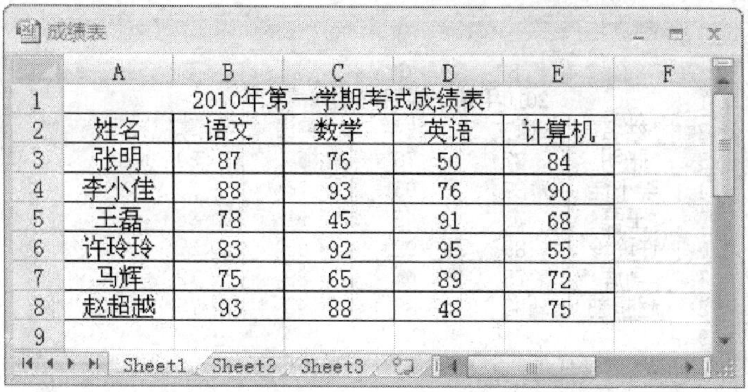

	A	B	C	D	E	F
1	2010年第一学期考试成绩表					
2	姓名	语文	数学	英语	计算机	
3	张明	87	76	50	84	
4	李小佳	88	93	76	90	
5	王磊	78	45	91	68	
6	许玲玲	83	92	95	55	
7	马辉	75	65	89	72	
8	赵超越	93	88	48	75	
9						

图 5-38 成绩表

在此成绩表中，我们要求将单科成绩不及格的单元格设置为彩色背景，其余的不变。设置条件格式操作步骤如下：

(1)选中“语文”等列下面单元格(B3:E8)。

(2)单击“样式”组中的“条件格式”按钮，在弹出的下拉菜单中选择“突出显示单元格规则”，单击“小于”，将弹出“小于”对话框，如图 5-39 所示，进行相应设置即可。

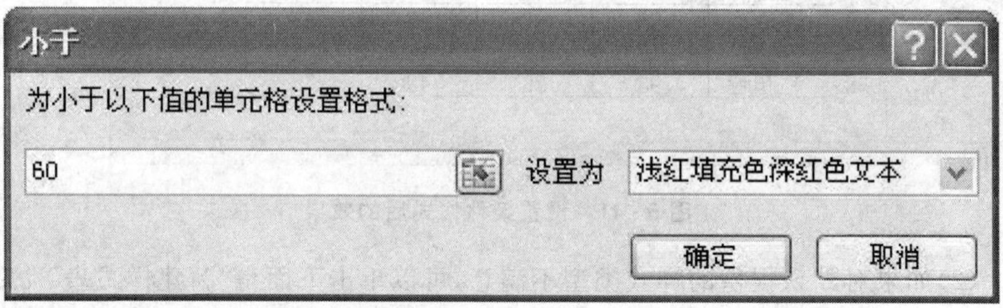

图 5-39 条件格式对话框

(3)单击“确定式”按钮，完成设置，最后效果如图 5-40 所示。

此外，“条件格式”中还可以设置数据条、色阶、图标集等，用户可以自行练习。

八、套用表格格式

套用表格样式可以同时对表格的标题、单元格、边框等内容进行设置，其应用格式的内容更加丰富。下面以图 5-41 所示的成绩表为例，套用表格格式。操作步骤如下：

(1)选中我们准备套用格式的区域(A2:E8)。单击“样式”组中的“套用表格格

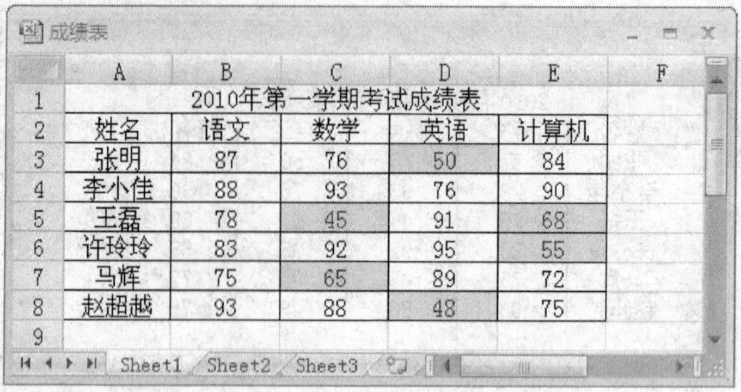

2010年第一学期考试成绩表				
姓名	语文	数学	英语	计算机
张明	87	76	50	84
李小佳	88	93	76	90
王磊	78	45	91	68
许玲玲	83	92	95	55
马辉	75	65	89	72
赵超越	93	88	48	75

图 5 - 40　设置条件格式后的效果

式”按钮，在弹出的下拉菜单中单击样式类型即可，如图 5 - 41 所示。

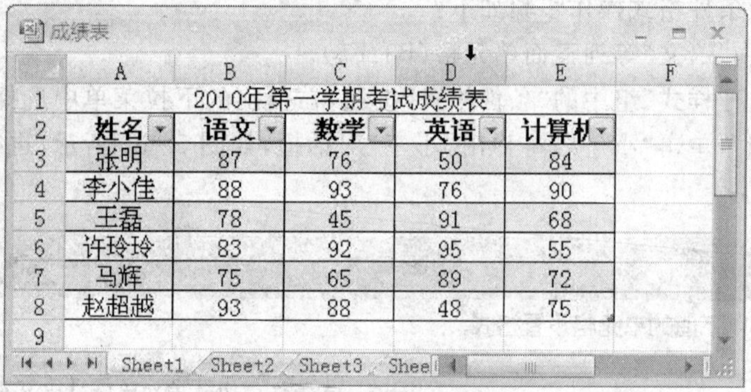

2010年第一学期考试成绩表				
姓名	语文	数学	英语	计算机
张明	87	76	50	84
李小佳	88	93	76	90
王磊	78	45	91	68
许玲玲	83	92	95	55
马辉	75	65	89	72
赵超越	93	88	48	75

图 5 - 41　设置条件格式后的效果

(2)如果对默认提供的样式类型不满意，可以单击下面得“新建样式表”命令按钮来创建新的样式。

第四节　应用公式与函数

Excel 2007 不仅能够帮助用户制作表格，还可以在表格中应用公式和函数进行复杂的数据运算，这一强大的功能将那些繁琐、枯燥的数字计算变得简单而容易。熟练应用公式和函数，可以使我们的工作变得轻松有趣，效率得到极大的提高。下面我们来学习如何在 Excel 2007 中应用公式和函数进行数据运算。

一、Excel 2007 公式中的运算符

运算符用来说明对运算对象进行了何种操作，如"＋"是把前后两个操作对象进行加法运算。在 Excel 2007 中，包含 4 种运算符：算术运算符、比较运算符、文本运算符和引用运算符。

(一)算术运算符

算术运算符主要进行一些基本的数学运算，如加法、减法、乘法、除法和乘方等。

• ＋　加法运算
• －　减法运算
• *　乘法运算
• /　除法运算
• ^　乘方(指数)运算
• %　百分比运算

(二)比较运算符

比较运算符是用来比较两个数值大小的运算符，结果是一个逻辑值，不是 TRUE(真)或就是 FALSE(假)。

• ＞　大于
• ＜　小于
• ＞＝　大于等于
• ＜＝　小于等于
• ＜＞　不等于
• ＝　等于

(三)文本连接运算符

文本连接运算符可以将多个文本连接起来组合成一个新的串文本。文本连接运算符只有一个"&"，其含义是将两个文本值连接或串连起来产生一个连续的文本值，如"计算机" &"文化基础"的结果是"计算机文化基础"。

(四)引用运算符

引用运算符可以将单元格区域合并运算，如下所示：

• 区域(冒号)：表示对两个引用之间(包括两个引用在内)的所有单元格进行引用，例如：SUM(B2：H2)。

• 联合(逗号)：表示将多个引用合并为一个引用，例如(B2：H2，B5：H5)。

• 交叉(空格):表示同时隶属于两个引用共有的单元格区域,例如:(C2:F4 C4:F6)。

二、公式中的运算符优先级

当公式中既有加法,又有乘法、除法时,Excel 2007 与数学中学习的运算顺序相似,从左到右计算公式。对于同一级的运算,则按照从左到右进行计算,对于不同级别的运算符,则按照运算符的优先级进行计算。表 5 - 1 列出了常用运算符的运算优先级。

表 5 - 1 运算符优先级

运算符	说　明
:(冒号)	区域运算符
,(逗号)	交叉运算符
(空格)	联合运算符
—	负号(如－10)
%	百分号
^	乘幂
* 和/	乘和除
＋和－	加和减
&	文本运算符
=、<、>、<=、>=、<>	比较运算符

如果要修改计算的顺序,可以将公式中要先计算的部分用括号括起来。例如,公式“＝9－5 * 2”的结果是－1,先进行乘法运算,再进行减法运算。如果要先进行减法运算,后进行乘法运算,就必须使用括号改变计算顺序,如公式“＝(9－5) * 2”,结果是 8。

三、在单元格中应用公式进行运算

我们以图 5 - 43 为例介绍在单元格中应用公式运算的方法。图 5 - 42 所示的表格是一个进货单,表中已经有进货的名称与数量,现在我们要算出金额。

双击“D3”单元格,在“D3”单元格中输入“＝B3 * C3”,系统就会将“B3”单元格中的 300 与“C3”单元格中的 4.20 相乘。按回车键,计算结果便显示在“D3”单元格中。

对于图 5 - 43 例中的其他物品金额的计算,我们不必在以下的单元格中一一输入相应的公式,只要利用 Excel 2007 的自动填充功能,就可以实现自动输入和

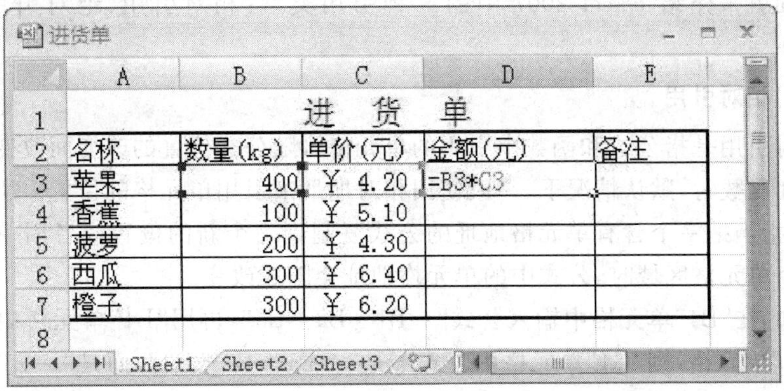

图 5-42 应用公式运算

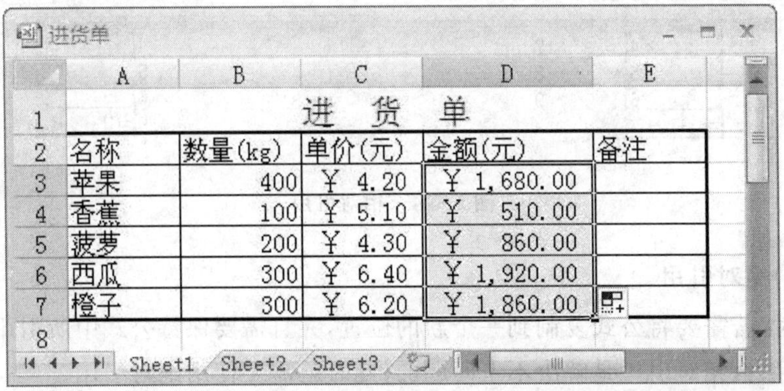

图 5-43 自动填充计算

计算。单击“C3”单元格，使其成为活动单元格，鼠标指向该单元格右下角的填充柄，当指针变为“十”字形时，向下拖动鼠标，一直拖到“D7”单元格，松开鼠标，这时每一项物品的金额便显示在相应的单元格中，如图 5-43 所示。

四、引用单元格

Excel 2007 工作表中的所有单元格都是通过行号与列号唯一标识的，例如“A1”、“B2”等，这种唯一标识单元格的方式被称为引用，用户可以直接将引用应用于公式中。在公式中可以使用单元格引用来代替单元格中的具体数据。通过引用，可以在公式中使用工作表中不同部分的数据，或者在多个公式中使用同一个单元格中的数据，还可以引用同一个工作簿中不同工作表中的单元格和不同工作簿中的单元格数据。

下面就来介绍 Excel 2007 中的 3 种引用类型：相对引用、绝对引用、混合引用。

(一)相对引用

相对引用是指公式和函数中引用的单元格可随公式位置的改变而改变。在使用公式和函数时，默认情况下，一般使用相对地址来引用单元格的位置。所谓相对地址，是指当把一个含有单元格地址的公式复制到一个新的位置或者用一个公式填充一个单元格区域时，公式中的单元格地址会随之改变。

例如：在“B4”单元格中输入公式“＝B1＋B2＋B3”，再用“B4”单元格中的公式填充“C4”单元格，则“C4”单元格中公式不是“＝B1＋B2＋B3”，而是“＝C1＋C2＋C3”，如图 5-44 所示。

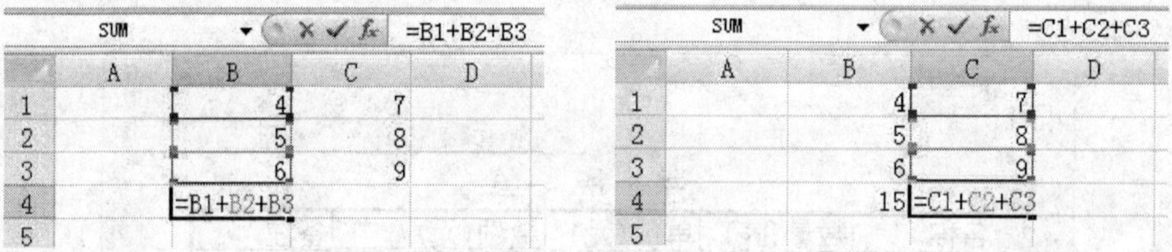

图 5-44　相对引用

(二)绝对引用

有时，若需要将公式复制到一个新的位置，并且需要保持公式中所引用的单元格不变，那么相对引用是解决不了问题的，此时就需要使用绝对引用。

绝对引用是指公式所引用的单元格地址是固定不变的。采用绝对引用的公式，无论将它复制或填充到哪里，都将引用同一个固定的单元格。绝对引用使用“＄”符号表示，使用绝对引用时，在列标号及行标号前面加上一个“＄”符号。

例如：在“D2”单元格中输入公式“＝A2＋＄B＄2＋C2”，再用“D2”单元格的公式填充“D3”单元格，则“＄B＄2”单元格中的数据保持不变，还是 2，如图 5-45 所示。

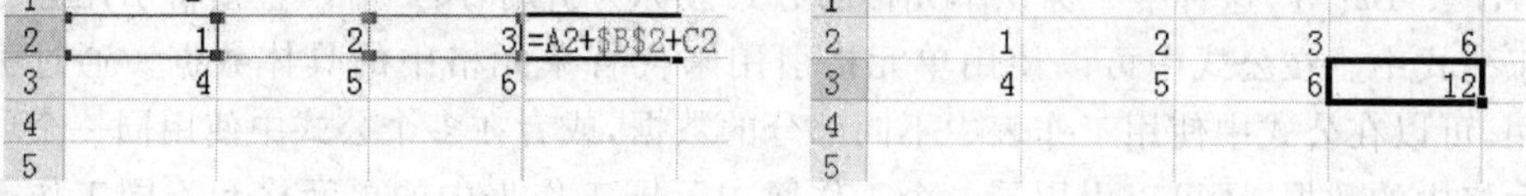

图 5-45　绝对引用

(三)混合引用

混合引用是一种介于相对引用和绝对引用之间的引用,也就是说,引用单元格的行和列之中一个是相对的,一个是绝对的。混合引用有两种:一种是行绝对,列相对,如"A＄2";另一种是行相对,列绝对,如"＄A 2"。

有些情况下,在复制公式时只需行或者只需列保持不变,这时就需要使用混合引用。所谓混合引用,是指在一个单元格地址引用中,既包含绝对单元格地址引用,又包含相对单元格地址引用。

例如:在"D2"单元格中输入公式"＝A2＋B＄2＋C2",再用"D2"单元格的公式填充"E3"单元格,则单元格地址"B＄2"中的行没变,而列已改变,成为"C",如图5-46所示。

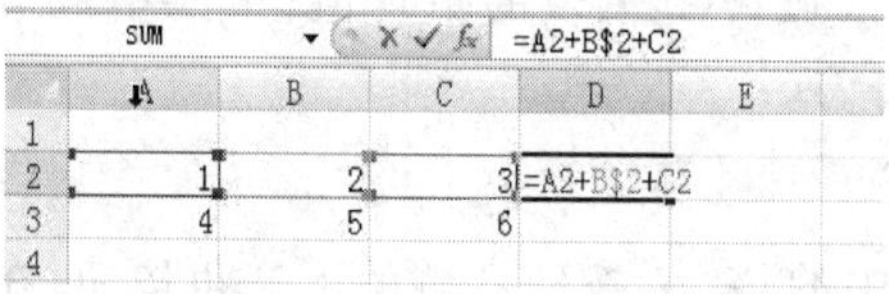

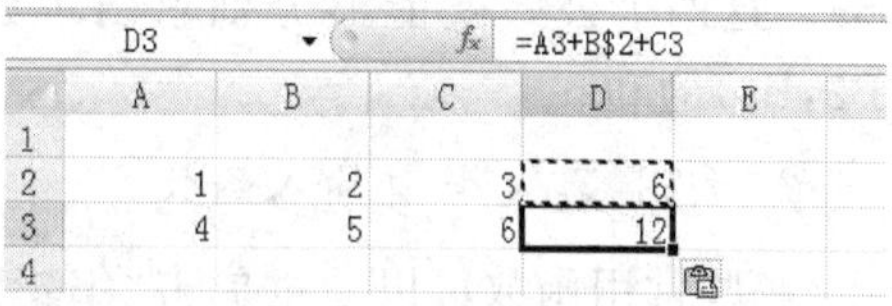

图5-46 混合引用

五、Excel 2007 函数

在 Excel 2007 单元格中可以使用公式完成许多计算,但是有一些计算无法用公式来完成,比如我们要求一组数值的最大值、最小值,或其他有条件的计算等,这就需要运用到函数。Excel 2007 提供了大量的内置函数,涉及许多工作领域,如财务、工程、统计、时间、日期、数学等,合理利用这些函数可以极大地提高工作效率。

(一)函数语法

函数实际上是 Excel 2007 预先定义好的公式,它们使用一些称为参数的特定数值,按特定的顺序或结构进行计算。Excel 2007 函数由 3 部分组成,即函数名称、括号和参数。其结构以等号"＝"开始,后面紧跟函数名称和左括号,然后以逗号分隔输入参数,最后是右括号。其语法结构为:

函数名称(参数1,参数2,…,参数N)

在函数中,各部分的意义如下:

- 函数名称:指出函数的含义,如求和函数 SUM,求平均值函数 AVERAGE。
- 括号:括住参数的符号,即使没有任何参数括号也不能省略。
- 参数:告诉 Excel 2007 所要执行的目标单元格或数值,可以是数字、文本、逻辑值、数组、错误值或单元格引用。各参数之间必须用逗号隔开。

例如，函数 SUM(B2:B6)中，SUM 为函数名，B2:B6 为函数的一个参数，即一个单元格区域，它是对 B2 到 B6 单元格的数值求和。

(二)输入函数

如果在工作表中使用函数，首先要输入函数。函数的输入可以采用手工输入和使用函数向导两种方法来实现。

1. 手工输入函数

对于一些简单的函数，可以采用手工输入的方法。先在编辑栏中输入一个“=”，然后直接输入函数本身。

例如，可以在单元格中输入这些函数：=AVERAGE(A1:A5)、=SUM(B2:B6)。这两个公式就能够分别求出单元格区域(A1:A5)的平均值、单元格区域(B2:B6)的和。

2. 利用 Σ ▾ 按钮输入函数

一些常用函数可以通过单击“编辑”组中的 Σ ▾ 按钮右侧的下三角按钮，在弹出的下拉菜单中选择相关函数来输入，如果下拉菜单中没有，可以单击“其他函数”打开“插入函数”对话框来选择函数，如图 5-47 所示。

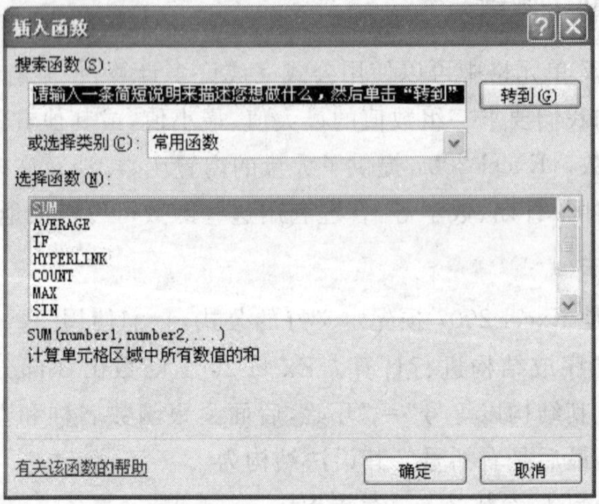

图 5-47 “插入函数”对话框

3. 利用“编辑栏”输入函数

在单元格中输入“=”，单击“编辑栏”左侧下三角按钮，将弹出函数选项板，可以选择相关函数来输入，如果选项板中没有，可以选择最下面“其他函数”打开“插入函数”对话框来选择函数。

六、常用函数的使用

在 Excel 2007 中，系统提供了 11 类函数，这些函数按功能来说分别为数据库函数、日期与时间函数、工程函数、财务函数、信息函数、逻辑函数、查询与引用函数、数学和三角函数、统计函数、文本函数和用户自定义函数。

下面以实例的形式，介绍一下常用函数的具体应用。

1. SUM()函数

功能：返回某一单元格区域中所有数字的和。

语法：SUM (number1，number2…)。

number1，number2…为 1～30 个需要求和的参数。

例如，在“成绩表”中求每个学生的总分。具体操作方法如下：

(1)单击 F3 单元格，输入“=”，如图 5-48 所示。

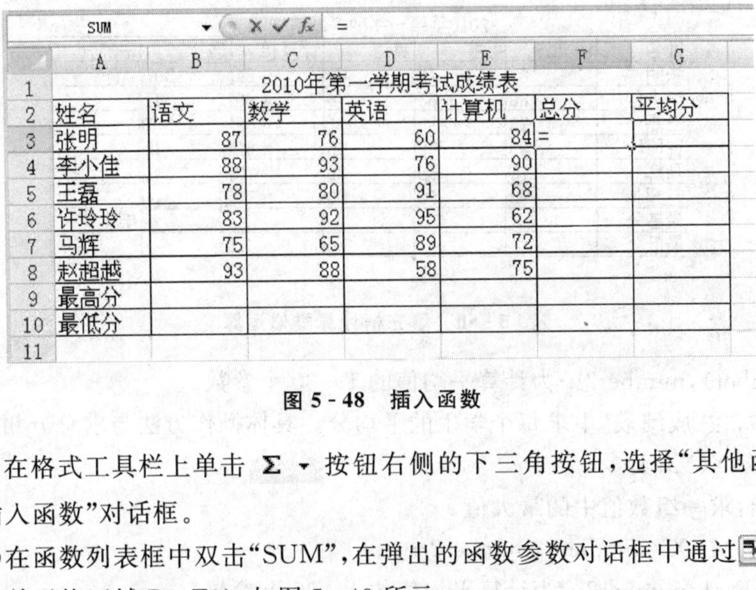

	A	B	C	D	E	F	G
1	2010年第一学期考试成绩表						
2	姓名	语文	数学	英语	计算机	总分	平均分
3	张明	87	76	60	84	=	
4	李小佳	88	93	76	90		
5	王磊	78	80	91	68		
6	许玲玲	83	92	95	62		
7	马辉	75	65	89	72		
8	赵超越	93	88	58	75		
9	最高分						
10	最低分						
11							

图 5-48 插入函数

(2)在格式工具栏上单击 Σ ▾ 按钮右侧的下三角按钮，选择“其他函数”，将弹出“插入函数”对话框。

(3)在函数列表框中双击“SUM”，在弹出的函数参数对话框中通过按钮选择参数(单元格区域 B3:E3)，如图 5-49 所示。

(4)单击“确定”按钮，F3 单元格将显示求和结果，下面相同的求和计算我们可以通过填充柄向下填充来实现，如图 5-50 所示。

2. AVERAGE()函数

功能：对所有参数求平均值。

语法：AVERAGE(number1，number2…)。

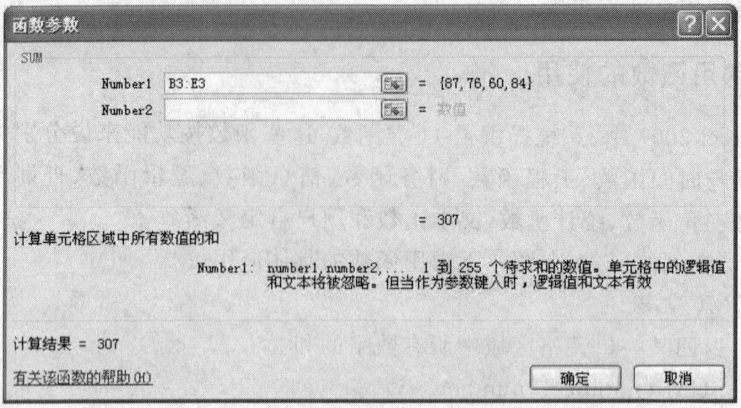

图 5-49 选择求和参数

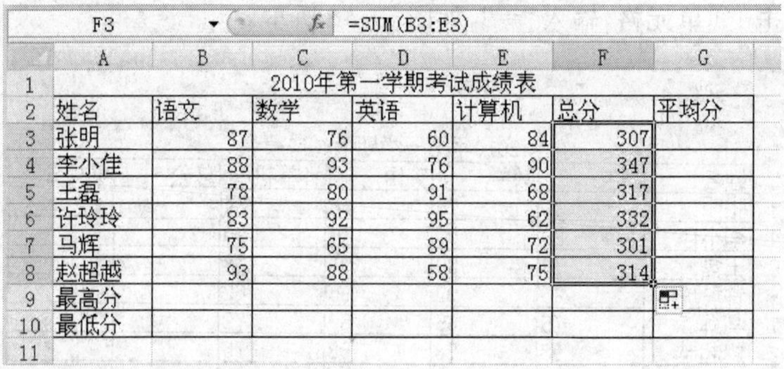

	A	B	C	D	E	F	G
1	2010年第一学期考试成绩表						
2	姓名	语文	数学	英语	计算机	总分	平均分
3	张明	87	76	60	84	307	
4	李小佳	88	93	76	90	347	
5	王磊	78	80	91	68	317	
6	许玲玲	83	92	95	62	332	
7	马辉	75	65	89	72	301	
8	赵超越	93	88	58	75	314	
9	最高分						
10	最低分						
11							

图 5-50 填充柄计算类似运算

number1,number2…为计算平均值的 1～30 个参数。

例如，在“成绩表”中求每个学生的平均分。具体操作方法与求总分相似。

3. MAX()函数

功能：求一组数值中的最大值。

语法：MAX (number1,number2…)。

number1,number2…为计算平均值的 1～30 个参数。

例如，在“成绩表”中求单科成绩的最高分。具体操作方法如下：

(1)单击要插入函数的 B9 单元格。

(2)在编辑栏中单击 f_x 按钮，打开“插入函数”对话框。

(3)在“或选择类别”下拉列表中选择“统计”选项，在“选择函数”列表中选择 MAX，如图 5-51 所示。

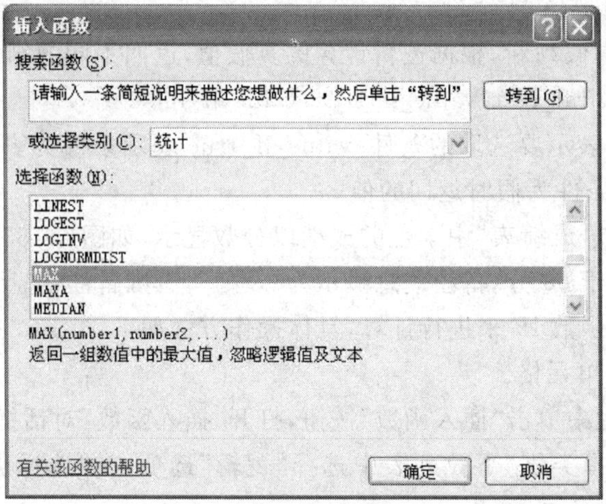

图 5-51 选择最大值函数

(4)单击“确定”按钮，在函数参数的对话框 Number1 中选择参数(B3:B8)。

(5)单击“确定”按钮，求出最大值的结果，如图 5-52 所示。

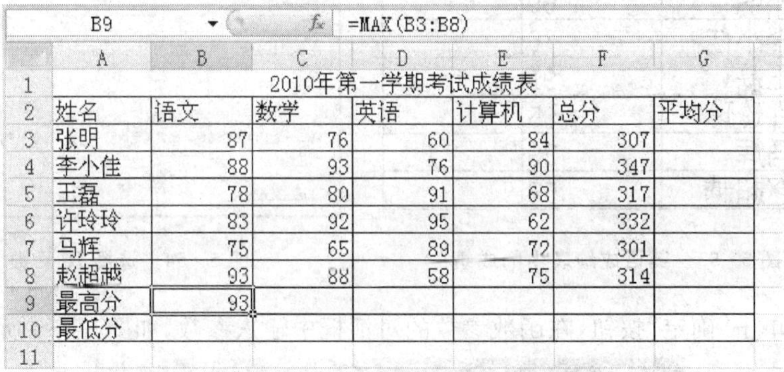

B9 =MAX(B3:B8)

	A	B	C	D	E	F	G
1	2010年第一学期考试成绩表						
2	姓名	语文	数学	英语	计算机	总分	平均分
3	张明	87	76	60	84	307	
4	李小佳	88	93	76	90	347	
5	王磊	78	80	91	68	317	
6	许玲玲	83	92	95	62	332	
7	马辉	75	65	89	72	301	
8	赵超越	93	88	58	75	314	
9	最高分	93					
10	最低分						
11							

图 5-52 求出最大值结果

(6)向右拖动该单元格的填充柄将函数复制到(C9:F9)单元格区域。

4. MIN()函数

功能：求一组数值中的最小值。

语法：MIN(number1，number2…)。

number1，number2…是 1～30 个参数值，从中求出最小值。

例如，在“成绩表”中求单科成绩的最低分。方法与求最大值相同。

5. IF()函数

功能：执行真假判断，根据逻辑计算的真假值，返回不同的结果。

语法：IF(logical_test, value_if_true, value_if_false)。

logical_test 表示要选取的条件，value_if_true 表示条件为真时返回的值，value_if_false 表示条件为假时返回的值。

例如，在“英语成绩表”中学生的成绩以分数显示，如图 5-53 所示。若某一同学的成绩大于等于 60 分，备注信息显示为“及格”，否则备注信息为“不及格”，此时就可以使用条件函数 IF 来进行计算，具体操作方法如下：

(1)单击 C3 单元格。

(2)在编辑栏中单击“插入函数”按钮，打开“插入函数”对话框。

(3)在“或选择类别”下拉列表中选择“逻辑”选项，在“选择函数”列表中选择 IF，如图 5-54 所示。

	A	B	C
1	英语成绩表		
2	姓名	英语	备注
3	张明	60	
4	李小佳	76	
5	王磊	91	
6	许玲玲	95	
7	马辉	89	
8	赵超越	58	

图 5-53 英语成绩表中的成绩

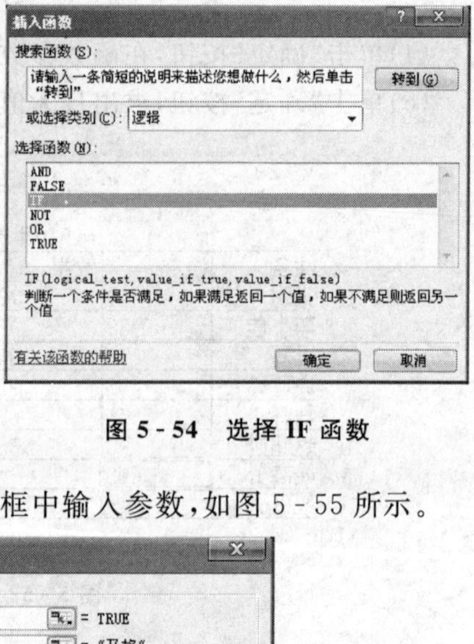

图 5-54 选择 IF 函数

(4)单击“确定”按钮，在函数参数的对话框中输入参数，如图 5-55 所示。

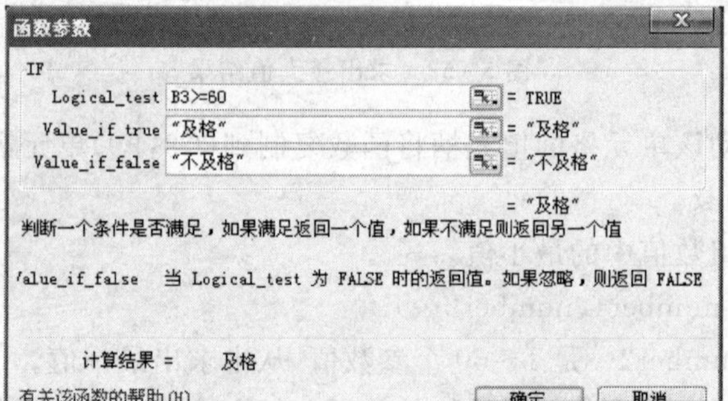

图 5-55 输入 IF 函数参数

(5)单击“确定”按钮，求出最大值的结果，如图 5-56 所示。

(6)向右拖动该单元格的填充柄将函数复制到(C4:C8)单元格区域。

6. SUMIF()函数

功能：对符合条件的单元格求和。

语法：SUMIF (range, criteria, sum-range)。

range 表示要进行计算的单元格区域。

criteria 表示确定符合相加的条件。

sum-range 表示需要求和的实际单元格区域。

	A	B	C
1	英语成绩表		
2	姓名	英语	备注
3	张明	60	及格
4	李小佳	76	
5	王磊	91	
6	许玲玲	95	
7	马辉	89	
8	赵超越	58	

图 5-56 IF 计算结果

例如，在图 5-57 所示的“销售表”中，用户需要计算销售额在 2 000 以上的销售额之和(包含 2 000)，具体操作方法如下：

B10 fx =SUMIF(B4:G8,">=2000")

	A	B	C	D	E	F	G
1							
2	嘉伟公司上半年销售统计表						
3	地域	一月	二月	三月	四月	五月	六月
4	华中	2230	2230	2100	2070	2089	2400
5	华北	1980	1870	1950	1988	1850	2140
6	东北	1870	1650	1760	1950	1880	1780
7	西南	2100	2090	1990	1890	1950	2050
8	西北	2100	2410	2050	1990	2100	2360
9							
10		32519					
11							

图 5-57 利用条件求和函数计算的结果

(1)在工作表“B10”单元格中输入函数＝SUMIF(B4:G8,"＞＝2000")，如图 5-59所示。

(2)单击“输入”按钮，即可得到计算结果。

7. COUNTIF()函数

功能：计算符合条件的单元格的个数。

语法:COUNTIF (range,criteria)。

range 表示需要计算满足条件的单元格数目的单元格区域。

criteria 表示确定哪些单元格将被计算在内的条件。

例如,在图 5-60 所示的“销售表”中,用户需要计算销售额在 2 000 以上的销售额的个数(包含 2 000),具体操作方法如下:

(1)在工作表“D10”单元格中输入函数=COUNTIF(B4:G8,″>=2000″),如图 5-60 所示。

(2)单击“输入”按钮,即可得到计算结果。

D10 ▾ *fx* =COUNTIF(B4:G8,">=2000")

	A	B	C	D	E	F	G
1							
2	嘉伟公司上半年销售统计表						
3	地域	一月	二月	三月	四月	五月	六月
4	华中	2230	2230	2100	2070	2089	2400
5	华北	1980	1870	1950	1988	1850	2140
6	东北	1870	1650	1760	1950	1880	1780
7	西南	2100	2090	1990	1890	1950	2050
8	西北	2100	2410	2050	1990	2100	2360
9							
10		32519		15			
11							

图 5-58 利用条件计数函数计算的结果

8. SUBTOTAL()函数

功能:对数据清单或数据库数值分类汇总

语法:SUBTOTAL(function-num,ref1,ref2…)

function-num 为 1~11 的数字,它指定分类汇总所使用的函数类型。

ref1, ref2…是要进行分类汇总计算的 1~29 个区域或引用。

9. NOW()函数

功能:返回系统的日期和时间。

语法:NOW()。

10. DAY() 、MONTH()、YEAR()函数

功能:这一组函数分别返回日期格式参数所对应的日、月、年。

语法:Function Name(serial-number)。

其中 serial-number 是日期型数值。

例如，我们在单元格 G3 中输入 2010 年 6 月 25 日。

则函数 DAY(G3)将返回日 25；

函数 MONTH(G3)将返回月 6；

函数 YEAR(G3)将返回年 2010。

11. HOUR()、MINUTE()、SECOND()函数

功能：返回时间格式数值的小时、分钟、秒。

12. TODAY()函数

功能：返回计算机内部设置的内部时钟当前日期。

语法：TODAY()。

第五节　数据管理

通过前面的学习我们可以完成数据的录入、计算等操作，在本节中将要学习对数据的一些管理方法，以便用户更加得心应手地对数据进行管理。Excel 2007 在管理和分析数据方面具有强大的功能，这一节中我们主要介绍单元格中的数据排序、数据筛选、数据分类及汇总、合并计算等这些日常工作中用得比较多的项目。

一、数据排序

数据的排序是指将一组数据按一定的顺序，比如由小到大(升序)，或由大到小(降序)来排列工作表的行，排序不能改变每一行本身的内容。

下面，我们以图 5-59 为例对表中的数据进行排序。

	A	B	C	D	E	F	G	H
1	望海学院教师工资表							
2	姓名	性别	学历	职称	岗位工资	薪级工资	补贴	总工资
3	李玉萧	男	本科	讲师	1200	850	300	2350
4	刘宏伟	男	研究生	教授	2000	1630	900	4530
5	魏玲玲	女	本科	讲师	1200	800	260	2260
6	史丹	女	研究生	副教授	1500	1350	380	3230
7	李浩	男	本科	教授	2000	1850	880	4730
8	王晓霞	女	本科	讲师	1200	810	350	2360
9	赵庆东	男	研究生	副教授	1500	1620	450	3570
10	张大光	男	本科	副教授	1500	1700	750	3950
11								

图 5-59　按一列数据排序

(一)按单列排序

按一列数据排序是最简单的一种排序方法，比如我们对图 5-59 的“望海学院教师工资表”按“总工资”的“降序”进行排序。其操作步骤如下：

单击“总工资”列中任意单元格，再单击“编辑”组中“排序和筛选”按钮，在弹出的下拉菜单中选择的“降序” ZA↓ 按钮，即可出现如图 5-60 的“降序”排序。

	A	B	C	D	E	F	G	H
1	望海学院教师工资表							
2	姓名	性别	学历	职称	岗位工资	薪级工资	补贴	总工资
3	李浩	男	本科	教授	2000	1850	880	4730
4	刘宏伟	男	研究生	教授	2000	1630	900	4530
5	张大光	男	本科	副教授	1500	1700	750	3950
6	赵庆东	男	研究生	副教授	1500	1620	450	3570
7	史丹	女	研究生	副教授	1500	1350	380	3230
8	王晓霞	女	本科	讲师	1200	810	350	2360
9	李玉萧	男	本科	讲师	1200	850	300	2350
10	魏玲玲	女	本科	讲师	1200	800	260	2260
11								

图 5-60　按单列排序

(二)按多列排序

利用“编辑”组中“排序和筛选”按钮进行排序非常方便快捷，但是只能按某一字段名的内容进行排序，如果要根据两个或两个以上字段名的内容进行较为复杂的排序，就需要使用多列排序。

Excel 2007 最多可以按 64 列数据进行排序。例如，将“望海学院教师工资表”先按“性别”升序排序，再按“总工资”降序排序，具体方法如下：

(1)在数据区域内单击任意一个单元格。

(2)单击“开始”选项卡，选择“编辑”组中“排序和筛选”按钮，在弹出的下拉菜单中选择“自定义排序”按钮，打开“排序”对话框。

(3)在“排序”对话框中的“主要关键字”列下拉列表中选择“性别”，“次序”下拉列表中选择“升序”按钮，如图 5-61 所示。

(4)单击“添加条件”，然后在下面“次要关键字”列下拉列表中选择“总工资”，次序下拉列表中选择“降序”按钮。

(5)单击“确定”按钮，出现如图 5-62 所示的排列效果。

在“排序”对话框中如果选中“数据包含标题”单选按钮，则表示在排序时保留记录的字段名称行，字段名称行不参与排序。如果未选中“数据包含标题”单选按钮，则表示在排序时删除字段名称行，字段名称行中的数据也参与排序。

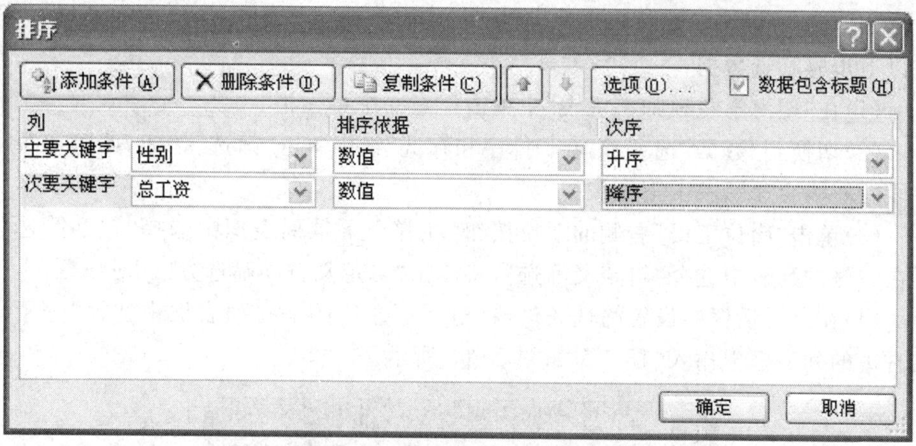

图 5-61 按多列进行排序

	A	B	C	D	E	F	G	H
1	望海学院教师工资表							
2	姓名	性别	学历	职称	岗位工资	薪级工资	补贴	总工资
3	李浩	男	本科	教授	2000	1850	880	4730
4	刘宏伟	男	研究生	教授	2000	1630	900	4530
5	张大光	男	本科	副教授	1500	1700	750	3950
6	赵庆东	男	研究生	副教授	1500	1620	450	3570
7	李玉萧	男	本科	讲师	1200	850	300	2350
8	史丹	女	研究生	副教授	1500	1350	380	3230
9	王晓霞	女	本科	讲师	1200	810	350	2360
10	魏玲玲	女	本科	讲师	1200	800	260	2260
11								

图 5-62 按多列排序后的效果

二、数据筛选

筛选是指为工作表中的数据指定某些特定的条件，使工作表中只显示满足条件的数据记录，其他不符合条件的数据记录全部隐藏起来。

Excel 2007 提供了 2 个筛选命令：用于简单条件的“自动筛选”和用于复杂条件的“高级筛选”。与排序不同，筛选并不重排记录，只是暂时隐藏不必显示的行（记录）。

(一)自动筛选

例如,在“望海学院教师工资表”中筛选出“岗位工资”为 1 500 的记录,就可以按以下步骤筛选数据:

(1)在“望海学院教师工资表”中单击任意一个单元格。

(2)切换到“数据”选项卡,在“排序和筛选”组中单击“筛选”按钮,此时在每个字段的右侧会显示一个下拉按钮。

(3)单击“岗位工资”右侧的下拉按钮,在弹出下拉列表框中选择“数字筛选”,再在右侧的列表中选择“自定义筛选”,将弹出“自定义自动筛选方式”对话框。

(4)在该对话框中设置筛选条件:在对话框左边的下拉列表框中选择“等于”,在右边的列表框中输入“1500”,如图 5-63 所示。

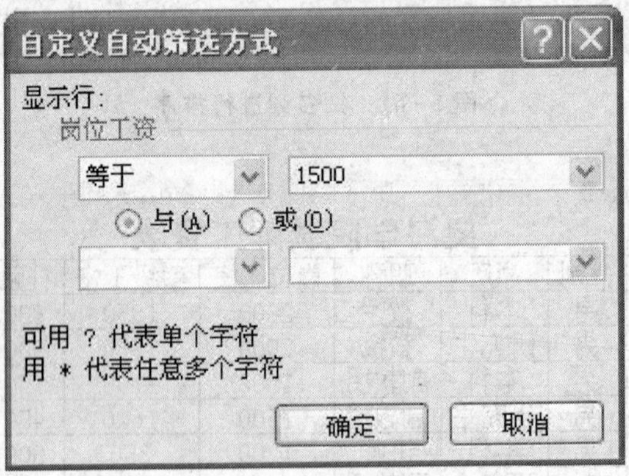

图 5-63 “自定义自动筛选方式”对话框

(5)单击“确定”按钮,筛选完毕。筛选结果如图 5-64 所示,只显示了“岗位工资”为 1500 的记录,而隐藏了其他数据行。

	A	B	C	D	E	F	G	H
1	望海学院教师工资表							
2	姓名	性别	学历	职称	岗位工资	薪级工资	补贴	总工资
5	张大光	男	本科	副教授	1500	1700	750	3950
6	赵庆东	男	研究生	副教授	1500	1620	450	3570
11								

图 5-64 筛选结果

自动筛选功能也能设置多项筛选条件,比如不仅要筛选“岗位工资”为 1500,而且“性别”为男的记录,可以在图 5-64 所示的“岗位工资”为 1500 的记录中再单击“性别”单元格右侧的下拉按钮，进行相应设置即可。

在筛选后的数据表中用户可以发现：使用了自动筛选的字段，其字段名右边的下三角箭头变成了，而且行号也呈现为蓝色。

（二）恢复隐藏的数据

如果查看过已经筛选的数据以后，还想恢复原来的全部记录，可以单击“数据”选项卡，在“排序和筛选”组中再次单击“筛选”按钮。

（三）高级筛选

如果需要进行筛选的数据列表中的字段比较多，筛选条件又比较复杂，则使用自动筛选就显得非常麻烦，此时使用高级筛选将可以非常简单地对数据进行筛选。

使用高级筛选时，必须先建立一个条件区域，输入筛选字段名称，并在其下方输入筛选条件，然后打开“高级筛选”对话框，设置筛选条件。“高级筛选”可以和“自动筛选”一样对数据列表进行数据筛选，但与“自动筛选”不同的是，使用“高级筛选”将不显示字段名的下拉列表，而是在区域下方单独的条件区域中键入筛选的条件，条件区域允许设置复杂的条件筛选。需要注意的是，条件区域和数据列表不能连接在一起，必须用一条空记录将其隔开。对于比较复杂的数据筛选，使用“高级筛选”可以大大提高工作效率。

例如，在“望海学院教师工资表”中筛选出性别为男，岗位工资大于等于 1 500，总工资大于 3 900 的记录，其操作步骤如下：

(1)在条件区域中输入列标志和进行筛选的条件，如图 5-65 所示。

	A	B	C	D	E	F	G	H
1	望海学院教师工资表							
2	姓名	性别	学历	职称	岗位工资	薪级工资	补贴	总工资
3	李浩	男	本科	教授	2000	1850	880	4730
4	刘宏伟	男	研究生	教授	2000	1630	900	4530
5	张大光	男	本科	副教授	1500	1700	750	3950
6	赵庆东	男	研究生	副教授	1500	1620	450	3570
7	李玉萧	男	本科	讲师	1200	850	300	2350
8	史丹	女	研究生	副教授	1500	1350	380	3230
9	王晓霞	女	本科	讲师	1200	810	350	2360
10	魏玲玲	女	本科	讲师	1200	800	260	2260
11								
12				性别	岗位工资	总工资		
13				男	>=1500	>3900		
14								

图 5-65　输入筛选条件

(2)选择数据区域内任意一个单元格。切换至“数据”选项卡,单击“排序和筛选”组中的“高级”按钮,打开“高级筛选”对话框,如图 5-66 所示。

(3)默认选择“在原有区域显示筛选结果”单选按钮,表示在原区域上进行筛选,且 Excel 2007 自动选择工作表中的列表区域,用户无须设置“列表区域”。

(4)单击“条件区域”右侧的“跳转”按钮,切换至工作表,选择前面输入的筛选条件所有单元格(D12:F13)。

(5)单击“确定”按钮,即可在原区域中显示出筛选结果,如图 5-67 所示。

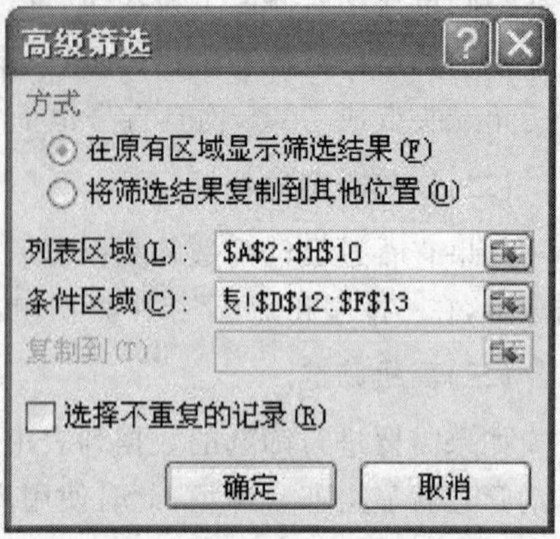

图 5-66 “高级筛选”对话框

	A	B	C	D	E	F	G	H
1	望海学院教师工资表							
2	姓名	性别	学历	职称	岗位工资	薪级工资	补贴	总工资
3	李浩	男	本科	教授	2000	1850	880	4730
4	刘宏伟	男	研究生	教授	2000	1630	900	4530
5	张大光	男	本科	副教授	1500	1700	750	3950
11								
12				性别	岗位工资	总工资		
13				男	>=1500	>3900		
14								

图 5-67 高级筛选结果

三、数据的分类汇总

分类汇总是对数据列表进行数据分析的一种方法。分类汇总对数据列表中指定的字段进行分类,然后统计同一类记录的有关信息。利用自动分类汇总可实现一组或多组数据的分类汇总、求和,还可以求平均值、最大值、最小值,计数,求标准偏差及总计方差等。

在进行分类汇总前先确定 2 点:一是进行分类汇总的列已经排好序,二是工作表中的各列都包含列标题。

(一)插入分类汇总

例如,对“望海学院教师工资表”以职称为单位求总工资的平均值,操作步骤如下:

(1)选择“职称”字段的任意单元格,切换到“数字”选项卡,单击“排序和筛选”组中“升序”按钮,将“职称”字段按“升序”排列好。

(2)选中数据区域内的任意一个单元格。

(3)单击“分级显示”组中的“分类汇总”按钮,弹出“分类汇总”对话框。在“分类字段”中选择“职称”,在“汇总方式”中选择“平均值”,在“选定汇总项”中选择“总工资”,如图 5-68 所示。

(4)单击“确定”按钮,分类汇总完毕,结果如图 5-69 所示。

提示:在分类汇总时,要进行分类汇总的数据列表必须有字段名,即每一列的数据都要有列标题,同类型的数据要连续,Excel 2007 根据列标题及连续的数据类型来创建数据组并计算总和。

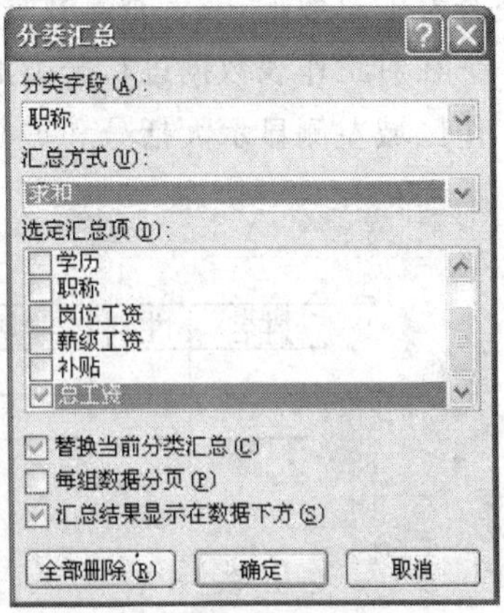

图 5-68 “分类汇总”对话框

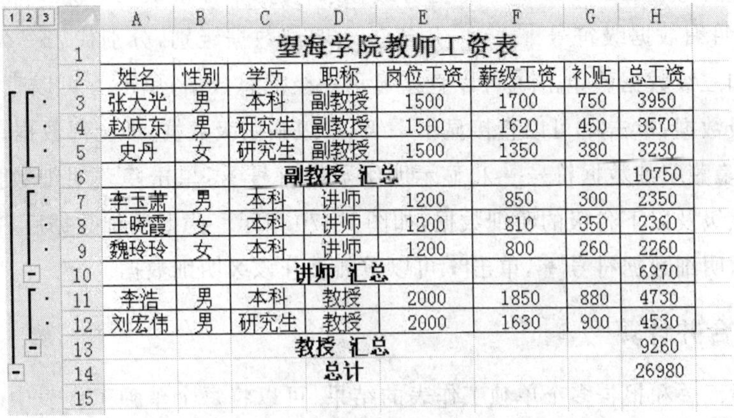

	A	B	C	D	E	F	G	H
1	望海学院教师工资表							
2	姓名	性别	学历	职称	岗位工资	薪级工资	补贴	总工资
3	张大光	男	本科	副教授	1500	1700	750	3950
4	赵庆东	男	研究生	副教授	1500	1620	450	3570
5	史丹	女	研究生	副教授	1500	1350	380	3230
6				副教授 汇总				10750
7	李玉萧	男	本科	讲师	1200	850	300	2350
8	王晓霞	女	本科	讲师	1200	810	350	2360
9	魏玲玲	女	本科	讲师	1200	800	260	2260
10				讲师 汇总				6970
11	李浩	男	本科	教授	2000	1850	880	4730
12	刘宏伟	男	研究生	教授	2000	1630	900	4530
13				教授 汇总				9260
14				总计				26980
15								

图 5-69 分类汇总后的结果

(二)删除分类汇总

删除分类汇总的操作步骤如下:

(1)选中分类汇总数据表中的任意单元格,切换至“数据”选项卡,单击“分级显示”组中的“分类汇总”按钮。

(2)在打开的“分类汇总”对话框中,单击左下角的“全部删除”按钮,则数据表恢复到原始状态。

(三)分级显示数据

在工作表中进行了分类汇总后,会同时显示原数据和汇总后的数据。为了方便查看汇总数据,或者查看数据清单中的明细数据,可以分级显示其中的数据。

在对工作表数据进行分类汇总后,工作区域左上角会出现1、2、3的数字,并在工作区域左侧显示大括号和折叠图标,如图5-70所示。

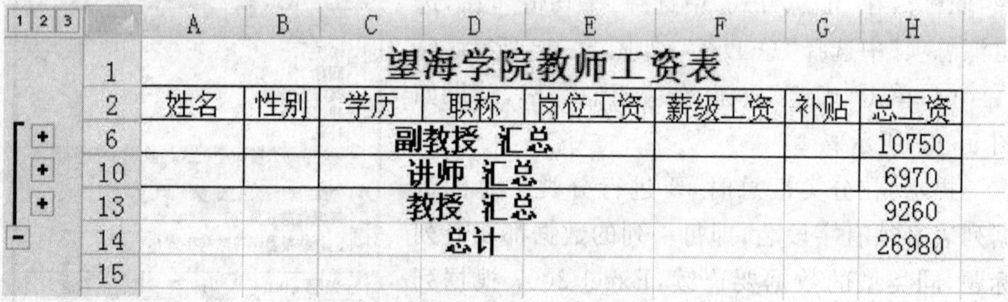

图5-70 隐藏明细数据

这些符号在Excel 2007中称为分级显示符号,下面认识一下这些符号。

(1)明细数据级符号 1 2 3:用于表示明细数据级别,分别代表一级数据、二级数据和三级数据。单击 1 可以直接显示一级汇总数据;单击 2 可以直接显示一级和二级数据;单击 3 可以直接显示一级、二级和三级数据,即全部数据。

(2)隐藏明细数据符号 - 和显示明细数据符号 +:单击隐藏明细数据符号 - 可隐藏该级及以下各级的明细数据,如图5-70所示。隐藏明细数据后, - 符号会变成显示明细数据符号 +,单击 + 可以重新展开该级明细数据。

四、合并计算

若要汇总和报告多个单独工作表的结果,可以将每个单独工作表中的数据合并计算到一个主工作表中。Excel 2007提供了2种合并计算的方法:一是按位置合并计算,即将源区域中相同位置的数据汇总;二是按分类合并计算,当源区域中没有相同的布局时,则采用分类方式进行汇总。

(一)按位置合并计算

按位置合并计算数据,是指将源区域中相同位置的数据汇总。它适合具有相同结构数据区域的计算，即数据列数相同、数据标题相同，只是包含的数据不同。值得注意的是：主工作表的标题用户只能手动输入或从子工作表中复制，不能通过合并计算的方式创建。

如图 5-71 所示的是丰达公司 A、B 两个部门第一季度的销售情况表，这两个工作表在相同的位置上具有相同的数据项，此时用户可以利用按位置合并计算的功能对两个工作表进行汇总，具体操作方法如下：

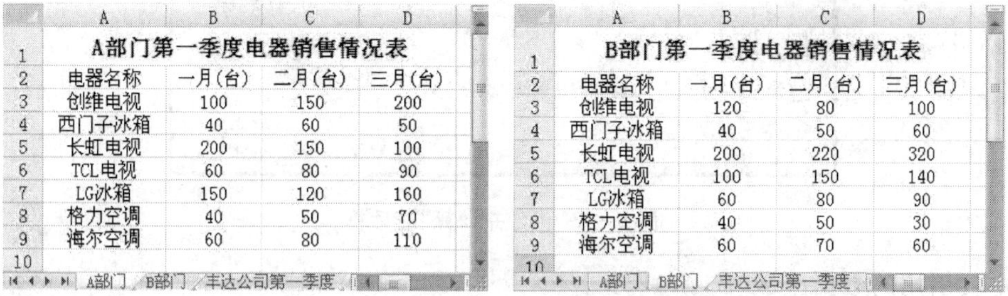

	A	B	C	D
1	A部门第一季度电器销售情况表			
2	电器名称	一月(台)	二月(台)	三月(台)
3	创维电视	100	150	200
4	西门子冰箱	40	60	50
5	长虹电视	200	150	100
6	TCL电视	60	80	90
7	LG冰箱	150	120	160
8	格力空调	40	50	70
9	海尔空调	60	80	110
10				

	A	B	C	D
1	B部门第一季度电器销售情况表			
2	电器名称	一月(台)	二月(台)	三月(台)
3	创维电视	120	80	100
4	西门子冰箱	40	50	60
5	长虹电视	200	220	320
6	TCL电视	100	150	140
7	LG冰箱	60	80	90
8	格力空调	40	50	30
9	海尔空调	60	70	60
10				

图 5-71　按位置合并计算的原始数据

(1)创建一个新的工作表，在工作表中输入如图 5-72 所示的数据，并在工作表中选中(B3:D9)单元格区域。

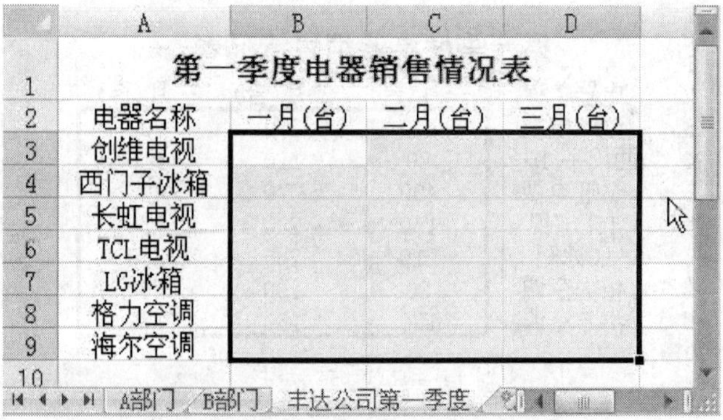

	A	B	C	D
1	第一季度电器销售情况表			
2	电器名称	一月(台)	二月(台)	三月(台)
3	创维电视			
4	西门子冰箱			
5	长虹电视			
6	TCL电视			
7	LG冰箱			
8	格力空调			
9	海尔空调			
10				

图 5-72　合并计算的目标区域

(2)切换至“数据”选项卡，单击“数据工具”组中的“合并计算”按钮，打开“合并计算”对话框，如图 5-73 所示。

(3)在“函数”下拉列表中选择“求和”。

(4)在“引用位置”文本框中输入源引用位置，或者单击“引用位置”文本框右边的折叠按钮，打开一个区域引用对话框，单击“A 部门”工作表，然后在工作表中选

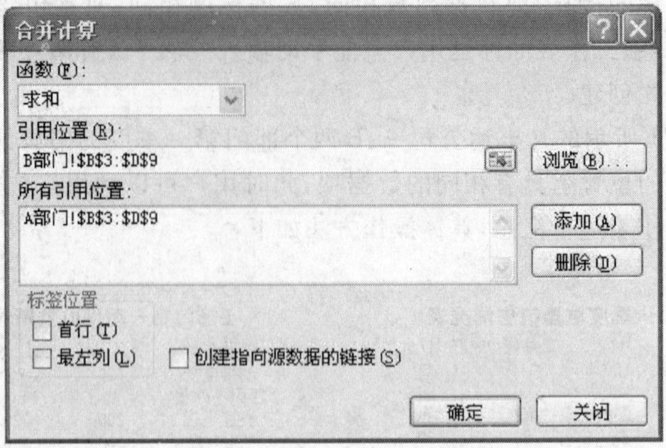

图 5-73 “合并计算”对话框

中要引用的数据区域(B3:D9)。

(5)再次单击折叠按钮,返回到“合并计算”对话框,单击“添加”按钮。

(6)重复第 4、第 5 步,加入“B 部门”的引用位置到“所有引用位置”列表框。

(7)单击“确定”按钮,得到汇总的结果,如图 5-74 所示。

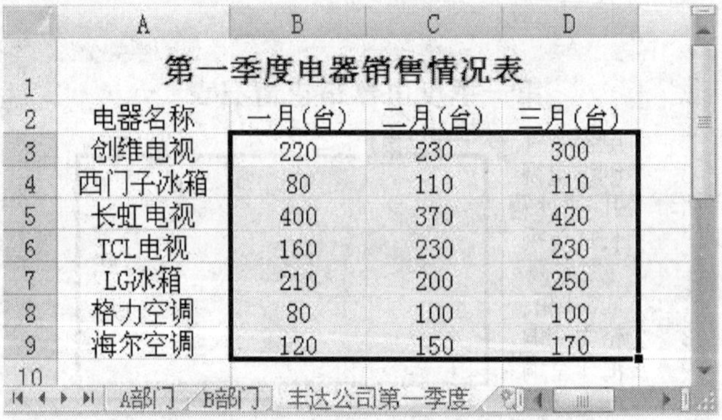

图 5-74 按位置合并计算结果

(二)按分类合并计算

分类合并计算数据,是指当多重源区域包含相似的数据却以不同的方式排列时,可依不同分类进行数据的合并计算。

如图 5-75 的丰达公司 A、B 两个部门的两个工作表中在相同的位置上不具有相同的数据项,此时可以利用分类进行合并计算,具体操作方法如下:

(1)创建一个新的工作表,并选中放置合并数据区域最左上角的单元格。

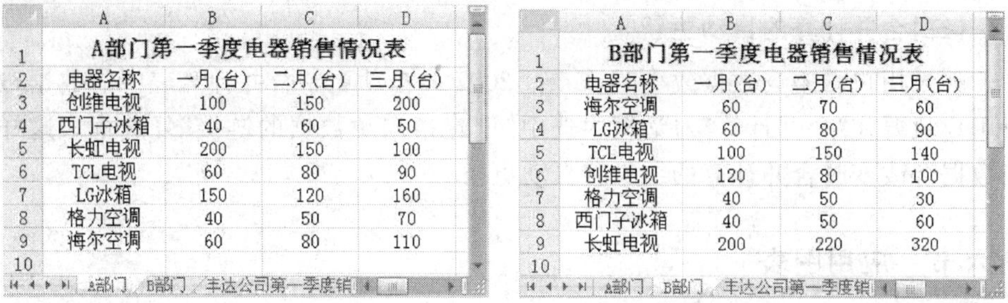

A部门第一季度电器销售情况表			
电器名称	一月(台)	二月(台)	三月(台)
创维电视	100	150	200
西门子冰箱	40	60	50
长虹电视	200	150	100
TCL电视	60	80	90
LG冰箱	150	120	160
格力空调	40	50	70
海尔空调	60	80	110

B部门第一季度电器销售情况表			
电器名称	一月(台)	二月(台)	三月(台)
海尔空调	60	70	60
LG冰箱	60	80	90
TCL电视	100	150	140
创维电视	120	80	100
格力空调	40	50	30
西门子冰箱	40	50	60
长虹电视	200	220	320

图 5-75 按分类进行合并计算的原始数据

(2)切换至“数据”选项卡,单击“数据工具”组中的“合并计算”按钮,打开“合并计算”对话框,在“函数”下拉列表中选择“求和”。

(3)在“引用位置”文本框中输入源引用位置,或者单击“引用位置”文本框右边的折叠按钮,打开一个区域引用对话框,单击“A 部门”工作表,然后在工作表中选中要引用的数据区域。

(4)再次单击折叠按钮,返回到“合并计算”对话框,单击“添加”按钮。

(5)重复第 3、第 4 步,加入“B 部门”的引用位置到“所有引用位置”列表框。

(6)选中“首行”和“最左列”复选框,如图 5-76 所示。

(7)单击“确定”按钮,得到汇总的结果,如图 5-77 所示。

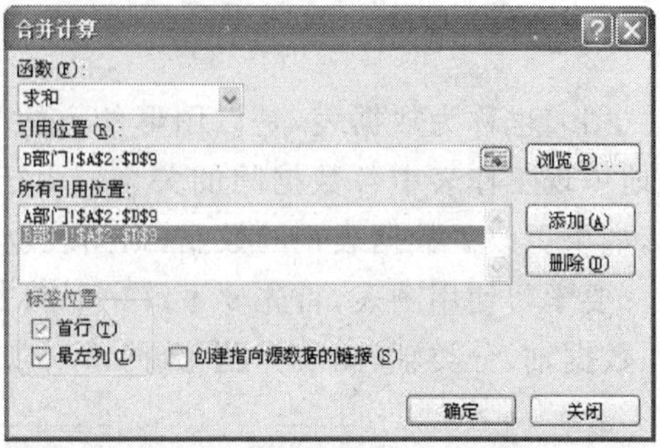

图 5-76 “合并计算”对话框

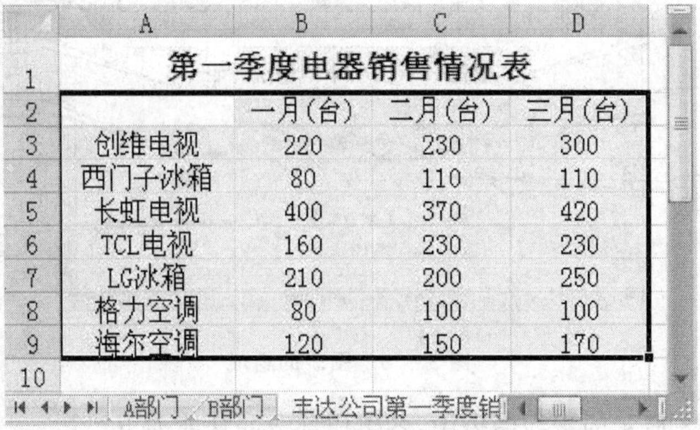

第一季度电器销售情况表			
	一月(台)	二月(台)	三月(台)
创维电视	220	230	300
西门子冰箱	80	110	110
长虹电视	400	370	420
TCL电视	160	230	230
LG冰箱	210	200	250
格力空调	80	100	100
海尔空调	120	150	170

图 5-77 按分类合并计算结果

(三)合并计算的自动更新

如果用户希望当数据改变时,Excel 2007 会自动更新合并计算表中的数据,这时用户只要在“合并计算”对话框中选中“创建指向源数据的链接”复选框。这样,当数据源改变时合并计算的结果将自动更新。

第六节 应用图表

Excel 2007 处理数据的功能非常强大,但是只对乏味的数据进行操作,难免让人疲劳,且不易于分析各数据之间的关系。为了解决这个问题,Excel 2007 提供了处理数据的另一种方法:图表。图表在 Excel 2007 中占有相当重要的位置,本节将向读者介绍图表的应用方法,以便用户创建出符合要求的图表,能够直观地分析出各数据间的关系。

一、图表概述

图表也称为数据表,是以图形的方式显示 Excel 2007 工作表中的数据,可直观地体现工作表中各数据间的关系。由于图表是以工作表中的数据为基础创建的,如果更改了数据表中的数据,则图表也会相应地更改。

要学习使用图表,首先要了解一下图表的组成结构,它是由图表区、绘图区、图例、数据轴、分类轴、图表标题、数据系列以及网格线组成,如图 5-78 所示。

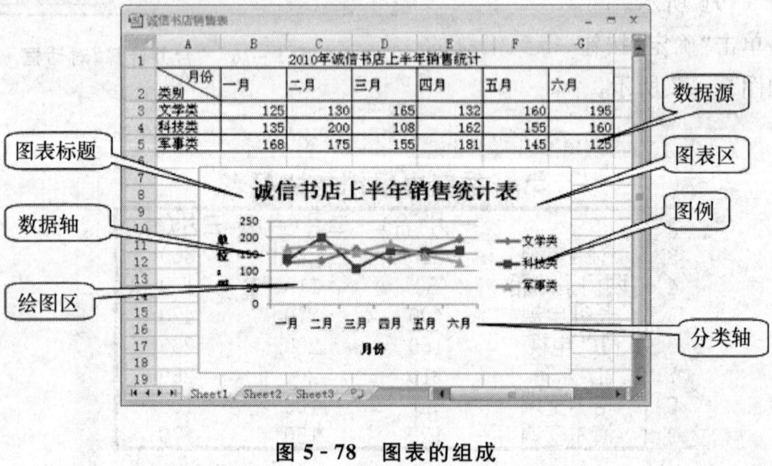

图 5-78 图表的组成

在图 5-78 所示的折线图表中,各组成部分的功能如下:

• 图表区：它是整个图表的背景区域，包括了所有的数据信息以及图表辅助的说明信息。

• 绘图区：是图表呈现的主体，是图表中最重要的组成部分，它根据用户设定的图表类型显示工作表中的数据信息。

• 图表标题：图表中标题分为两类：图表主标题和坐标轴标题。默认情况下，图表主标题一般位于绘图区顶端的中心位置，而水平坐标轴标题位于水平坐标轴的下方，垂直坐标轴标题位于垂直坐标轴的左侧，如图 5-78 中 Y 轴左侧的“单位：册”，X 轴下方的“月份”。

• 网格线：网格线是图标中为了查看数据方便而添加的辅助线条。一般情况下，只显示主要水平网格，如图 5-78 所示。根据方向的不同可将网格线分为：水平网格线和垂直网格线；根据辅助关系的不同可将网格线分为：主要网格线和次要网格线。

• 坐标轴：坐标轴一般分为垂直坐标轴和水平坐标轴。水平坐标轴通常用于显示数据类别，也称为分类轴或 X 轴；垂直坐标轴通常用于显示数据，也称为数据轴或 Y 轴。在三维图表中，还包含了一条与水平、垂直坐标轴垂直的轴线，被称为 Z 轴。

• 数据系列：绘制在图表中的一组相关数据点就是一个数据系列。图表中的每一个数据系列都具有特定的颜色或图案，并在图表的图例中进行了描述。

• 图例：是用来表示图表中各个数据系列的名称或者分类而指定的图案和颜色。

在创建图表之前，我们还应该了解一些图表的形状及其反映数据的特点。浏览图表的方法是：

(1)创建或打开一个工作表，切换到“插入”选项卡，单击“图表”组右下角的“创建图表”按钮，就会打开如图 5-79 所示的“插入图表”对话框。

(2)在左边选择图表类型，对话框右边的窗口就会显示该图表的子类型的各种形状，供用户浏览和选择。

通常的情况下，图表的类型与反映数据的特点是：

• 柱形图：用来表示一段时间内数据的变化或者各项之间的比较。柱形图通常用来强调数据随时间变化而变化。

• 折线图：用来显示等间隔数据的变化趋势。主要用于显示产量、销售额或股票市场随时间变化的趋势。

• 饼图：用于显示数据系列中每一项站该系列数值总和的比例关系。当需要知道某项占总数的百分比时，可使用该类图表。

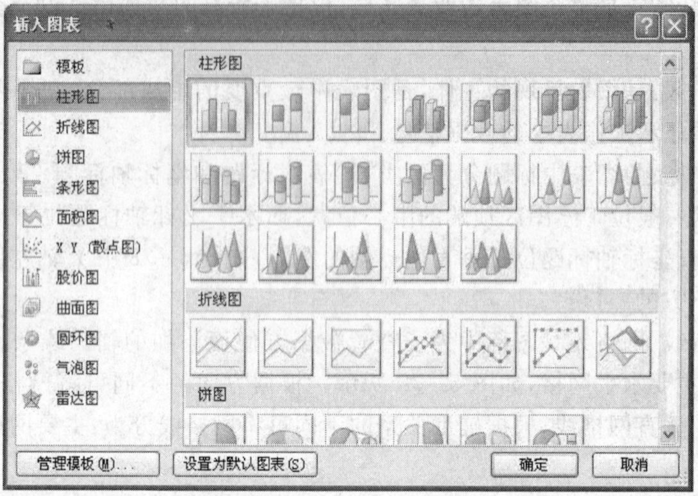

图 5-79 “插入图表”对话框

• 条形图：用来显示不连续的且无关的对象的差别情况，这种图表类型淡化数值随时间的变化而变化，能突出数值的比较。

• 面积图：用于强调数值随时间而变化的程度，也可用于引起人们对总值趋势的注意。

• 散点图：用于显示几个数据系列中数据间的关系，常用于分析科学数据。

我们可以根据数据的特点和具体使用环境来决定使用哪种图表，下面我们来介绍图表的创建方法。

二、创建图表

为数据表格创建图表有 2 种方法：一种是通过“图表”组创建图表；另一种是通过对话框创建图表。

(一)通过“图表”组创建图表

通过“图表”创建图表的方法比较简单，下面以“诚信书店销售表”为例，创建“簇状柱形图”，其具体操作步骤如下：

(1)创建一张空工作表，输入如下数据，如图 5-80 所示，选中(A2:G5)区域作为“图表数据源”。

(2)切换到“插入”选项卡，在“图表”组中单击 “柱形图”按钮，在弹出的下拉列表“二维柱形图”选项组中选择“簇状柱形图”选项，如图 5-81 所示。

(3)返回工作表中即可看到刚插入的簇状柱形图的效果，如图 5-82 所示。

	A	B	C	D	E	F	G
1	2010年诚信书店上半年销售统计						
2	月份 类别	一月	二月	三月	四月	五月	六月
3	文学类	125	130	165	132	160	195
4	科技类	135	200	108	162	155	160
5	军事类	168	175	155	181	145	125

图 5-80 图表数据源

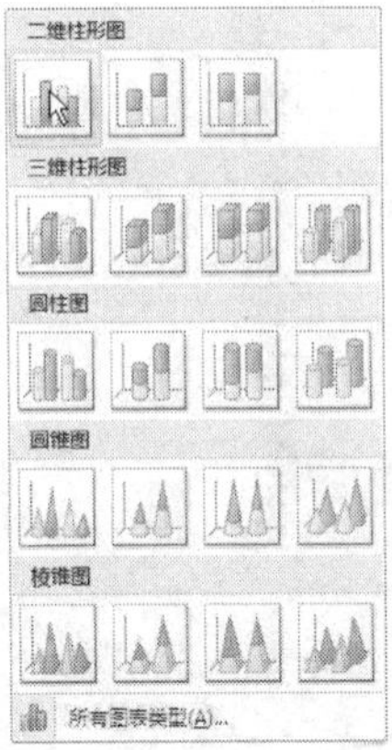

图 5-81 选择图表类型

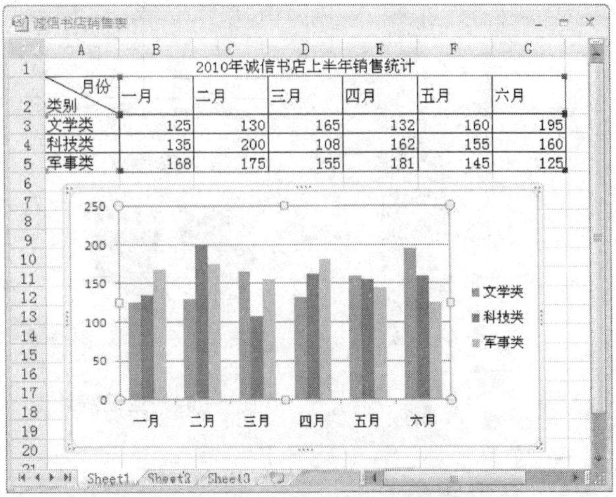

图 5-82 插入图表后的效果

(二)通过对话框创建图表

通过对话框创建图表比通过“图表”组创建图表要复杂些，下面以“业绩统计表”为例，创建“簇状柱形图”，其具体操作步骤如下：

(1)创建一张空工作表，输入如下数据，如图 5-83 所示，选中(B2:C7)区域作为“图表数据源”。

(2)切换到“插入”选项卡，单击“图表”组右下角的“创建图表” 按钮，在打开的“插入图表”对话框中选择“饼图”中的“分离型三维饼图”，结果如图 5-84 所示。

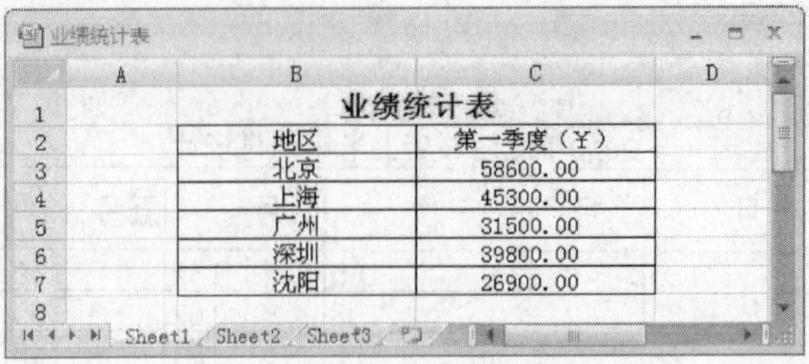

图 5-83 业绩统计表

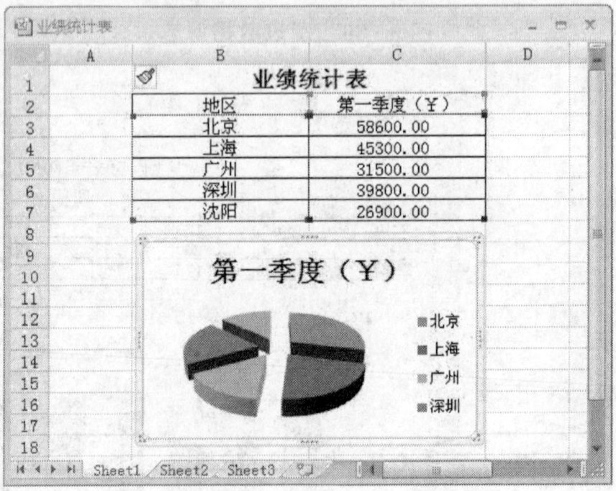

图 5-84 业绩统计表

三、编辑图表

图表创建完成后，可以对其进行编辑。编辑图表包括更改图表位置和大小、更改图表类型、修改图表数据、添加图表标题等等。

(一)移动图表和更改图表大小

创建好的图表如果位置和大小不合适，可以进行相应调整，直到我们满意为止。

1. 移动图表

如果要在当前工作表内移动图表，可先单击图标区，当鼠标光标变成形状，按住鼠标左键不放，此时鼠标光标变成形状，拖动鼠标到适当位置，释放鼠标即可，拖放后的效果如图 5-85 所示。

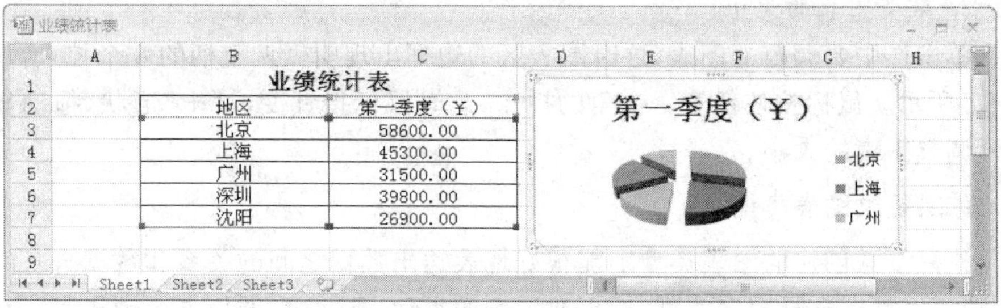

图 5-85　移动图表位置

如果要将图表移动到另一个工作表中，可先激活图表，然后切换到“设计”选项卡，单击“位置”组中的“移动图表”按钮，将弹出如图 5-86 所示的“移动图表”对话框，从中选择图表的新位置，单击“确定”按钮，结果如图 5-87 所示。

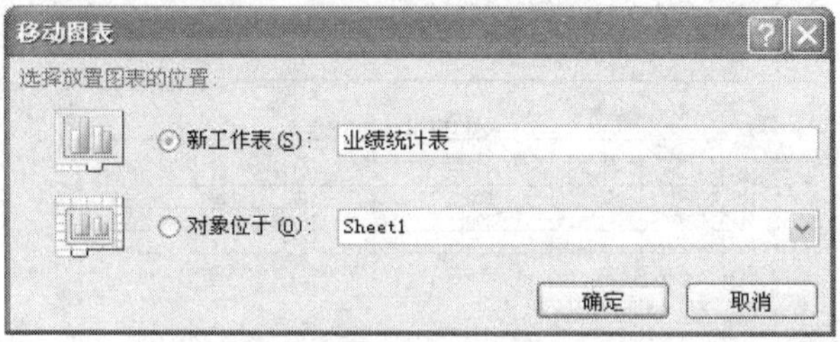

图 5-86　“移动图表”对话框

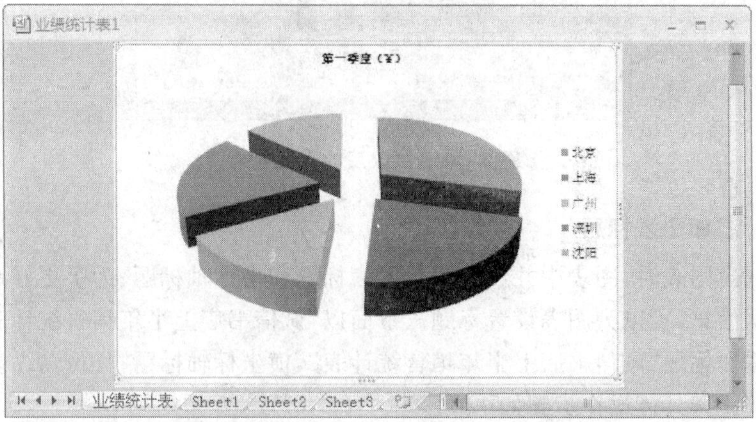

图 5-87　工作表图表效果

2. 调整图表的大小

单击选中要调整的图表，这时图表区的边框出现叫做调整柄的8个控点，如图5-87所示。鼠标按住任意一个角的控点，此时鼠标指针变成“＋”形状，拖动鼠标即可调整图表的大小。

(二)更改图表类型

如果感觉创建的图表类型不能很好地表达出数据之间的关系和数据自身的含义，则可以重新选择图表类型，即更改图表的类型，下面以“诚信书店销售表”为例，更改图标类型为“三维堆积柱形图”，其具体操作步骤如下：

(1)选中图表，切换到“设计”选项卡，鼠标单击“类型”组中的“更改图表类型”按钮。

(2)在弹出的“更改图表类型”对话框中选择“三维堆积柱形图”，单击“确定”按钮，即可修改图表类型，如图5-88所示。

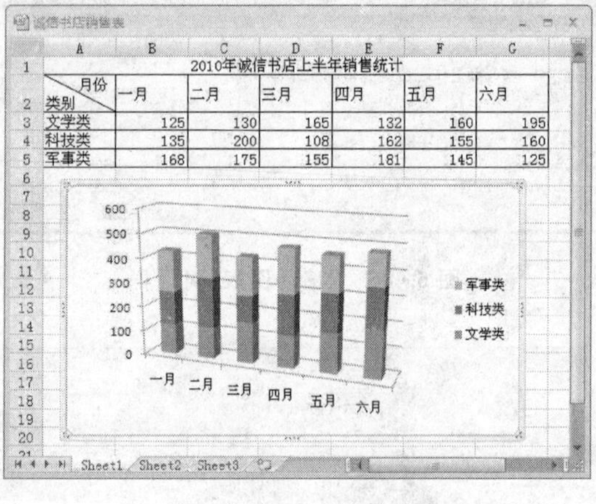

图5-88　更改后的最后效果

(三)添加图表标题

在创建图表时，图表中并没有显示图表标题和坐标轴标题，为了更好地让图表显示数据信息，可以为图表设置标题。下面以“诚信书店上半年销售统计表”为例，为图表添加标题“诚信书店上半年销售统计表”，横坐标轴标题“月份”、纵坐标轴标题“数量”。其具体操作步骤如下：

(1)选中图表，切换到“布局”选项卡，鼠标单击“标签”组中的“图表标题”下拉列表中“图表上方”选项，返回工作表输入“诚信书店上半年销售统计表”即可。

(2)再单击“坐标轴标题”按钮，分别选择“主要横坐标轴标题”、“主要纵坐标轴标题”及位置，输入相应的标题，如图 5-89 所示。

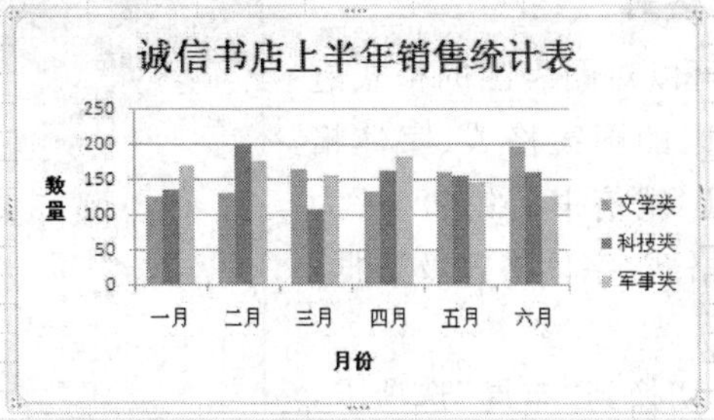

图 5-89　设置标题后的图表

(四)更改图表数据

创建了图表后，可能需要在工作表上对其源数据进行更改。图表数据的更改包括更改图表数值、添加图表数据和删除图表数据。这些修改在日常工作中会经常遇到，下面我们来具体介绍数据的修改。

1. 更改图表数据

图表建立以后，如果发现某个数值有误，需要进行修改。修改的方法是：直接单击选中源工作表中相应的单元格，输入新的数据即可。源数据修改后，图表中的数据便会自动跟随修改。

2. 添加图表数据

如果我们需要在建好的图表中添加新的数据系列，其具体操作步骤如下：

(1)首先将要添加的数据添加到源数据的工作表中。

(2)选择要添加的单元格区域，并将其复制到剪贴板中，接着激活图表，切换到“开始”选项卡，单击“剪切板”组中的“粘贴”命令，在弹出的下拉菜单中选择“选择性粘贴”命令，打开“选择性粘贴”对话框，选择“新建系列”单选按钮，其他选项默认设置，如图 5-90 所示，单击“确定”按钮即可。

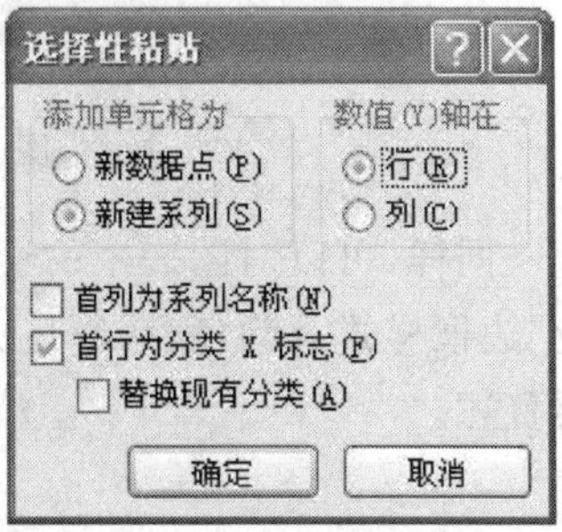

图 5-90　“选择性粘贴”对话框

3. 删除图表数据

如果要删除图表中的数据系列，可以有 2 种方法：一种是先删除数据表中的源数据，源数据删除以后，图表中的数据系列便自动删除；另一种是不删除源数据，只删除图表中的数据系列。方法是：首先选择要删除的数据系列，然后按【Delete】键，数据系列即可从图表中删除。

(五)设置图表区格式

图表创建以后,可以对图表区的格式进行设置,如设置图表区的图案格式、字体格式及属性等。下面以“诚信书店销售表”为例,为图表设置图案格式、字体格式及边框,其具体操作步骤如下:

(1)选中图表区,切换到“布局”选项卡,鼠标单击左上角的“设置所选内容格式”按钮,将打开“设置图表区格式”对话框,如图5-91所示。

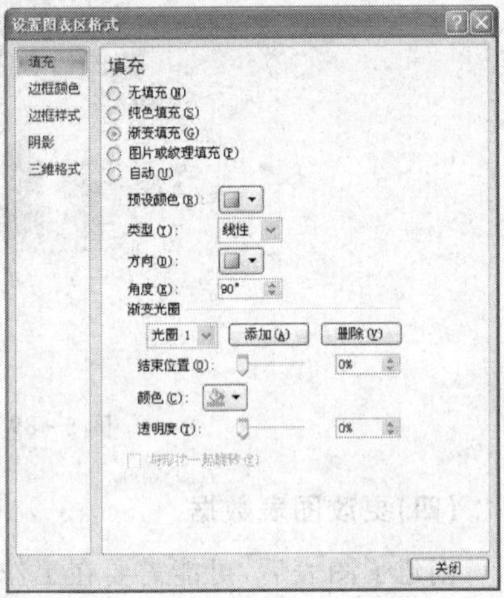

图5-91 “设置图表区格式”对话框

(2)在“设置图表区格式”对话框中,从左面分别选择填充、边框颜色、边框样式、阴影、三维格式,在右面进行相应的设置即可,效果如图5-92所示。

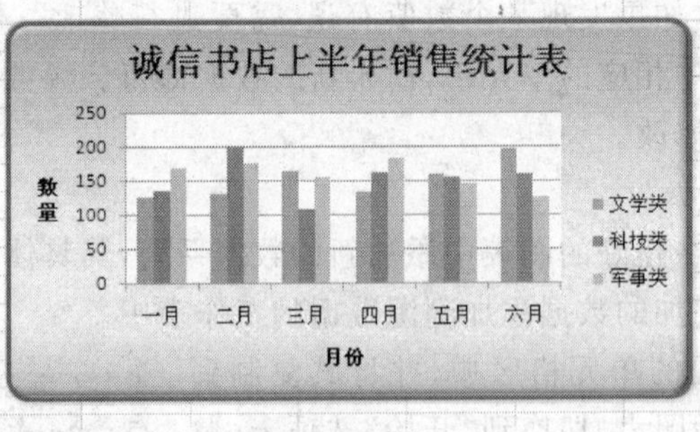

图5-92 设置图表区格式后效果

同样,可以对图表中的绘图区、图例、图表标题进行相应的格式设置,如填充颜色、边框样式及颜色、阴影、三维样式等,方法与上面设置图表区格式类似,这里不再赘述。

习 题

一、选择题

1. 在Excel 2007工作簿中,至少应含有的工作表个数是(　　)。

A. 1　　B. 2　　C. 3　　D. 4

2. 在 Excel 2007 中,下列不属于对单元格格式设置的是(　　)。

A. 文本方向　　B. 对齐方式　　C. 自动换行　　D. 行高

3. 下面叙述正确的是(　　)。

A. SUM(C2:C5)等价于 SUM(C2,C3,C4,C5)

B. 在 Excel 中,最多可添加 256 个工作表

C. 如果单元格中出现一连串的"######",则表示数据或公式出错

D. 工作表之间可以复制,但不能移动位置

4. 下面几项中(　　)不是 Excel 2007 中提供的图表。

A. 饼图　　B. 柱形图　　C. 线性图　　D. 股价图

5. 在 Excel 2007 表格中,若在单元格 B1 中存储公式 C$5,将其复制到 G1 单元格后,公式变为(　　)。

A. H$5　　B. F$5　　C. C$5　　D. G$5

6. 用来查找和处理数据清单中数据子集的快捷方法是(　　)。

A. 排序　　B. 筛选　　C. 隐藏　　D. 显示

7. 已知"A1"单元格中的公式为:=D2*$E3,如果在 D 列和 E 列之间插入一个空列,在第 2 行和第 3 行之间插入一个空行,则 A1 单元格中的公式调整为(　　)。

A. =D2*$E2　　B. =D2*$F3　　C. =D2*$E4　　D. =D2*$F4

8. 已知函数 TODAY()的值是 2010-5-31,则函数 MONTH(TODAY())的值是(　　)。

A. 95　　B. 31　　C. 5　　D. 空白

9. 设"B3"单元格中的数值为 20,在"C3","D4"单元格中分别输入="B3"+8,和=B3+"8",则(　　)。

A. "C3"单元格与"D4"单元格中均显示 28

B. "C3"单元格中显示#VALUE!,"D4"单元格中显示 28

C. "C3"单元格中显示 8,"D4"单元格中显示 20

D. "C3"单元格中显示 8,"D4"单元格显示#VALUE!

10. 在 Excel 2007 中,对数据表进行分类汇总之前,必需的操作是(　　)。

A. 排序　　B. 筛选　　C. 合并计算　　D. 指定单元格

二、填空题

1. ________是处理和存储用户资料的文件,能在一个文件中管理多种类型的相关信息。打开 Excel 2007 的同时,Excel 2007 会相应地生成一个默认名为

"BOOK1"的新________。

2. 每组密切相关的资料存放在一个二维表格中，称为________。主要用于录入原始资料、存储统计信息、图表等。

3. 每张工作表都是由多个长方形的存储单元所构成的，这些长方形的存储单元被称为________，是组成工作表的基本元素。

4. 单元格的地址由________和________来表示，第5行第6列的单元格地址应表示为________。

5. 合并同一行中的多个单元格，要求数据居中对齐，应单击________组中的________按钮，从弹出的下拉菜单中选择________命令。

6. 默认文字方向为水平方向，如果要将其文字方向更改为垂直方向，应单击________按钮，从中选择________选项。

7. 如果要为数字进行升序排列，应先选择数据源，然后单击________选项卡"排序和筛选"组中的________按钮，完成数字的升序排列。

8. 在 Excel 2007 中，单元格的引用有________、________、________三种形式。

9. 在进行分类汇总之前，必须对数据区域进行准备，用户必须先确认数据已经进行了________，并且第一行中包含有________。

10. 创建图表后，若要更改图表类型，应切换至图表工具的________选项卡，应用________组中的"更改图表类型"可将当前图表类型更改为其他图表类型。

三、简答题

1. 简述 Excel 2007 的主要功能。

2. 在 Excel 2007 中的行高和列宽都可以调整，而且有两种方法，分别是哪两种方法，哪一种可以调整到精确的行高和列宽？

3. 怎样在公式中相对引用单元格、绝对引用单元格？举例说明。

4. 如何将一个工作表隐藏，之后如何再显示出来？

5. 怎样将另一工作簿中的工作表复制到本工作簿中？

6. 图表有很多类型，分别是什么类型，它们各有什么特点？

7. 如何修改图表的数据源、图表类型和图例位置？

8. 如何设置水平、垂直轴标题，并更改其内容？

9. 如何按分类进行合并运算？

10. 当进行自动筛选时，是否可以自定义筛选条件，应怎样操作？

四、操作题

(一)制作如图表格,并按如下要求和提示进行操作

1. 要求

(1) 制作如图 5－93 所示工资表；

	A	B	C	D	E	F
1	工资表					
2	编号	姓名	性别	岗位工资	薪级工资	补贴
3	001	徐志华	女	￥1,050.00	￥886.00	￥ 600.00
4	002	魏红丽	女	￥850.00	￥650.00	￥ 420.00
5	003	李芳芳	女	￥1,050.00	￥1,068.00	￥ 1,300.00
6	004	刘成明	男	￥1,300.00	￥1,358.00	￥ 1,600.00
7	006	张爱萍	女	￥1,050.00	￥890.00	￥ 1,025.00
8	007	付军	男	￥1,300.00	￥1,560.00	￥ 1,856.00
9	008	李想	男	￥850.00	￥486.00	￥ 568.00
10						

图 5－93 工资表

(2)将标题所在单元格区域 A1:F1 合并,并设置为黑体、14 号、加粗、红色；

(3)将表格中所有数据居中对齐；表中“岗位工资”和“薪级工资”值设置为“货币”格式,“补贴”值设置为“会计专用”格式；

(4)在第 4 条记录下面插入一条新纪录“005、王一诺、女、￥850.00、￥506.00、￥896.00 ”；将最后一条记录删除；

(5)保存文档到 D 盘(文件名为姓名)。

2. 提示

(1)选择(D3:E9)单元格区域,将数据设置为“货币”格式,再选择(F3:F9)单元格,设置数据为“会计专用”格式；

(2)选择表格中的第 7 行,单击“单元格”组中的“插入”按钮选择“插入工作表行”,将会在工作表第 7 行的上面插入一空白行,输入数据“005、王一诺、女、￥850.00、￥506.00、￥896.00 ”。选择最后一条记录,单击“单元格”组中的“删除”按钮选择“删除工作表行”,将最后一条记录删除。

(二)制作如图表格,并按如下要求和提示进行操作

1. 要求

(1)制作如图 5－94 所示学生基本信息表；

(2)将标题所在单元格区域(A1:G1)合并,并设置为华文新魏、16 号、加粗、蓝色；

(3)将表格中所有数据居中对齐；

(4)设置所有行高为 20；

学生基本信息表						
学号	姓名	性别	出生日期	专业	籍贯	入学成绩
20100101	李小明	男	1989-4-15	计算机网络	盘锦	*453*
20100102	麻丽丽	女	1988-6-25	计算机网络	阜新	354
20100103	张大海	男	1990-10-12	计算机应用	沈阳	*425*
20100104	石远生	男	1991-8-19	计算机网络	丹东	319
20100105	王师师	女	1990-7-10	计算机应用	营口	*502*
20100106	魏洪延	男	1990-6-18	计算机应用	辽阳	399

图 5-94 学生基本信息表

(5)为表格添加红色实线外边框、绿色虚线内边框；

(6)为表格设置相应颜色底纹；

(7)利用条件格式将入学成绩大于 400 分的成绩红色、斜体显示；

(8)保存文档到 D 盘(文件名为姓名)。

2. 提示

(1)选择第 1～8 行鼠标右键单击，设置行高为 20；

(2)选择(A1:G8)单元格区域，打开“设置单元格格式”对话框中，选择“边框”、“填充”选项卡进行相应设置；

(3)选择表格中的(G3:G8)单元格区域，单击“样式”组中的“条件格式”，设置入学成绩大于 400 的红色、斜体显示。

(三)制作如图表格，并按如下要求和提示进行操作

1. 要求

(1)输入如图 5-95 所示期末考试成绩单，并设置相应格式；

期末考试成绩单								
学号	姓名	数学	英语	应用写作	计算机基础	总分	平均分	等级评定
20100101	李小明	86	87	90	91			
20100102	麻丽丽	80	75	80	88			
20100103	刘晓梅	67	70	64	78			
20100104	石远生	90	85	81	92			
20100105	张天海	50	65	48	55			
20100106	王萍	70	88	70	68			
20100107	许浩然	78	72	68	65			
20100108	魏红颖	89	81	71	88			
单科最高分								
单科最低分								

图 5-95 期末考试成绩单

(2)用函数计算总分、平均分、单科最高分、单科最低分；

(3)利用条件函数 IF 计算出等级评定，平均分在 60 以上(含 60)为“及格”，否则为“不及格”。

2. 提示

(1)利用 SUM()，AVERAGE()、MAX()和 MIN()函数计算总分、平均分、单科最高分和单科最低分；

(2)用 IF()函数计算等级评定：选择 I3 单元格区域，切换到“公式”选项卡，单击“函数库”组中的“插入函数”按钮，在弹出的“插入函数”对话框中选择“IF”函数，单击“确定”按钮，在“函数参数”对话框中分别输入“H3＞＝60”，“及格”，“不及格”，单击“确定”按钮即可得到计算结果。

(四)制作如图表格，并按如下要求和提示进行操作

1. 要求

(1)输入如图 5-96 所示商品销售表，并设置相应格式；

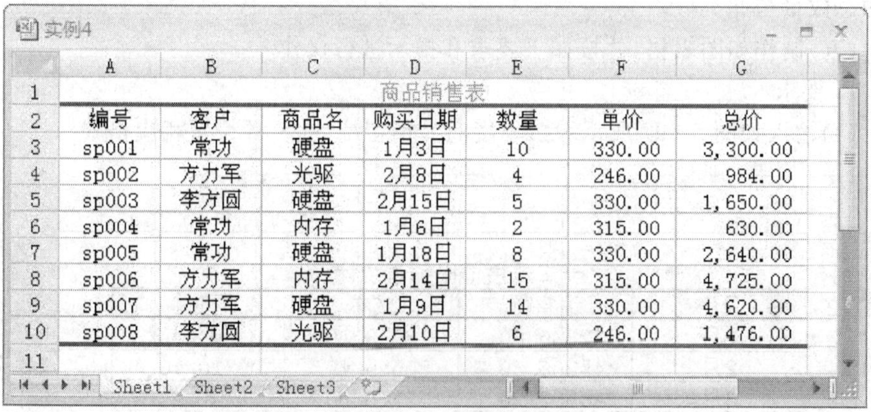

	A	B	C	D	E	F	G
1	商品销售表						
2	编号	客户	商品名	购买日期	数量	单价	总价
3	sp001	常功	硬盘	1月3日	10	330.00	3,300.00
4	sp002	方力军	光驱	2月8日	4	246.00	984.00
5	sp003	李方圆	硬盘	2月15日	5	330.00	1,650.00
6	sp004	常功	内存	1月6日	2	315.00	630.00
7	sp005	常功	硬盘	1月18日	8	330.00	2,640.00
8	sp006	方力军	内存	2月14日	15	315.00	4,725.00
9	sp007	方力军	硬盘	1月9日	14	330.00	4,620.00
10	sp008	李方圆	光驱	2月10日	6	246.00	1,476.00
11							

图 5-96　商品销售表

(2)复制 Sheet1 中表格到 Sheet2，筛选出购买日期为“1 月 12 号”后总价大于 3 000的记录；

(3)复制 Sheet1 中表格到 Sheet3，按商品名“升序”，总价“降序”排序记录；

(4)在 Sheet3 后插入工作表汇总 1 和汇总 2，复制 Sheet1 中表格到汇总 1，分类汇总出每个客户购买的总数量和总价；复制 Sheet1 中表格到汇总 2，分类汇总出各商品销售的总价。

2. 提示

(1)复制 Sheet1 中表格到 Sheet2，选中数据区域中的任意一个单元格，选择

“编辑”组中的“排序和筛选”按钮，从弹出的下拉菜单中选择“筛选”，单击购买日期右侧下拉箭头，从中选择“日期筛选”，再选择“之后”，在弹出的对话框中输入日期1月12号；单击总价右侧下拉箭头，从中选择“数字筛选”，再选择“大于”，在弹出的对话框中输入“3000”，单击“确定”即可；

(2)复制Sheet1中表格到Sheet3，选中数据区域中的任意一个单元格，选择“编辑”组中的“排序和筛选”按钮，从弹出的下拉菜单中选择“自定义排序”，在弹出的“排序”对话框中主要关键字选择“商品名”，次序选择“升序”；单击“添加条件”按钮，次要关键字选择“总价”，次序选择“降序”；

(3)选择Sheet3，插入两个新工作表，右键重命名为“汇总1”和“汇总2”；

(4)复制Sheet1中表格到汇总1，选中客户字段中的任意一个单元格，“升序”排序记录，然后切换到“数据”选项卡，选择“分级显示”组中的“分类汇总”按钮，在弹出的“分类汇总”对话框中，分类字段选择“客户”，汇总方式选择“求和”，“选定汇总项”中选择“数量”和“总价”，单击“确定”按钮即可得到汇总结果。汇总各商品销售的总数量与此类似。

(五)制作如图表格，并按如下要求和提示进行操作

1. 要求

(1)输入如图5-97所示一二季度商品销售统计表，并设置相应格式；

实例5

	A	B	C	D	E
1	一二季度商品销售统计				
2	月份	销售额	成本	利润	
3	1月	32896.60	22233.10	10663.50	
4	2月	45266.80	35556.40	9710.40	
5	3月	45567.90	32116.90	13451.00	
6	4月	55698.40	41588.50	14109.90	
7	5月	48268.60	39563.80	8704.80	
8	6月	57896.50	42579.60	15316.90	
9					

Sheet1 Sheet2 Sheet3

图5-97 一二季度商品销售统计表

(2)以月份为横坐标，销售额、成本为图例绘制一个“簇状柱形图”(图表标题为“一二季度商品销售统计”，横坐标轴标题为“月份”，纵坐标轴标题为“金额(元)”，图表边框为红色、圆角，图表区填充为“渐变填充”中的雨后初晴)；

(3)以利润为数据源，月份为图例绘制一个三维饼图(图表标题为“上半年销售

百分比”，图表边框为虚线、蓝色，图表区填充为“纯色”——“水绿色”，标出各月份占上半年销售额的百分比）。

2. 提示

（1）选择销售额、成本两列数据，切换到“插入”选项卡，单击“图表”组中的“柱形图”按钮，从下拉列表中选择“簇状柱形图”，在图标区空白处单击鼠标右键，在弹出的菜单中选择“选择数据”项，单击“选择数据源”对话框中的“水平分类轴标签”下面的“编辑”按钮，重新选择轴标签区域为（A3：A8）区域。在图表空白区单击鼠标右键，选择“设置图表区域格式”，为图标设置红色、实线、圆角边框、雨后初晴填充色，选择图表，切换到布局视图，设置图表标题和坐标轴标题。

（2）选择利润列数据，切换到“插入”选项卡，单击“图表”组中的“饼图”按钮，从下拉列表中选择“三维饼图”，在图标区空白处单击鼠标右键，在弹出的菜单中选择“选择数据”项，单击“选择数据源”对话框中的“水平分类轴标签”下面的“编辑”按钮，重新选择轴标签区域为（A3：A8）区域。在图表空白区单击鼠标右键，选择“设置图表区域格式”，设置图表背景为水绿色。选择图表，切换到布局视图，设置图表标题。

第6章　PowerPoint 2007 应用速成

本章导读

本章将介绍一个功能强大的演示文稿制作工具——Microsoft Office PowerPoint 2007，它也是 Microsoft 公司最新推出 2007 Microsoft Office System 办公套件中的重要组件。利用 PowerPoint 能够制作出集文字、图形、图像、声音以及视频剪辑等多媒体元素于一体的演示文稿，是创建用于课堂教学、会议、产品展示以及广告宣传等场合的演示文稿的有效工具。

本章将以个体案例的形式介绍一下 PowerPoint 在不同领域、不同场合的具体用法。

第一节　PowerPoint 2007 概述

PowerPoint 2007 采用了全新的、个性化的用户界面，提供了一系列新效果、新主题和增强的格式选项，可以极大地提高创建演示文稿的质量和效率。

一、PowerPoint 2007 的基本术语

PowerPoint 2007 引入了一些特有的术语，了解了这些术语的含义，更能顺利地创建出演示文稿。

1. 演示文稿和幻灯片

演示文稿是使用 PowerPoint 2007 所创建的文档；而幻灯片则是演示文稿中的页面。演示文稿是由若干张幻灯片组成的，这些幻灯片能够以图、文、音、像并茂的多媒体形式展示演示文稿。

2. 主题

幻灯片主题是指对幻灯片的标题、文字、图表、背景等项目设定的一组配置方案。当选择 PowerPoint 2007 的一种主题时，演示文稿的颜色、版式等设置都将随主题的更改而发生变化。

3. 版式

版式定义了幻灯片中要显示内容的位置和格式设置信息，可以使用版式来排列幻灯片中的对象和文字。

4. 占位符

占位符在幻灯片中显示为带有虚线边框的方框，出“空白”版式外，所有幻灯片版式都提供了占位符。在占位符中可以放置标题及正文文字、图形、表格等信息。

5. 模板

在 PowerPoint 2007 中，模板记录了对幻灯片的母版、版式和主题等多种结构所进行的设置，因此在模板的基础上可以快速创建出外观和风格相似的演示文稿。

6. 母版

母版是模板的一部分，存储关于文本和各种对象在幻灯片上的放置位置、占位符大小、文本样式、背景、主题和动画等信息。

二、PowerPoint 2007 的启动和退出

在制作演示文稿前，应先学会如何启动和退出 PowerPoint 这个软件。

(一)PowerPoint 2007 的启动

用户可以通过“开始”菜单和快捷方式等多种方法启动 PowerPoint。

1. 从“开始”菜单中启动

单击任务栏左端的“开始”按钮，弹出“开始”菜单，在“程序”级联菜单中执行 Microsoft Office→Microsoft Office PowerPoint 2007 程序项，即可启动 PowerPoint 2007。

2. 使用“运行”对话框启动

单击“开始”按钮，执行“运行”命令，在弹出的“运行”对话框中输入“powerpoint”并单击“确定”按钮，也可启动 PowerPoint 2007。

小技巧：在 Windows 环境下，按下键盘上 Win 快捷键+【R】，可直接出现“运行”对话框。

3. 通过创建桌面快捷方式启动

在 Microsoft Office 级联菜单中，右击 Microsoft Office PowerPoint 2007 程序项，在弹出的菜单中执行“发送到”→“桌面快捷方式”命令。然后，双击桌面上的 Microsoft Office PowerPoint 2007 图标，也能启动 PowerPoint 2007。

此外，如果用户经常使用 PowerPoint 2007，系统会自动在“开始”菜单中创建一个“Microsoft Office PowerPoint 2007”选项。那么，只需单击“开始”按钮中的“Microsoft Office PowerPoint 2007”项即可快速启动 PowerPoint 2007。

(二)PowerPoint 2007 的退出

退出 PowerPoint 2007 也有多种方法,最常用的方法是:单击 Office 按钮,再单击“退出 PowerPoint”按钮,可以退出所有打开的演示文稿,若有未保存的演示文稿会弹出对话框询问是否保存。

三、PowerPoint 2007 的工作界面

重新设计的 PowerPoint 2007 工作界面(图 6 - 1),总体外观令人耳目一新。使用功能区替代菜单和工具栏,优化的屏幕布局和面向结果的动态库,制作演示文稿将变得更快捷、更容易。

图 6 - 1　PowerPoint 2007 的工作界面

PowerPoint 2007 的工作界面与 Office 其他软件类似,主要包括标题栏、窗口控制按钮、快速访问工具栏、功能区、幻灯片编辑区、大纲/幻灯片窗格、状态栏以及视图切换按钮等部分。

1. 功能区

功能区能帮助用户快速找到完成某一任务所需的命令。命令被组织在组中,组集中在选项卡中。用户选择不同的功能菜单,则会在功能区中显示出具体的按钮和命令。

2. 幻灯片编辑区

幻灯片编辑区是 PowerPoint 界面中间最大的区域,可以显示和编辑幻灯片。每

张幻灯片的制作都是在这个区域里完成的，其中包括文本外观的修饰；插入或编辑图形、声音、视频等对象；创建超级链接；为幻灯片中插入的对象设置动画效果等。

3. 大纲 / 幻灯片窗格

大纲 / 幻灯片窗格位于操作界面的左侧，显示当前演示文稿的幻灯片数量及位置。一般使用“大纲”窗格浏览或修改幻灯片的结构；使用“幻灯片”窗格编辑或修改幻灯片中的内容。在这个窗格中还可以实现移动、插入和删除幻灯片等操作。

4. 视图方式切换按钮

视图方式切换按钮位于状态栏的右侧部分。PowerPoint 2007 提供了普通视图、幻灯片浏览和幻灯片放映 3 种视图方式，通过该按钮可以快速地进行视图切换。

四、演示文稿的基本操作

利用 PowerPoint 2007 制作出适用于不同场合的演示文稿，首先必须掌握演示文稿的创建、保存、打开和关闭等基本操作。

(一)创建演示文稿

在 PowerPoint 2007 中，创建演示文稿的基本方法是：单击 Office 按钮，在弹出的菜单中选择“新建”项，将打开如图 6 - 2 所示的“新建演示文稿”对话框，利用其中的选项，可以有多种方法创建新的演示文稿。

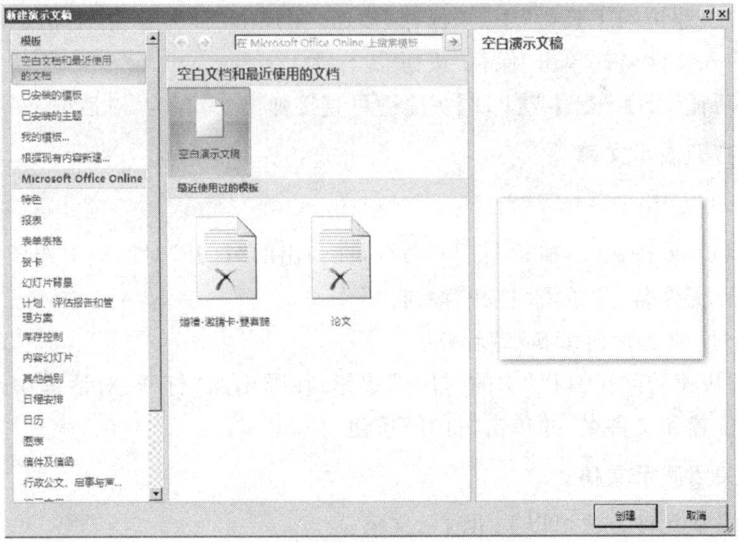

图 6 - 2　“新建演示文稿”对话框

1. 创建空白演示文稿

在"新建演示文稿"对话框中,单击"空白演示文稿"图标,将其选中后再单击"创建"按钮,可以创建一个默认版式的空白演示文稿。

小技巧:【Ctrl】+【N】组合键可直接创建空白演示文稿。

2. 使用本地模板创建演示文稿

在"新建演示文稿"对话框中,选择"已安装的模板"选项,然后在"已安装的模板"框中任意选择一项再单击"创建"按钮,则自动创建一组与模板主题相关的幻灯片框架,只需修改有关文字或对象即可快速创建一个演示文稿。

3. 通过"Microsoft Office Online"创建

在"新建演示文稿"对话框中,单击"Microsoft Office Online"栏中的某一项,比如"贺卡",可以从微软的专题网站上下载这些模板,然后根据这些模板来创建演示文稿。

(二)保存演示文稿

1. 通过"Office 按钮"保存

单击 Office 按钮,执行"保存"或"另存为"命令,在弹出的"另存为"对话框中选择保存位置、输入文件名并单击"保存"按钮。

2. 通过"快速访问工具栏"保存

单击"快速访问工具栏"中的"保存"按钮,在弹出的"另存为"对话框中选择保存位置、输入文件名并单击"保存"按钮。

小技巧:【Ctrl】+【S】或【F12】快捷键可直接弹出"另存为"对话框。

(三)打开演示文稿

1. 通过"Office 按钮"打开

单击 Office 按钮,执行"打开"命令,在弹出的"打开"对话框中选择要打开文件的位置和文件名,并单击"打开"按钮。

2. 通过"快速访问工具栏"打开

单击"快速访问工具栏"中的"打开"按钮,在弹出的"打开"对话框中选择要打开文件的位置和文件名,并单击"打开"按钮。

(四)关闭演示文稿

通过以下几种方法可以关闭演示文稿:

(1)"单击"窗口右上角的关闭按钮"×"。

(2)单击 Office 按钮,执行"关闭"命令。

(3)按下【Alt】+【F4】组合键。

第二节　幻灯片的基本制作与编辑

一篇完整的演示文稿由多张幻灯片组成，每张幻灯片又可以包含文本、图片、表格、声音以及视频等多种元素。下面就简单介绍一下如何在幻灯片中插入文本元素并进行相应的格式设置。

一、文本对象的处理

文本是幻灯片制作过程中一个不可缺少的元素，在 PowerPoint 2007 的幻灯片中不能直接输入文字，文字只能添加到文本框、标注等特定的对象中，或者以艺术字文本的方式出现。所以 PowerPoint 2007 幻灯片中的文本形式主要有以下 4 种：

(一)占位符文本

每当新建一个演示文稿或新建一张幻灯片的时候系统都会给出相应的幻灯片的版式，除“空白”幻灯片版式外，均包含有至少一个占位符(图 6-3)。只需用鼠标单击占位符即可输入文字内容。

图 6-3　包含两个占位符的“标题和内容”幻灯片版式

(二)形状文本

使用绘图工具绘制的大多数图形(如标注、流程图等)的内部都可以添加文字(如图 6-4 所示)。在图形中输入文本信息后，文本被附加到图形上，可以随图形移动或旋转。

图 6-4　形状文本样例

(三)文本框文本

文本框是一种可移动、可调大小的用来存放文字内容的图形容器。可以在一张幻灯片内放置多个文本框文字，这些文本框文字还可以有不同的排列方向。通过“插入”选项卡中的“文本框”按钮(图 6-5)，可以很方便地创建一个文本框，输入文字内容并可设置相应的格式。

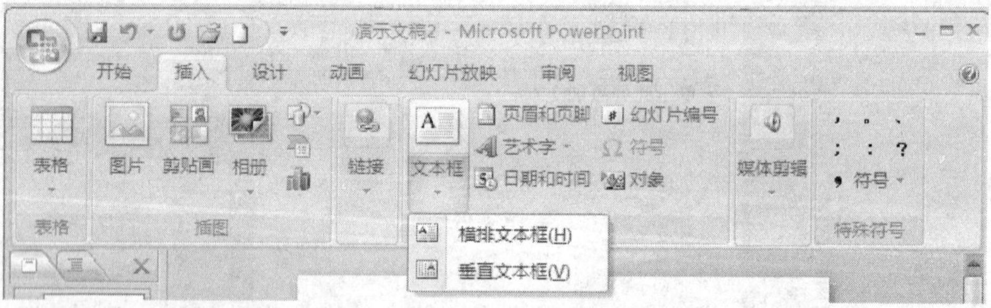

图 6-5　“插入”选项卡中的“文本框”按钮

(四)艺术字文本

艺术字是使用系统预设的效果创建的特殊文本对象，使文字具有特殊的效果并可以进行弯曲、旋转、倾斜等变形处理。通过“插入”选项卡中的“艺术字”按钮可以很方便地创建一个艺术字文本，单击幻灯片中插入的艺术字文本，再单击“格式”选项卡，可对艺术字的样式、形状等进行调整。

图 6-6 “剪贴画”任务窗格

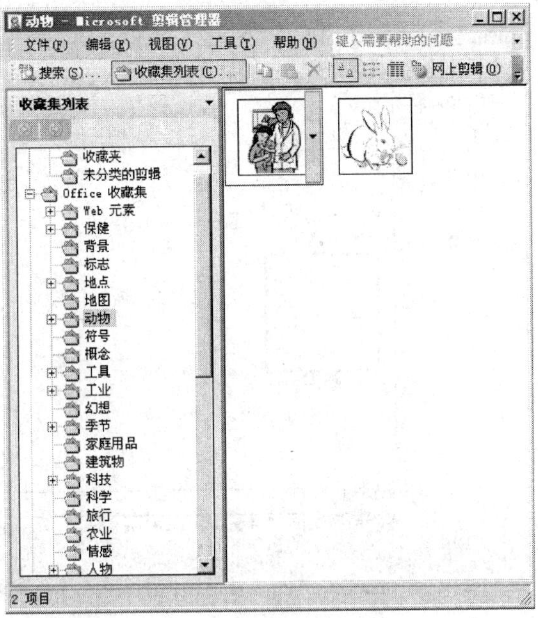

图 6-7 “剪辑管理器”窗口

2. 在剪贴画上添加文字

通过“文本框文本”可以实现剪贴画上添加文字的效果。具体方法是:在剪贴画的合适位置插入一个“文本框”并输入文字,同时选中“剪贴画”和“文本框”并右击,在弹出的快捷菜单中执行“组合”命令。注意:有些剪贴画不能和文本框组合。

3. 设置剪贴画格式

选中剪贴画,切换到“格式”选项卡,在其中可以选择合适的选项对剪贴画的大小、样式、边框、色调等进行调整,还可以对剪贴画进行裁剪操作。

通过“设置图片格式”对话框可对图形详细、精确地设置各种格式。

(三)插入图片文件

在 powerPoint 2007 中可以插入各种来源的图片,如通过 Internet 下载的图片、利用扫描仪和数码相机输入的图片等。

1. 插入图片文件

切换到“插入”选项卡,单击“插图”组中的“图片”按钮,弹出“插入图片”对话框(图 6-8),找到要插入图片所在的位置,并单击待插入的图片。

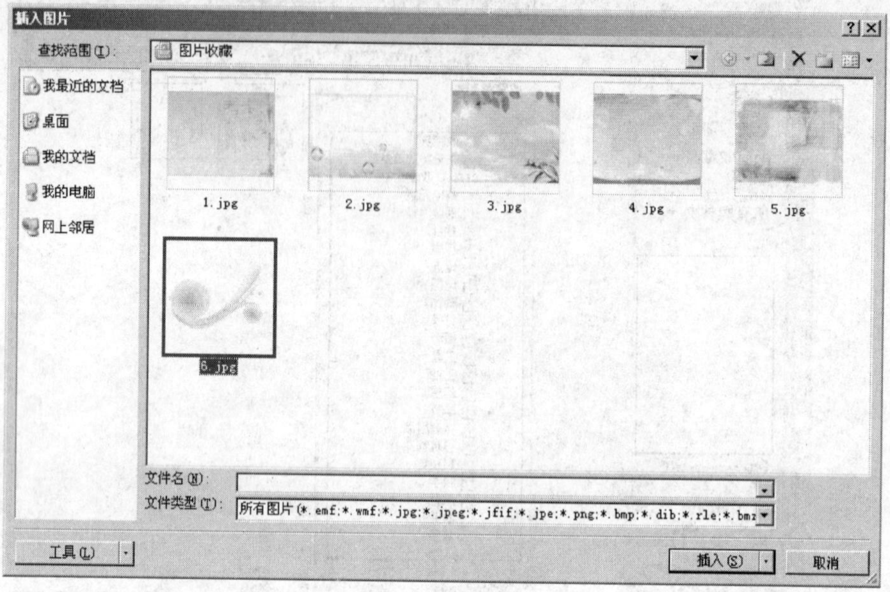

图 6-8 “插入图片”对话框

(四)插入相册

使用 PowerPoint 2007 可将硬盘、扫描仪或数码相机中的一组照片或图片,添加到电子相册中,创建一个作为相册的演示文稿。

1. 创建相册

新建一个演示文稿,切换到“插入”选项卡,单击“插图”组中的“相册”按钮,将弹出“相册”对话框(图 6-9),重复单击“文件/磁盘”按钮可插入多张照片或图片,添加完毕后,单击“创建”按钮,则系统自动创建一个包含这些照片或图片的演示文稿。

如果单击“相册”对话框中的“新建文本框”按钮,则会出现一个文本框,在文本框中可输入图片或照片的文字说明。

2. 编辑相册

选择相册演示文稿,单击“相册”下拉按钮,执行“编辑相册”命令,将弹出“编辑相册”对话框(图 6-10),可对相册的图片版式、相册形状、添加或删除图片等进行操作。

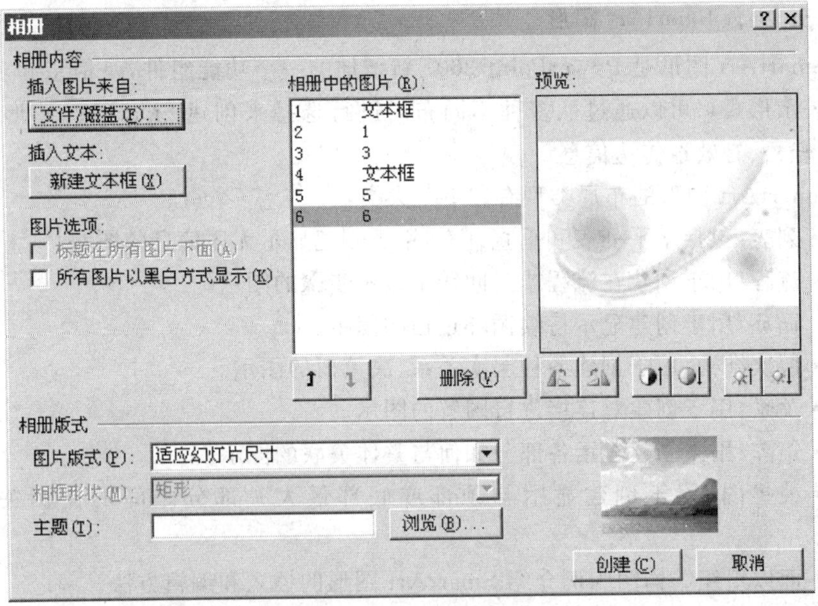

图 6-9　“相册”对话框

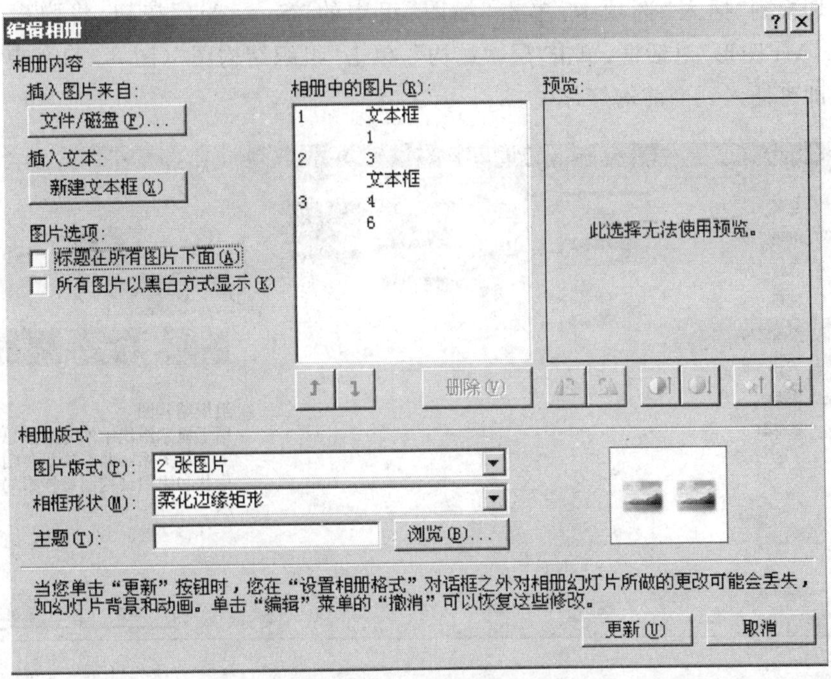

图 6-10　“编辑相册”对话框

(五)插入 SmartArt 图形

SmartArt 图形是 PowerPoint 2007 新增加的一个功能组件，是信息和观点的视觉表示形式。可以通过从多种不同布局进行选择来创建 SmartArt 图形，从而快速、轻松、有效地传达信息。

SmartArt 图形的布局类型有以下 7 大类：

- 列表：包括水平列表和垂直列表，用于创建显示无序信息的图示。
- 流程：用于创建在流程或时间线中显示步骤的图示。
- 循环：用于创建显示持续循环过程的图示。
- 层次结构：用于创建各种层次关系、决策树的图示。
- 关系：用于创建对连接进行图解的图示。
- 矩阵：用于创建显示各部分如何与整体关联的图示。
- 棱锥图：用于创建显示与顶部或底部最大一部分之间的比例关系的图示。

下面以组织结构图为例介绍 SmartArt 图形的插入和编辑方法。

1. 插入组织结构图

切换到“插入”选项卡，单击“插图”组中的“SmartArt”按钮，将弹出“选择 SmartArt 图形”对话框，单击“层次结构”，单击“组织结构图”(图 6 - 11)，单击“确定”，即可插入到当前幻灯片中。

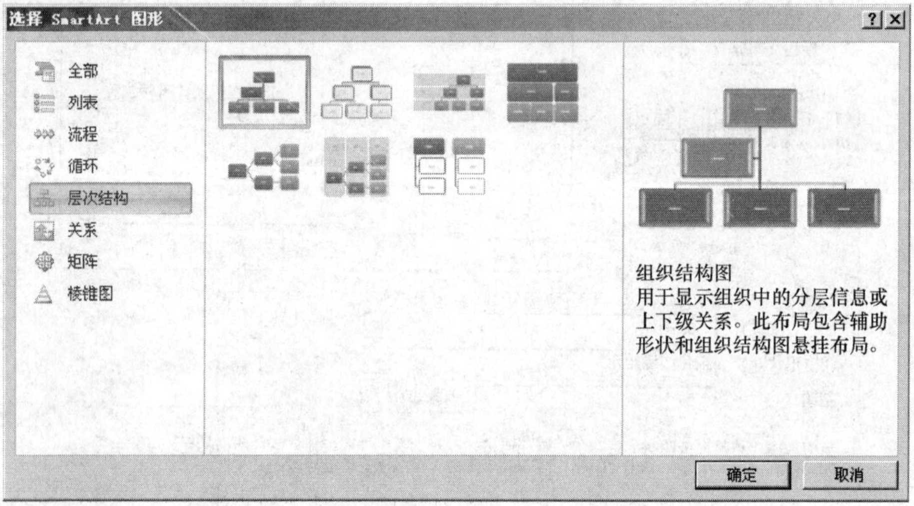

图 6 - 11 “选择 SmartArt 图形”对话框

2. 编辑组织结构图

选中组织结构图，通过“SmartArt 工具”下的“设计”选项卡，可以为组织结构图添加形状、改变布局、更改颜色或应用预先设置好的样式。

选中组织结构图，通过“SmartArt 工具”下的“格式”选项卡，可以为构成组织结构图的各个图形设置形状、样式。

另，通过占位符也可以插入剪贴画、SmartArt 图形和图片文件。首先选择幻灯片的版式为带有“内容”的版式(图 6 - 12)，单击对应的占位符，也能弹出相对应的对话框或任务窗格，再进行如前所述的操作即可。

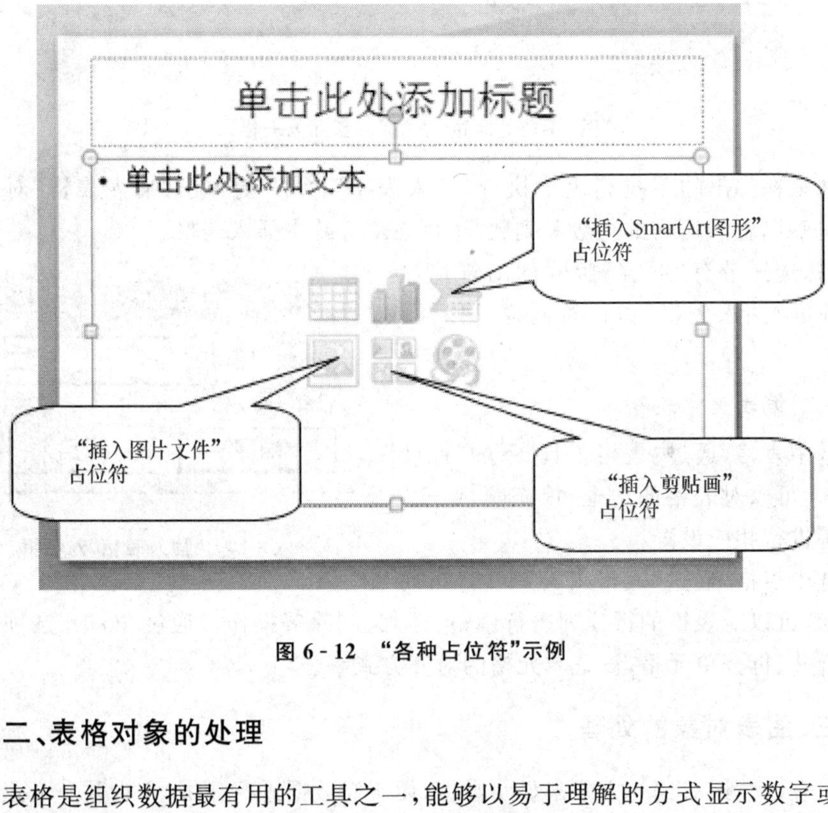

图 6 - 12 “各种占位符”示例

二、表格对象的处理

表格是组织数据最有用的工具之一，能够以易于理解的方式显示数字或者文本。在 PowerPoint 2007 的幻灯片中可以直接创建表格，也可以将其他程序制作的表格导入或嵌入幻灯片中。表格创建完成后，可以对其样式和布局进行设置或调整。

(一)创建表格

切换到“插入”选项卡，单击“表格”组中的“表格”按钮，在弹出的下拉列表中可以直接拖拽出表格的行数和列数,即可在幻灯片中插入表格(图 6-13)。

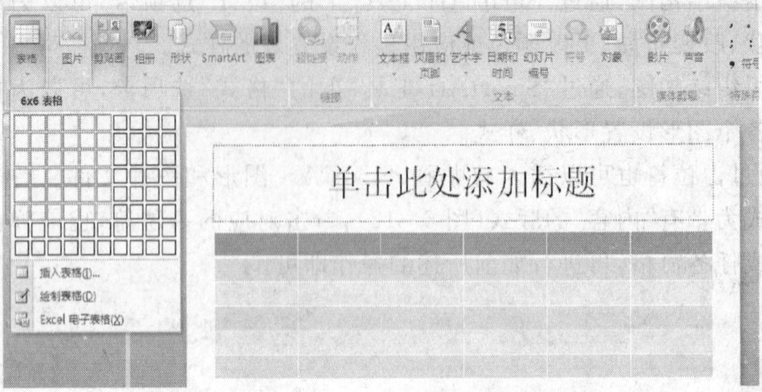

图 6-13 通过"表格"按钮插入表格

如果在弹出的下拉列表中执行"插入表格"命令,则弹出"插入表格"对话框(图 6-14),输入所需的行数和列数,也可在幻灯片中插入表格。

另,选择带有"内容"版式的幻灯片,单击对应的"插入表格"占位符同样可以插入表格。

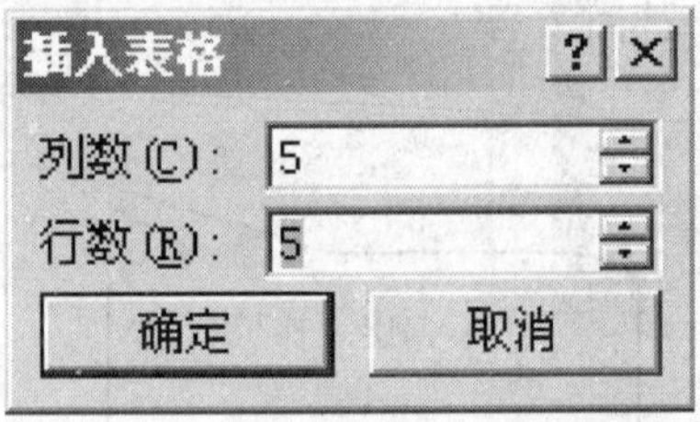

图 6-14 "插入表格"对话框

(二)编辑美化表格

选中表格,通过"表格工具"下的"设计"选项卡,可以对表格的边框、填充颜色、文本样式等进行相应设置。

选中表格,通过"表格工具"下的"布局"选项卡,可以对表格的行或列进行调整、插入、删除等操作。通过"布局"选项卡还可以合并、拆分单元格,设置单元格的对齐方式等。

三、图表对象的处理

图表以数据对比的方式来显示数据,便于对数据进行分析,它也是一个企业做招标书时需要经常用到的一种表示数据的方式可使要表达的信息简单明了,而且直观清晰。

(一)插入图表

切换到"插入"选项卡,单击"插图"组中的"图表"按钮,将弹出"插入图表"对话框(图 6-15),在其中选择一种图表类型和对应的子类型,单击"确定",即可将图表插入到当前幻灯片中，同时弹出一个 Excel 工作表窗口可输入、修改图表所需数据（图 6-16）。

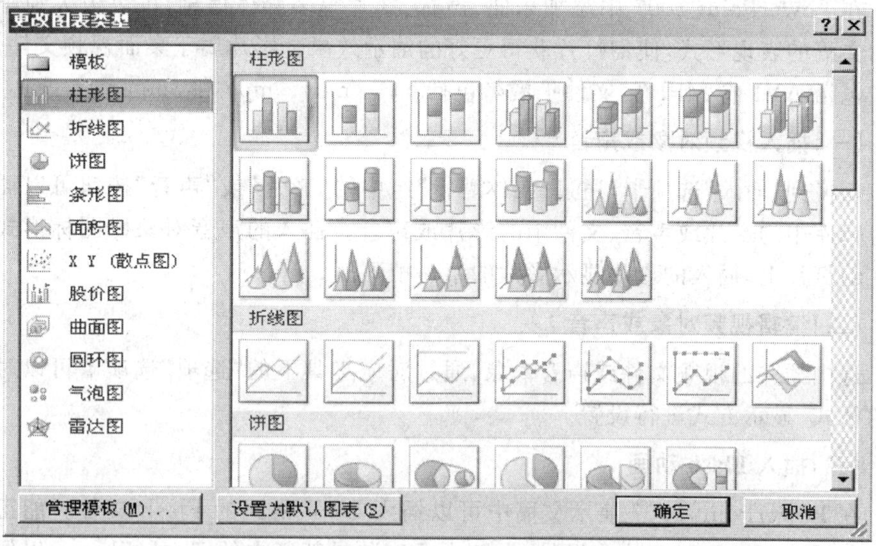

图 6-15　“插入图表”对话框

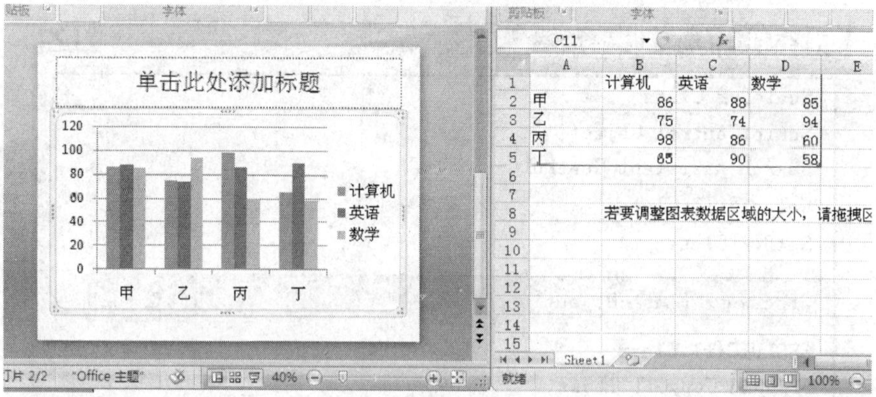

图 6-16　插入的“图表”窗口和“数据”窗口

（二）图表对象的编辑

选中图表，通过“图表工具”下的“设计”、“布局”和“格式”3 个选项卡可分别对图表的数据、样式、布局等进行设置或调整。

四、视频和声音对象的处理

在 PowerPoint 2007 中添加乐曲、声音、影片等多媒体信息，可以极大地丰富演示文稿的表现形式，使幻灯片获得更好的演示效果。影片属于桌面视频文件，其格式包括 AVI 或 MPEG，文件扩展名包括.avi、.mov、.mpg 和 .mpeg。

(一)插入视频对象或声音

切换到“插入”选项卡，通过“媒体剪辑”组中的“影片”或“声音”按钮可以插入择剪辑库中的影片或声音、文件中的影片或声音。插入的声音对象以图标形式显示在幻灯片上；插入的影片显示影片的第一帧画面。

(二)编辑视频对象或声音

选中插入的视频文件或声音对象，通过对应工具下的“选项”选项卡可以对播放的格式、显示方式进行设置。

(三)插入 Flash 动画

在 PowerPoint 2007 演示文稿中可以插入 SWF 格式的 Flash 文件。能正确插入和播放 Flash 动画的前提是，电脑中已安装最新版本的 Flash Player，以便注册 Shockwave Flash Object。在幻灯片中插入 Flash 动画的基本方法如下：

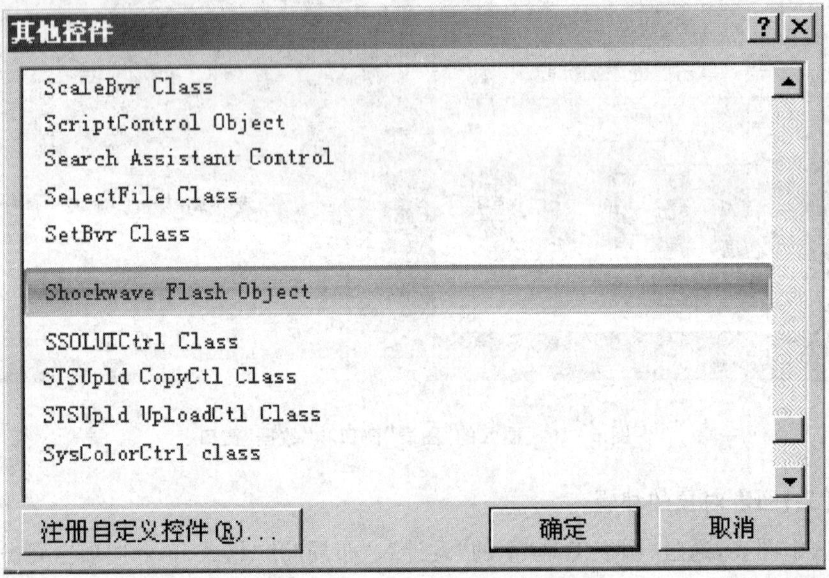

图 6-17 “其他控件”对话框

(1)在“普通视图”中显示要在其上播放动画的幻灯片。

(2)单击“Microsoft Office 按钮”，然后单击“PowerPoint 选项”，弹出“PowerPoint 选项”对话框，选中“在功能区显示‘开发工具’选项卡”复选框，然后单击“确定”按钮。

(3)切换到“开发工具”选项卡，单击“控件”组中的“其他控件”按钮，在出现的“其他控件”对话框中选中“Shockwave Flash Object”项(图 6-17)，并单击“确定”，然后在幻灯片上拖动鼠标以绘制 Shockwave Flash Object 控件。

(4)通过拖动尺寸控点调整控件大小。

(5)右键单击幻灯片上画出的“Shockwave Flash Object”控件，选择快捷菜单中的“属性”命令，则弹出一个“属性”面板(图 6-18)，在“按字母顺序”选项卡上单击 Movie 属性，在旁边的空白单元格中，键入要播放的 Flash 文件的完整驱动器路径，包括文件名(例如 f:\fls\01.swf)，然后关闭“属性”对话框，即可完成 Flash 动画的添加。

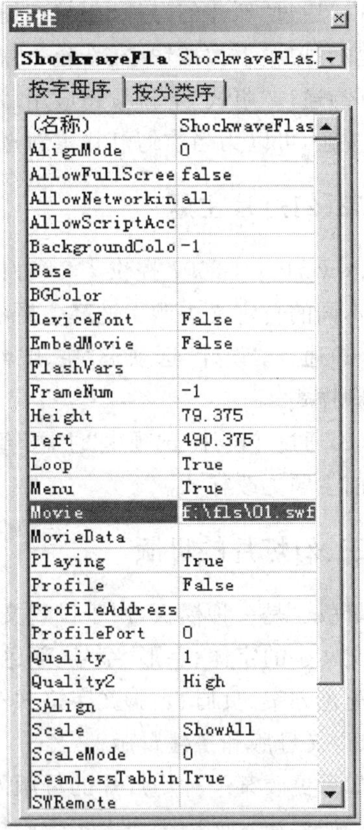

图 6-18 “属性”面板

第四节 幻灯片的美化

在制作演示文稿时，可以使用幻灯片版式、主题和母版等功能来设计幻灯片，使幻灯片具有一致的外观和统一的风格；也可以单独设置幻灯片的颜色、字体和背景等，使幻灯片有自己的特色风格。

一、幻灯片的版式

PowerPoint 2007 提供了 11 种幻灯片版式，以适应不同场合的需要。选择版式有以下 2 种方法。

(1)通过“新建幻灯片”下拉按钮应用版式:单击“开始”选项卡“幻灯片”组中的“新建幻灯片”下拉按钮,在新建一张幻灯片时可以直接选择一种版式。

(2)通过“版式”下拉按钮应用版式:单击“开始”选项卡“幻灯片”组中的“版式”下拉按钮,可以为当前幻灯片重新选择一种版式。

二、幻灯片主题

PowerPoint 2007 提供了 24 种内置主题。用户还可以根据这些内置主题创建许多不同的自定义主题。选择主题有以下 2 种方法。

(1)通过 “设计”选项卡“主题”组中主题下拉按钮,可以为当前幻灯片选择一种主题样式。

(2)通过 “设计”选项卡“主题”组中的“颜色”、“字体”和“效果”下拉按钮,可以为当前主题更改样式。

三、幻灯片的母版

母版也是一种模板,用于设置文稿中每张幻灯片的格式,其中包括幻灯片标题及正文文字的字体、字形、字号、颜色、位置、大小等格式,设置项目符号的样式、背景及配色方案、页眉、页脚文字格式及位置等。PowerPoint 母版分为 3 类:幻灯片母版、讲义母版和备注母版。

如果更改某一种幻灯片的母版外观,会影响到基于母版设计的所有幻灯片的外观。如果演示文稿需要大多数幻灯片保持外观一致,可以使用母版创建这种特殊外观。对于应用了母版的幻灯片,还可以单独改变其外观特征。

(一)幻灯片母版

幻灯片母版是模板的一部分,它存储的信息包括:文本和对象在幻灯片上的放置位置、文本和对象占的大小、文本样式、背景、颜色主题、效果和动画等。

选择“视图”选项卡中的“演示文稿视图”组中的“幻灯片母版”按钮,可进入“幻灯片母版”视图方式,并自动切换到“幻灯片母版”选项卡。幻灯片母版给出了标题区、项目列表区、日期区、页脚区和数字区 5 个占位符,在其中可改变背景颜色,插入图片,绘制自选图形等。幻灯片母版中插入的对象将出现在每张幻灯片的相同位置上。

(二)讲义母版

讲义母版用于控制幻灯片以讲义形式打印的格式,可以加页码、页眉和页脚。

选择“视图”选项卡中的“演示文稿视图”组中的“讲义母版”按钮,可进入“讲义母版”视图方式，并自动切换到“讲义母版”选项卡。当选择一种类型讲义母版后，母版中占位符有：页眉区、日期区、页脚区、数字区，通过选项卡可以设置母版的格式。

(三)备注母版

备注母版主要控制备注页的版式和格式，在备注母版中可以对所有备注页中的文本进行格式编排。而添加备注信息则需要在普通视图的备注窗格中完成。

四、幻灯片的背景设计

幻灯片的背景可以是单一的颜色、渐变颜色、纹理或者图案，也可以把从网上下载或者其他途径获得的图片设为背景，从而使幻灯片产生更精致的效果。设置各种背景的具体方法步骤如下：

(1)切换到“设计”选项卡，单击“背景”组右下角的“设置背景格式”按钮，打开“设置背景格式”对话框(图 6-19)。

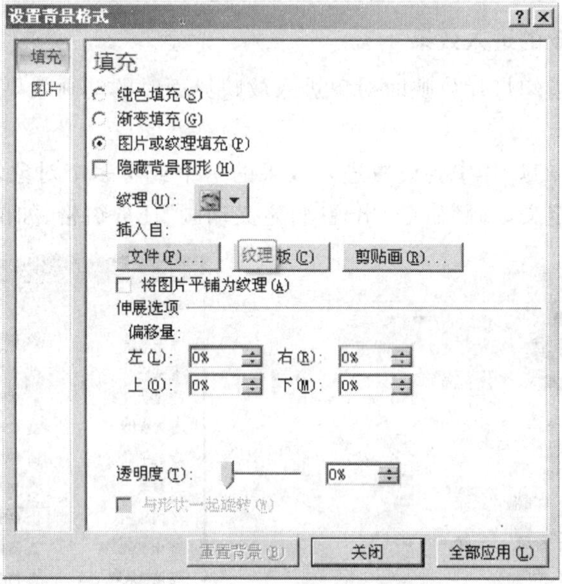

图 6-19 “设置背景格式”对话框

(2)在“填充”选项区中，可以通过选择不同的选项来设置各种背景，设置了一种背景后，还可以根据下面对应的选项对透明度、角度等参数进行调整。

其中，“重置背景”按钮可取消背景的设置，恢复为背景的默认设置；选中“隐藏背景图形”选项可忽略通过主题、母版等模板所设置的背景图形。

(3)当背景设置好后,单击“关闭”按钮,只对当前幻灯片设置背景;单击“全部应用”按钮,则对所有幻灯片设置相同背景。

第五节 幻灯片动画效果的设置

在 PowerPoint 2007 中可以为幻灯片添加动画效果,使幻灯片的内容更富动感,比如幻灯片换页时的淡出或者溶解动画;幻灯片中的文本或者其他对象的运动效果或声音效果。PowerPoint 2007 中主要包括自定义动画和幻灯片切换动画 2 种类型的动画。

一、自定义动画

自定义动画是为幻灯片中的各个对象,如文本、图片等进行进入、退出或者强调效果的设置,还可以对各个对象的播放次序进行调整。

(一)设置对象的进入效果

进入效果是指幻灯片放映时对象进入放映界面时的动画效果。设置对象的进入效果的方法为:

(1)选中当前幻灯片中要设置进入效果的一个或者多个对象,选择“幻灯片放映”菜单中的“自定义动画”命令,出现“自定义动画”任务窗格,如图 6-20 所示。

图 6-20 “自定义动画”任务窗格

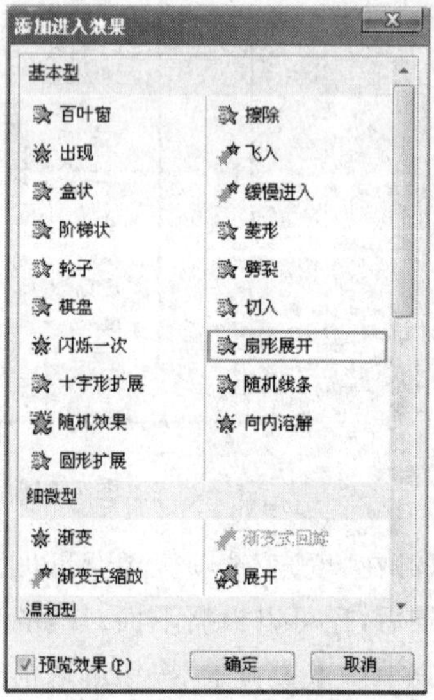

图 6-21 “添加进入效果”对话框

(2)单击“添加效果”按钮，在弹出的级联菜单中选择“进入”命令，单击想要的效果即可使其应用到所选的对象中。如果觉得级联菜单中列出的效果不满意，可单击“其他效果”，则弹出“添加进入效果”对话框，如图 6-21 所示。

(3)如果想要预览选中的动画效果，可勾选“预览效果”对话框。选中想要的效果，在幻灯片窗口中可预览到该对象的动画效果，若满意单击“确定”按钮，否则选择其他效果。

(4)单击“自定义动画”窗格中的“开始”列表框的下拉箭头按钮(图 6-20)，在下拉列表中选择动画效果的开始时间，选择“之前”是指启动前一动静画的同时启动本动画；选择“之后”是指前一动画后立即启动本动画。有些动画还可以设置“属性”和“速度”。

(5)在已设置好的动画项目上单击，再单击其右边出现的下拉箭头按钮，在弹出的下拉列表中单击“效果选项”，在弹出的对话框上可进一步设置动画的效果，比如放映动画时的声音效果或者文本对象的引入效果等。单击“计时”选项，可设置动画开始的时间、速度及是否重复等。

(6)只有当前选定的是文本对象时，才可使用“引入文本”栏中的选项“按字母”、“按字”或“整批发送”来进一步设置文本对象的特殊引入效果。

(二)设置对象的强调效果和退出效果

相对于设置对象的进入效果，同样可以为对象设置强调效果和退出放映界面时的效果，以达到更好的视觉效果。

(三)应用动作路径

用户还可以为对象设置动作路径，让对象按指定的路径进行移动。为了方便用户，PowerPoint 2007 提供了多种预设动作路径可直接应用，方法是在“自定义动画”任务窗格中选择“添加效果”弹出菜单中的“动作路径”项，在弹出的菜单中选择一种路径或者单击“其他动作路径”，在弹出的对话框中选择动作路径。具体操作同设置对象的进入效果基本相同。

另外，用户还可以自已绘制任意的动作路径，具体方法如下：

(1)选择“自定义动画”任务窗格中“添加效果”的弹出菜单中的“绘制自定义路径”项，单击弹出菜单中的“直线”、“曲线”、“任意多边形”或“自由曲线”。

(2)鼠标指针变为“十”字形状时，在幻灯片上绘制出对象运动的路径图。

(3)在路径图上单击右键，在弹出的快捷菜单上选择“编辑顶点”命令，可对路径图的形状进行调整。

(四)使用高级日程表

在 PowerPoint 2007 中，用户除了使用“计时”选项设置动画的时间效果，还可以使用高级日程表功能，通过拖动日程表上的标记来调整动画的开始、延迟、播放或结束时间。具体操作方法如下：

(1)打开“自定义动画”任务窗格，单击要更改时间的动画项目，再单击其右边出现的下拉箭头按钮，在弹出的下拉列表中单击“使用高级日程表”项，动画项目右边出现了时间条，列表框底部出现了日程表标记，如图 6-22 所示。

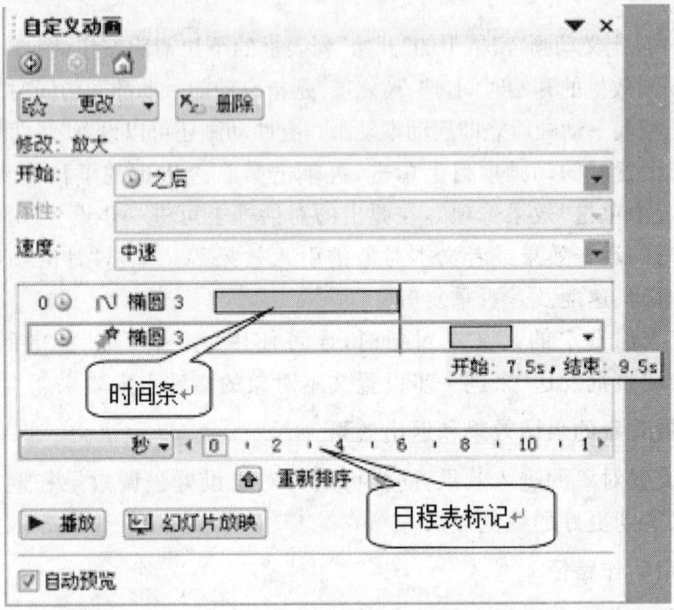

图 6-22 高级日程表

(2)把鼠标指针移到时间条上，当指针变为双向箭头时出现一个方框，显示该动画开始和结束的时间。在时间条中间位置拖动鼠标，则动画开始和结束时间都提前或拖后，而时间条长度不变。拖动时间条的左边线或右边线可提前或拖后开始的时间或结束的时间，而时间条变长或变短。

(五)设置声音效果

在幻灯片上插入声音文件后，同样可以设置声音的播放效果，方法是通过“声音选项”对话框和“效果选项”命令来设置声音效果。下面重点介绍演示文稿背景音乐的制作方法：

(1)在演示文稿的第一张幻灯片上插入声音文件(可以是 MP3 或 MIDI 格式)，在弹出的窗口中(图 6-23)单击“自动”按钮。

(2)在声音图标上单击右键，选择快捷菜单中的“编辑声音对象”命令，弹出“声

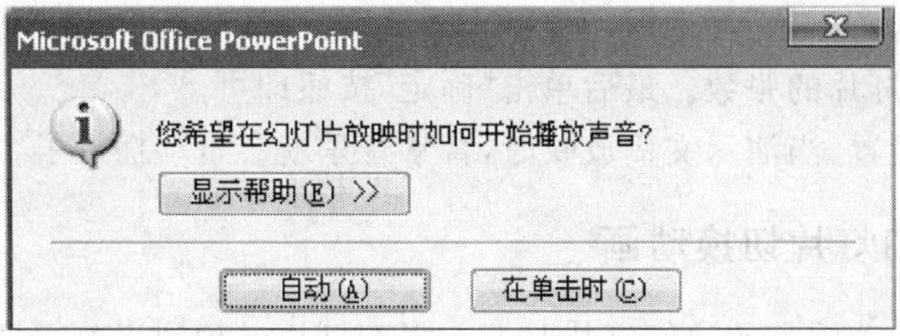

图 6 - 23　插入声音对话框

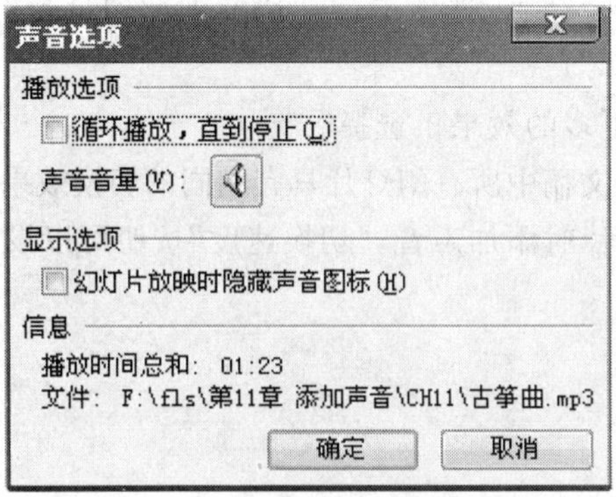

图 6 - 24　“声音选项”对话框

音选项”对话框，如图6 - 24所示。

（3）选中“循环播放，直到停止”和“幻灯片放映时隐藏声音图标”两个复选框，单击“确定”按钮。

（4）打开“自定义动画”任务窗格，在效果列表中把声音对象移到第一位，然后单击声音对象右边的下拉箭头按钮，在弹出的下拉菜单中单击“效果选项”命令，弹出图 6 - 25 所示的对话框。

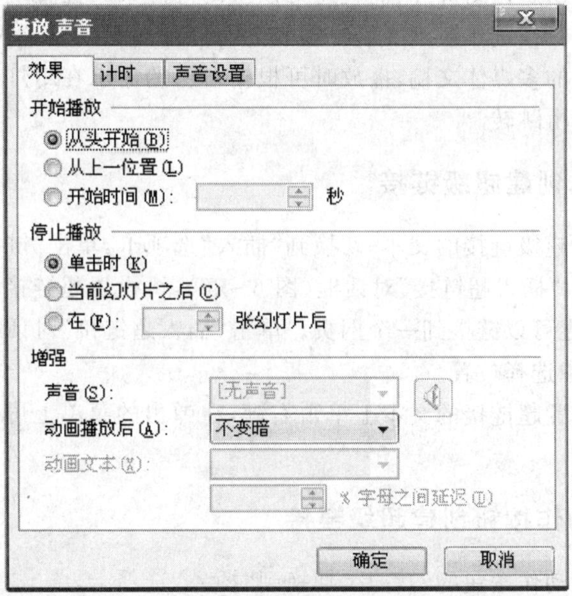

图 6 - 25　声音对象的“效果选项”对话框

(5)选中“从头开始”复选框,在“停止播放”选项区中选中“在…张幻灯片后”单选按钮,输入幻灯片的张数。最后单击“确定”按钮即可。

通过上述设置,当演示文稿放映时,背景音乐就会自动播放了。

二、设置幻灯片切换动画

幻灯片切换动画是放映幻灯片时上一张幻灯片过渡到当前幻灯片是使用的动画效果。具体设置方法如下:

(1)选择要应用效果的幻灯片,切换到“动画”选项卡,在“切换到此幻灯片”组中可以直接选择一种切换效果(比如“溶解”)。

(2)如果单击“其他”按钮,则会弹出更多的效果供选择。

(3)如果单击“全部应用”按钮,则演示文稿中所有幻灯片具有相同的切换效果。

(4)“切换声音”按钮可以在切换幻灯片时添加声音;“切换速度”按钮可以设置换片时的快慢。

第六节 创建交互式幻灯片

用户不仅可以使用演示文稿快捷菜单中的播放控制命令,在播放时实时控制播放顺序或按标题定位幻灯片;而且还可以从幻灯片某个位置跳转至其他位置或者打开某个程序。在制作演示文稿时预先为幻灯片对象创建超级链接,从而制作出具有交互功能的多媒体文稿,播放时可根据自己的需求在幻灯片内部或其他文件或网页之间自由跳转。

一、为文本创建超级链接

选择要创建超级链接的文本,切换到“插入”选项卡,单击“链接”组中的“超链接”按钮,将弹出 “插入超链接”对话框(图 6 - 26),可设置超链接到演示文稿中的幻灯片或文件,也可以链接到一个网页。单击“插入超链接”对话框上的“书签”按钮,可在本文档中选择位置。

通过在已设置超链接的文本上单击右键,在弹出的菜单上可进行编辑或删除超链接操作。

二、添加动作按钮创建超级链接

选择要添加动作按钮的幻灯片,切换到“插入”选项卡,单击“插图”组中的“形状”下拉按钮,在“动作按钮”栏中选择一个合适的动作按钮,这时鼠标指针变为

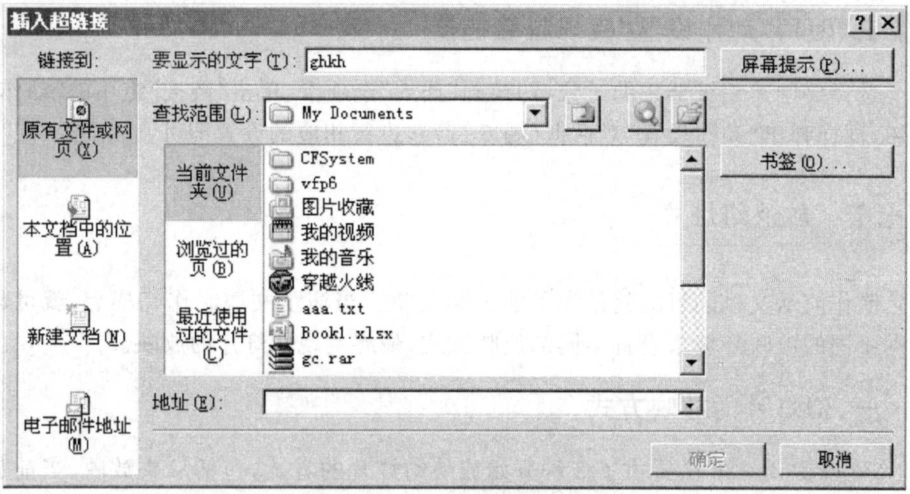

图 6 - 26　“插入超链接”对话框

“+”形状时，在幻灯片的适当位置拖动鼠标画出按钮图形，弹出“动作设置”对话框（图 6 - 27）。选中“超链接到”单选按钮，在其下方的下拉列表中选择跳转的目标位置，例如，单击“幻灯片…”选项，可以跳转到本演示文稿中某张幻灯片。

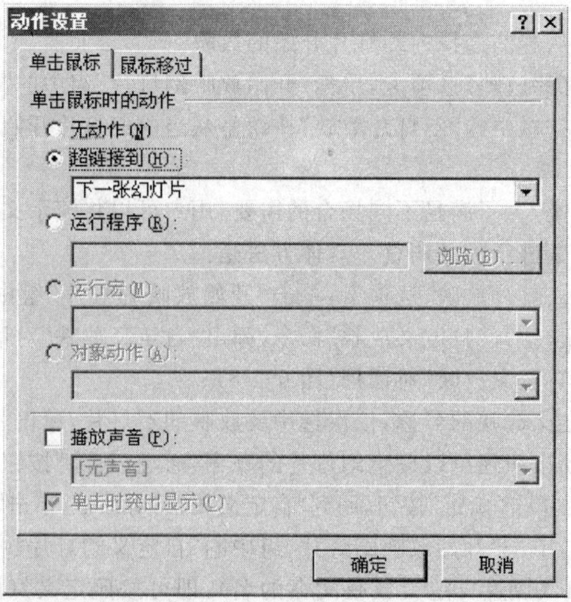

图 6 - 27　“动作设置”对话框

三、使用“动作设置”实现超级链接

选择要创建超级链接的对象，切换到“插入”选项卡，单击“链接”组中的“动作”按钮，同样弹出“动作设置”对话框(图 6-27)，进行相应的设置即可。

第七节　放映幻灯片

制作演示文稿的目的就是为了演示和放映。当演示文稿制作完毕后，就可以根据不同的放映环境来设置不同的放映方式，最终实现幻灯片的放映。

一、幻灯片的放映方式

PowerPoint 2007 提供了 3 种开始放映幻灯片的方式，包括从头放映、当前放映和自定义放映，以满足不同场合的需要。

1. 从头放映

从头放映是无论当前选择的是第几张幻灯片，放映时均从第一张开始放映。

切换到“幻灯片放映”选项卡，单击“开始放映幻灯片”组中的“从头开始”按钮。另，按【F5】快捷键，是从第一张幻灯片开始放映。

2. 当前放映

当前放映即从当前选择的幻灯片开始的放映。

切换到“幻灯片放映”选项卡，单击“开始放映幻灯片”组中的“从当前幻灯片开始”按钮。另，状态栏中的“幻灯片放映”按钮是从当前幻灯片开始放映。

3. 自定义放映

自定义放映是，为了满足不同场合的需要，用户可以将演示文稿的放映顺序和幻灯片的放映张数进行随意调整。具体方法是：

(1)切换到“幻灯片放映”选项卡，单击“开始放映幻灯片”组中的“自定义幻灯片放映”下拉按钮，执行“自定义放映”命令，弹出“自定义放映”对话框，单击“新建”按钮，弹出“定义自定义放映”对话框(图 6-28)。

(2)输入自定义放映的名称，依次选中要放映的幻灯片，单击“添加”按钮。

(3)通过移动按钮还可以调整幻灯片的顺序，通过“删除”按钮可去掉幻灯片。

(4)设置好后单击“确定”按钮，回到“自定义放映”对话框，单击“关闭”按钮即可。

定义完毕后，单击“开始放映幻灯片”组中的“自定义幻灯片放映”下拉按钮，执行“自定义放映 1”(设置自定义放映时命的名)，即可按照定义好的幻灯片和顺序放映。

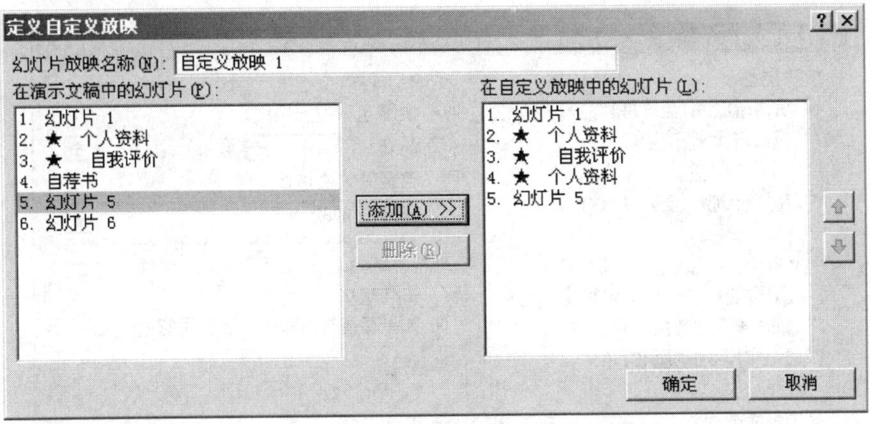

图 6 - 28　“定义自定义放映”对话框

二、幻灯片的放映类型

根据放映环境的不同，幻灯片有 3 种放映类型，具体如下：

1. 演讲者放映

这是最常用的方式，也是默认方式。以全屏幕方式放映演示文稿。在放映过程中演讲者可以采用自动或人工方式控制放映过程，还可以添加会议记录、录制旁白等。

2. 观众自行浏览

以窗口方式放映演示文稿。在放映过程中还可以编辑、移动、复制与打印演示文稿，便于观众自己浏览演示文稿。通过拖动滚动条在幻灯片之间移动。

3. 在展台浏览

以全屏幕、自动运行方式放映演示文稿。在无人管理情况下可以采用此放映方式，在放映演示文稿过程中，大多数的菜单或命令都不可用，可以使用“超链接”切换幻灯片，并且每次放映结束后重新启动放映。

切换到“幻灯片放映”选项卡，单击“设置”组中的“设置幻灯片放映”按钮，即可弹出“设置放映方式”对话框(图 6 - 29)，在对话框上可进行 3 种放映类型的设置。

三、使用“排练计时”实现自动放映幻灯片

在制作自动放映的演示文稿时，幻灯片的放映时间往往很难控制，这时可使用“排练计时”功能。具体操作方法是：

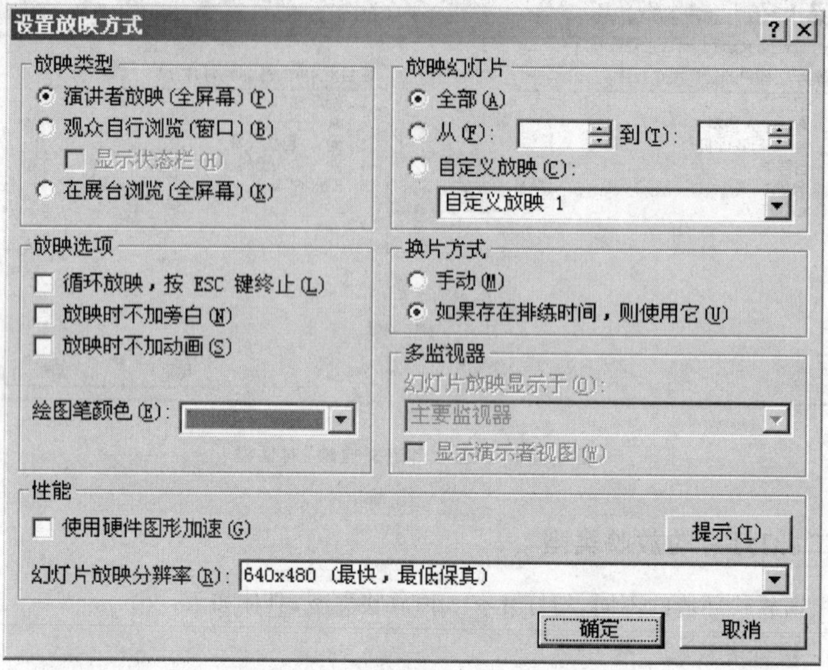

图 6-29 “设置放映方式”对话框

(1)切换到“幻灯片放映”选项卡，单击“设置”组中的“排练计时”按钮，进入幻灯片放映状态并弹出“预演”工具栏（图 6-30），显示了当前幻灯片的放映时间和所有已放映幻灯片的累计时间。

图 6-30 “预演”工具栏

(2)单击鼠标则开始播放下一张幻灯片，当前幻灯片的放映时间从 0 开始计时。

(3)如果想重新设置当前幻灯片的放映时间，可单击“预演”工具栏上的“重复按钮”。

(4)当所有幻灯片都排练计时后（也可以中间按【Esc】键中止排练），会出现“是否保存排练计时”对话框，单击“是”则保留计时排练时间。

重新放映幻灯片，这时就可以按照排练好的时间自动放映幻灯片了。

四、录制旁白

所谓旁白，就是演讲者对演示文稿的声音解释，将解说词按照幻灯片画面内容录制成旁白后，就可以在放映幻灯片时自动同步播放出来。具体方法如下：

(1)打开要录制旁白的演示文稿，切换到“幻灯片放映”选项卡，单击“设置”组中的“录制旁白”按钮，将弹出“录制旁白”对话框(图 6 - 31)，选中“链接旁白”复选按钮，单击“确定”按钮。

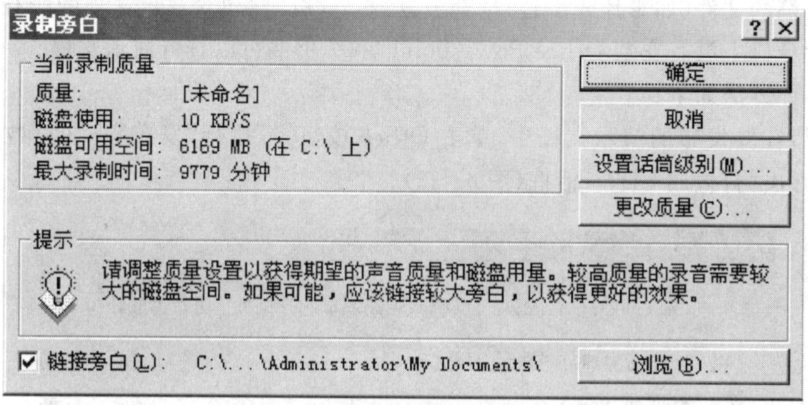

图 6 - 31 “录制旁白”对话框

(2)如果选择在其他幻灯片上开始录制，将显示“录制旁白”对话框(图 6 - 32)，若要在演示文稿的第一张幻灯片上开始录制旁白，请单击“第一张幻灯片”；若要在当前选择的幻灯片上开始录制旁白，请单击“当前幻灯片”。

图 6 - 32 “录制旁白”选项对话框

(3)录制完毕后，在幻灯片上出现一个“喇叭”标记。

第八节 演示文稿的打印与输出

演示文稿制作完成以后，除了可以使用放映功能观看放映效果以外，还可以将演示文稿“打包”成CD数据包刻录到光盘中或者发布到网上，也可以将演示文稿打印输出以查看效果。一般，在对演示文稿打印与输出之前，需要对演示文稿的版面、页面设置、页眉或页脚进行设置。

一、发布CD数据包

使用CD数据包功能将完成的PowerPoint 2007演示文稿复制到CD、网络位置或计算机上的硬盘时，Microsoft Office PowerPoint Viewer 2007及任何链接到演示文稿的文件(如影片或声音)也会被复制。这样，将包含演示文稿的所有元素，即使计算机上没有安装Office PowerPoint 2007仍然可以查看演示文稿。

具体方法如下：

(1)在要发布的演示文稿中，单击Office按钮，执行“发布”→“CD数据包”命令，弹出“打包成CD”对话框(图6-33)。

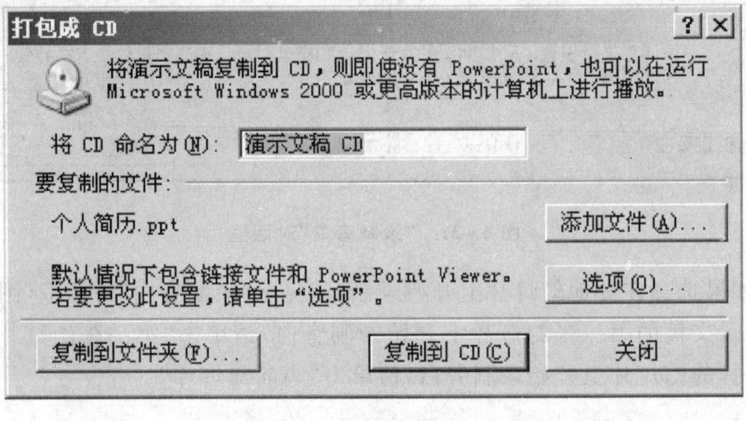

图6-33 “打包成CD”对话框

(2)在“将CD命名为:”文本框中输入制作的光盘名称或文件夹名称。单击“添加文件”按钮可以添加要打包的多个演示文稿。

(3)如果要刻成光盘，要先在刻录机中放置一张空白的刻录盘，然后单击“复制到CD”按钮。系统会弹出刻录进度对话框，刻录完后，关闭“打包成CD”对话框即可。

(4)如果要将演示文稿打包到计算机或者某个网络位置上的文件夹中可单击“复制到文件夹”按钮，打开“复制到文件夹”对话框，在其中输入文件夹的名称，然后单击“确定”按钮。系统会自动将演示文稿、播放器及相关的文件复制到指定的文件夹中。

将演示文稿打包后，在打包的文件夹中，双击 pptview. exe 或 play. bat 文件，均可启动 PowerPoint 播放器自动放映演示文稿。

二、页面设置

通过页面设置，可以设置用于打印的幻灯片的大小、方向和其他版式选项。页面设置的方法如下：

(1)切换到"设计"选项卡，单击"页面设置"组中的"页面设置"按钮，弹出"页面设置"对话框(图 6 - 34)。

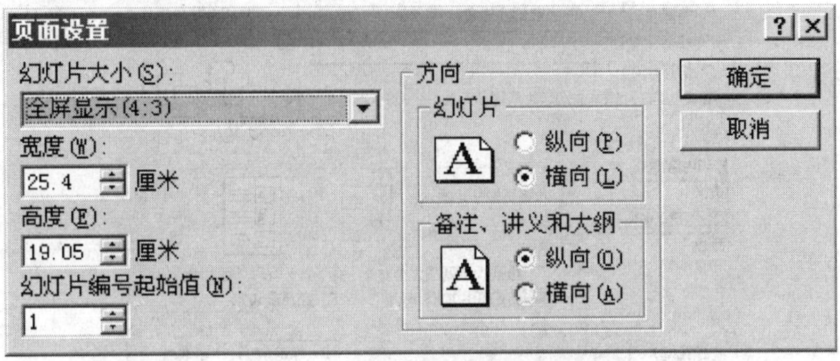

图 6 - 34 "页面设置"对话框

(2)从"幻灯片大小"下拉列表中选择纸张大小或页面大小，通过"宽度"和"高度"调整幻灯片页面大小。

(3)选择幻灯片在页面中的方向，有"纵向"和"横向"。

(4)选择备注、讲义和大纲在页面中方向，有"纵向"和"横向"。

(5)设置完成后，单击"确定"按钮。

三、打印演示文稿

在打印演示文稿前，可以使用预览功能，查看幻灯片、备注和讲义的打印效果，以便修改。

1. 预览打印效果

在要打印的演示文稿中，单击 Office 按钮，执行"打印"→"打印预览"命令，切换到"打印预览"窗口，预览要打印的幻灯片；还可以通过"打印预览"选项卡对打印参数进行设置。

2. 打印幻灯片

在要打印的演示文稿中，单击 Office 按钮，执行“打印”→“打印”命令，弹出“打印”对话框(图 6 - 35)，设置好打印的参数后，单击“确定”按钮。

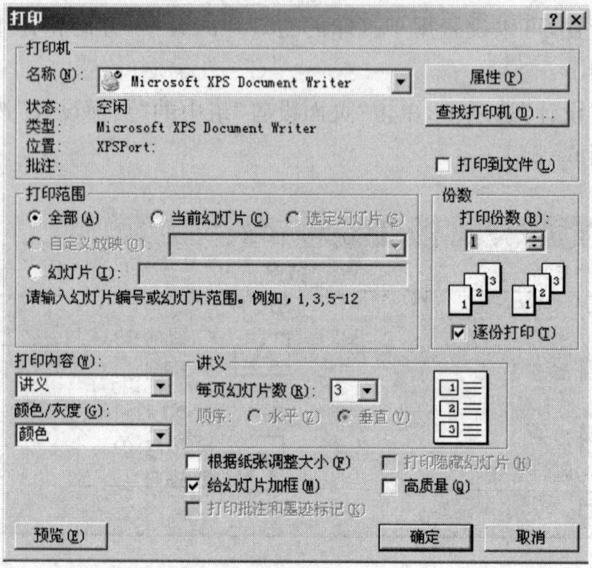

图 6 - 35 “打印”对话框

习　题

一、简答题

1. 演示文稿和幻灯片有何区别和联系？

2. 什么是演示文稿的主题？什么是占位符？什么是母版？什么是模板？什么是版式？

3. 幻灯片的文本形式有哪几种？各有什么特点？

4. PowerPoint 2007 提供了哪几种视图方式？各有什么特点？

二、上机练习题

1. 使用“内容提示向导”建立一个演示文稿。

2. 使用“主题演讲”设计模板建立一个演示文稿，并对其中的文字信息进行更改。

3. 使用“空演示文稿”建立一个演示文稿，各张幻灯片所采用的版式依次如下图：

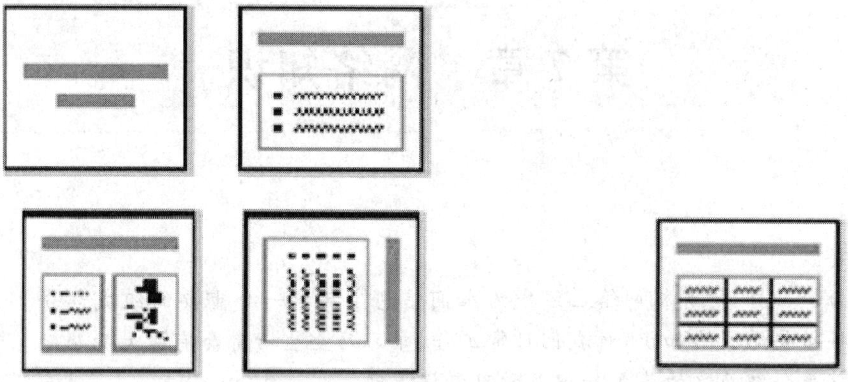

图 6-36　幻灯片板式

4. 在每张幻灯片中自行填入相应的内容：

(1)在第二张与第三张幻灯片之间插入一张新的幻灯片，格式为“两栏文本”，内容自定。

(2)将插入的幻灯片移至最后。

(3)将第二张幻灯片复制到第五张与第六张幻灯片之间。

(4)将第一张幻灯片的标题改为黑体、加粗、红色、48 磅字。

(5)给所有幻灯片使用一种新的配色方案。

(6)给幻灯片中的对象设置动画效果。

(7)幻灯片的切换效果为“纵向棋盘式”中速，换片时发出“风铃”的声音。

(8)观看放映效果。

三、综合操作题

按下列要求做一个包含 8～12 张幻灯片的演示文稿。

(1)有一个明确的中心主题，内容充实，有可读性。

(2)幻灯片元素丰富，适当设置动画。

(3)色彩搭配要合理、协调。

(4)超级链接顺畅：有目录和返回按钮。

(5)母版中加制作者学号、姓名。

第7章　网络知识

本章导读

当今世界，计算机网络已经成为人们信息生活中一个重要的组成部分。了解和掌握必要的网络知识，对我们日常工作、学习乃至生活都会有极大的帮助。下面我们就来介绍网络的基本知识并学习怎样上网。

第一节　Internet 简介

Internet 一词来源于英文 Interconnect networks 即“互联各个网络”，简称“互联网络”，又叫“因特网”。它包括局域网（LAN）与广域网（WAN）。Internet 起源于 20 世纪 60 年代的美国。当时是为军事应用设计和研制的，目的是把不同类型的计算机互联成为网络，再通过不同的节点把各个网络互联起来，用以传送和共享军用信息。网络的这种连接方法，可以达到一个节点的网络遭到破坏后其他网络仍能照常工作的目的，从而适应军事应用的特殊需要。

随着技术的发展和社会的需求，互联网从单纯的军用扩展到民用，到 20 世纪 80 年代，互联网上的用户迅速增加，遍及到越来越多的高等院校、科研机构、图书馆、实验室、政府机关、商业集团、医疗部门以及个人。

可以说 Internet 是世界上最大的、独一无二的网络，它包含了世界上 180 多个国家和地区成千上万的子网，拥有数以亿计的用户；Internet 是世界上发展最快的网络，没有人能说得清它到底有多大，因为它无时无刻不在发展、扩充，资源每时每刻都在增加，每分每秒都有新用户加入，Internet 又是一种媒体，它把世界上每一个角落都包容进来，只要你成为它的用户，就能立即从世界各地获取信息或与其他用户交流，改变了人与人之间的距离。它将彻底打破了人们传统的思维方式和交往方式乃至生活方式。

一、Internet 的发展及前景

随着微波、光纤、卫星等通信技术的飞速发展及 Internet 标准协议的广泛采

用，以美国为中心的互联网络迅速向全球扩展，在短短几十年的时间里，成为全世界最大的计算机网络，网络用户迅速增加，至 1997 年，Internet 的用户已增至8 000万，并且继续以每年 10%的速度增长。到目前为止，世界上已有 180 多个国家和地区接入 Internet，连接的计算机上亿台，用户接近 4 亿多人。

Internet 在这样短的时间内能够迅速风靡全球，其根本原因有 2 个方面：首先，在技术上，Internet 拥有卓越的网际通讯功能，它将位于不同地区、不同环境、不同类型的多个网络（包括小规模的局域网、大规模的广域网），互联而构成全球性计算机网络，提供各个网络间互联与传输的规则与设施，使得不同网络间的信息可以安全、方便、自由地交换，开辟了人类信息传输和共享的新纪元。另外在功能上，Internet 是一个巨大的世界性信息资源库，正是这些不断增长的信息资源，吸引着全世界数以亿计的人们由不同的地域纷纷连入 Internet 网络。Internet 本身所提供的一系列各具特色的应用程序（被称为服务资源），使得网络用户能够借助于这些服务，快捷地实现对网络中包罗万象的信息资源进行访问和获取，从而极大地拓宽了人们的视野，增长了知识，改善了工作、学习乃至生活的环境和条件。Internet 极大地促进了人类社会的进步和发展，为人类社会带来新的文明。

展望未来，下一代 Internet 速度将更快、更安全、规模更大、使用更方便。下一代 Internet 将比现在的网络速度提高 1 000～10 000 倍；更安全是指目前的计算机网络存在大量安全隐患，下一代互联网将在建设之初就充分考虑安全问题，可以有效控制、解决网络安全问题；规模更大是指逐渐放弃 Ipv4，启用 Ipv6 地址协议（两者的区别有点像电话号码的升级），几乎可以给家庭中的每一个可能的东西分配一个自己的 IP 地址，让数字化生活变成现实；下一代 Internet 应用软件更优化，智能性更高，因而使用也更方便。

美国从 1996 年开始进行下一代 Internet 关键技术的研究。在我国，由国家自然科学基金委员会资助创建的"中国高速互联研究试验网络"，始建于 1999 年底，2001 年 7 月建成，是我国的下一代 Internet 试验床。

我国下一代 Internet 关键技术的研究，已经取得了很大进展，处于与国际同步水平。在密集波分复用光传输系统上，"中国高速互联研究试验网络"已经连接了清华大学、北京大学、邮电大学、北京航空航天大学、中国科学院计算机信息网络中心和国家自然科学基金委员会等单位的节点，通过清华大学研制的下一代 Internet 交换中心，连接到国际下一代 Internet 交换中心和亚太地区高速网交换中心，完成了与国际下一代互联主干网的互联，为我国下一代 Internet 研究与世界接轨建立了基础条件。北京航空航天大学研制的通用高速网络大规模多媒体实时交互系统，在国内首次实现同时支持 50～100 路多媒体流实时协同应用。清华大学、北京航空航天大学通过国际下一代 Internet 已与美国阿贡国家实验室的大规模分布式视频会议系统实现了互通，这些都为我国与世界各国的科研合作奠定了良好的基础。

据权威人士预言，下一代 Internet 的应用将会在以下几个方面发展：

• 全球所有的国家基本上都接入 Internet，人们可以在自己居住的城市和乡村上网。网络用户将超过 10 亿。

• 由于软、硬件技术的飞速发展，Internet 可以给用户提供比目前高得多的服务质量，通过 Internet 打可视频电话、发多媒体传真、看电影、听音乐等将是很普通的事。

• 网络安全技术的大幅度提高，Internet 将真正进入商业化时代，网络银行、电子货币、网上购物将成为人们习以为常的事。

• 由于下一代 Internet 带宽的大幅度增加，大部分的国内国际视频会议都可以在网上召开。电子邮件也将成为具有法律效力的文件。

• 随着 Internet 的大规模铺开，政府可以在网上办公；研究人员可以在家中上班；教师可以在家中通过网络给世界各地的学生授课；医生可以通过网络给病人作初步诊断。

二、中国的 Internet——四大主干网

我们国家与 Internet 发生联系是在 20 世纪 80 年代中期。当时主要是由一些科研机构和一些涉外单位采取租用国际电话线或其他方式把自己的计算机或小型局域网附属在外国的一台计算机或一个局域网上，间接使用 Internet，主要用于收发电子邮件等小型业务。

中国正式加入 Internet 是在 1994 年，由中国国家计算机和网络设施 NCFC (The National Computing and Networking Facility of China)，代表中国正式向 InterNIC 的注册服务中心注册(NCFC 是由世界银行贷款和中国政府配套投资建设的，一个具有相当规模、用光纤互联的计算机网络。当时的实施范围是北京中关村地区的北京大学、清华大学及中国科学院中关村地区的 30 多个研究所，国内俗称"中关村网络"。)。正式注册标志着中国从此在 Internet 建立了代表中国的域名 CN，有了自己正式的行政代表与技术代表，意味着中国用户从此能全方面地访问 Internet 资源，并且能直接使用 Internet 的主干网 NSFnet。NCFC 连入 Internet 的技术途径是经太平洋卫星到达美国旧金山 Sprint 公司的数据通信交换中心，再接入 NSFnet 干线，当时专线的传输速率是 64 Kbps(每秒 64 K 比特)。

NCFC 连入 Internet 只是为中国大规模与国际信息社会接轨开了一个头。我

国社会经济的发展、教学科研等对信息的需求迫在眉睫，建立中国的互联网，并大规模地同国际 Internet 连接，享用其资源，其意义如同建设国家能源、交通等基础设施一样重要。为此，在 NCFC 的基础上，我国很快建成了国家承认的对内具有互联网络服务功能、对外具有独立国际信息出口（连接国际 Internet 信息线路）的中国四大主干网，它们分别是：

1. 中国科学技术网——CSTNET

随着国内网络事业的飞速发展，NCFC 中的一部分（主要是中科院网络系统的一部分）与其他一些网络一起演化为中国科技网——CSTNET。CSTNET 是国家正式承认的具有国际信道出口的中国四大互联网络之一，现有多条国际出口信道连接 Internet。中国科技网为非盈利、公益性网络，主要为科技界、科技管理部门、政府部门和高新技术企业服务。目前，中国科技网已接入农业、林业、医学、地震、气象、电子、航空航天、环境保护以及中国科学院等分布在北京地区和全国各地 45 个城市、共 1 000 多家科研院所和高新技术企业，上网用户达 40 万人。中国科技网的服务主要包括网络通信、域名注册、信息资源和超级计算等项目。

2. 中国教育和科研计算机网——CERNET

CERNET 是 China Education and Research Network 中国教育和科研计算机网的缩写。它是由政府资助的全国范围的教育与学术网络。该网在 1994 年由国家教委主持，北京大学（PKU）、清华大学（Tsinghua）等十几所重点大学筹建，到 1995 年底完工并投入使用。目前已有 800 多所大学和中学的局域网连入中国教育与科技网。中国教育和科研计算机网的最终目标是要把全国所有的大学、中学和小学通过网络连接起来。

3. 国家公用经济信息网暨金桥网——CHINAGBN

中国金桥信息网——CHINAGBN，简称金桥网，是面向企业的网络基础设施，也是国务院授权的四大互联网络之一，它是中国可商业运营的公用互联网。CHINAGBN 实行天地一网，即天上卫星网和地面光纤网互联互通，互为备用，可覆盖全国各省市和自治区。目前有数百家政府部门、企事业单位和 ISP 接入金桥网，上网拨号用户达几十万。金桥网在北京、上海、广州等 20 多个大城市建立了骨干网节点，并在各城市建设一定规模的区域网，可为用户提供高速、便捷的服务。中国金桥信息网目前有 12 条国际出口信道同国际互联网相连。金桥网还提供多种增值服务如：国际、国内的漫游服务、IP 电话服务等。金桥工程的发展目标是覆盖全国 30 个省 500 多个大城市，连接国内数万个企业，同时对社会提供开放的 Internet 接入服务。

4.中国公用计算机互联网——CHINANET

CHINANET是邮电部门主建及经营管理的中国公用Internet主干网，1994年筹建，1995年4月开通，并向社会提供服务。到1998年，CHINANET已经发展成一个采用先进网络技术，覆盖国内所有省份和几百个城市、拥有数百万用户的大规模商业网络。CHINANET主要以电话拨号为主，为省、市及大部分县一级地域铺设了电话拨号用户接入设备。目前，大部分用户可以使用本地电话接入CHINANET。

随着入网用户的迅速增加，CHINANET骨干网节点和省网内部通信线路的带宽也在快速增加，目前骨干网节点已普遍采用2 Mbit/s的DDN专线，并且已有一部分通信线路提升到34 Mbit/s，到国际Internet的出口信息带宽已迅速增加到1 953 Mbit/s。从而有效地改善了国内用户使用CHINANET访问国外的Internet和国外用户访问中国的Internet的业务质量。

CHINANET建立了灵活的访问方式和遍布全国各城市的访问站点，用户可以方便地访问国际Internet，享用Internet上的丰富资源和各种服务，也可以利用CHINANET平台和网上的用户群组建其他系统的应用网络。

我国四大主干网发展速度惊人，据2002年1月统计，我国接入国际Internet的出口带宽总量已达7 597.5 Mbit/s，连接的国家有美国、加拿大、澳大利亚、英国、德国、法国、日本、韩国等。我国上网计算机数约1 254万台，上网用户人数约3 370万人。信息网络的飞速发展，极大地推动了我国教育科研以及国民经济建设的发展，在促进社会进步、提高全民族整体素质、缩小与发达国家差距等方面都将起到不可估量的作用。

三、Internet中一些常见术语及基本内容

在上网的过程中，我们常常会遇到一些专用名词，为了让大家更快地了解网络知识，我们把一些常用的网络术语及基本内容简介如下：

1. 网上冲浪

网上冲浪是一个通俗用语、一个形象的比喻，即如果我们把Internet比作大海，我们和我们的电脑就像一叶小舟，在Internet中遨游就如同在大海中冲浪一样。

2. 网页和主页

网页就是上网以后显示在我们面前的窗口。一般的网络站点要发布的信息都很多，需要分很多栏目和层次来展示，我们可以打开一层，再打开下一层，就像翻书一样，翻过一页再翻一页，所以就叫它网页。

主页全称是 WWW 主页。“主页”是指某一个 Web 节点的起始页，它就像一本书的封面或者目录，包含内容栏目和索引信息，而且拥有一个被称为“统一资源定位符”(URL)的唯一地址。通过点击它上面的目录(超级链接)，就可以访问其他网页。

3. 超级链接

不同网页之间的连接。用户如果制作多媒体课件，也常常会用到这个名词。点击超级链接，网络浏览器会根据链接所指的地址加载到要链接的超文本网页。

4. 下载和上传

下载和上传可以将程序或数据从计算机传送到与之相连的设备。下载通常是指将服务器上的资料复制到个人计算机上来，这是一种获取信息最便捷的方式；上传就是把个人计算机上的资料传输到服务器或网络上的其他计算机上。

5. 搜索引擎

在网络上查询信息时，常常会用到各种搜索引擎，搜索引擎是一个用来搜索世界各地 Internet 网络资源的 Web 服务器。它就像一本书的目录一样显示网络上各个网点的网址，可以通过键入关键字进行搜索。搜索引擎是我们在网络信息海洋中快速找到自己所需信息的好帮手。

6. 电子邮件

电子邮件是把包括文字、图像、声音、动画等多媒体信息的信件或文件，以电子数据传输的形式通过网络发送给对方。这是一种最便捷的利用计算机和通信网络传递信息的现代化手段。我们国家最早应用 Internet 的功能就是传送电子邮件。电子邮件相对于传统邮件，内容更丰富，速度更快。要发送电子邮件，收、发件人都要有 E-mail 地址即电子邮箱。

7. 远程登陆 Telnet

这是 Internet 最早提供的服务之一，即在网络协议的支持下，我们的计算机可以成为远程计算机的一个终端，享用远程计算机上开放的所有资源。

8. 电子公告栏 BBS

这是一种交互性强，内容丰富而及时的网络信息服务系统，用户可以通过 Internet 登录，在 BBS 站点发布信息、参与讨论、聊天等，还可以下载软件和其他资料。

9. 网络寻呼机(ICQ)

ICQ 是目前网络上最流行的寻呼软件，中文含义“我找你”。

10. 调制解调器

调制解调器俗称“猫”，是上网必备的设备。它的作用是将计算机的数字信号转换成模拟信号，发送到传送介质上，这叫调制；将接收到的模拟信号转换成数字信号传送给计算机，这叫解调。通过“猫”的调制解调，才能实现计算机与网络的信息交换。

11. 带宽

带宽是指通信线路传输数据信号的速度。带宽越大，传输数据的速度就越快。带宽的单位用 bps(比特/秒)计算，好的电话网络的带宽是 56 Kbit/s，普通的以太网可以达到 10 Mbit/s，有线电视宽带网能提供 100 Mbit/s 的带宽。将来的高速宽带网要达到 100～1 000 Mbit/s 甚至几个 G 的带宽。到那时上网就会非常快，再不用花时间等待了。

12. TCP/IP

TCP/IP 是英文 Transmission Control Protocol/Internet Protocol 传输控制协议和网间协议的缩写。它是 Internet 使用的一组完整的标准网络传输控制协议。

13. WWW

WWW 是英文 World Wide Web 的缩写。它是漫游 Internet 的重要工具，可以用来处理文字、图像、声音等多媒体信息。它是由许多连接到网络上的服务器组成，并通过特定的 WWW 浏览器与服务器交换信息，如微软公司的 IE 浏览器，网景公司的 Navigator 浏览器等。通过 WWW，每一个单位、企业或个人都可以发布自己的信息主页，用以传递信息或向客户提供服务。

14. IP 地址

如同我们家的地址一样，IP 地址就是 Internet 给每一台计算机设定的逻辑地址。这个地址是经 TCP/IP 认可的。一个 IP 地址由网络标识符和主机标识符两部分组成，它表明我们的计算机是属于哪一个网络的哪一台计算机，IP 地址是唯一的。我们家用计算机的 IP 地址一般是网络服务器自动分配的，并且是隐藏的。

15. 域名

域名也是 Internet 分配给每一个广域网(主机)的名字。域名有按地域分配和按机构分配的 2 种：

按地域分配的如：

- cn(China)中国
- hk(Hong Kong)中国香港
- tw(Taiwan)中国台湾
- jp(Japan)日本
- uk(United Kingdom)英国

按机构分配的如：

- com(Commercial)商业机构
- edu(Education)教育部门

• gov(Government)政府机关

• mil(Military)军队

• net(Network)网络系统

域名采用分层结构，从左至右，从小范围到大范围表示主机所属的层次关系。例如：www. sina. com. cn 中，“www”是主机的名字，“sina”是新浪网站的名字，“com”表明是商业机构，“cn”是代表中国；而“www. pku. edu. cn” 中“www”是主机的名字，“pku”是北京大学的名字，“edu”表明是教育部门，“cn”表明是中国。

16. bps

计算机技术中传输信号的单位，即每秒多少比特。常用来衡量设备或线路的传输速度。

17. 超媒体

通过链接方式将一些离散的单元或节点连接在一起来表示信息的一种方法。可表示的信息包括文本、图形、音频、视频、动画、图像或可执行文档等多种媒体。

18. 超文本

用于描述交互式联机导读功能的类型。嵌入在词或短语中的链接(URL)允许用户选定(如用鼠标单击)文本，或立即播放与此有关的信息和多媒体材料。

19. 服务器

在网络上，给其他工作站提供资源的主机数据站点。服务器必须是功能强大的计算机，要求有较高的速度、较大的存储空间以及断电保护功能等，它能够为用户提供数据传输、文件共享、网络打印等服务。

20. 节点

Internet 服务器的地址。

21. 宽带

高容量的通讯线路/通道，通常意味着速度超过 1.544 Mbit/s。

22. HTML

超文本标记语言，是 Internet 网络的标准文件格式，用于定义 Web 页的格式和分配 Web 信息，比如我们在网络上所见到的网页，都包含文本、图片、动画、声音和视频信息，可以访问其他网页的超级链接，这些都是 HTML 允许定义的格式，也就是说，WWW 上的信息是通过 HTML 格式来进行组织编辑的。

23. 实时

在事件发生时对面向事件的数据和事务的快速传输和处理，可以理解为“同步”传输和显示，它与批量保存和重新传输的处理方式截然不同。

24. 聊天

描述实时会议的术语，是终端用户通过网络进行文字或语音交流的统称。

25. 浏览器

用于搜索、查找、查看和管理网络上信息的一种图形交互式界面的应用软件。

26. 数据库

多用户信息的集合。通常支持随机访问的选择性，多重视图或基本数据的多级组合。

27. 通道

网络中两地之间特定容量（速度）的远程通讯路径（管道）。

28. 通讯链路

连接两端用户的硬件及软件系统。

29. 网关

协议转换器。连接互不兼容的网络之间的具有特殊用途的节点。通过转换数据代码和传输协议达到不同网络间的互通。

30. 压缩/解压缩

信号的一种编码/译码方法，允许传输（或存储）比媒体所能支持的数据更多的信息。压缩后的结果文件称为“zip”文件，扩展名通常为“.zip”或“.rar”。

31. 信息高速公路

美国政府为调整通讯服务而提出的一项行政计划，允许将 Internet、CATV、电话、商务、娱乐、信息提供商、教育等各方面综合在一起。

第二节　怎样上网

一、上网的必备条件

计算机接入 Internet 网有几种方法：通过专线（如局域网）、通过电话线以及通过有线电视电缆宽带上网，将来随着硬件技术的发展还可以通过电力线上网。

通过专线上网需要装有网络适配器（即网卡）；通过电话线需要有连通的电话线路，并且需要装有调制解调器（Modem）；通过有线电视电缆上网需要装有电缆调制解调器，并得到服务商的帮助。

上网的计算机对硬件配置也有要求。随着硬件技术的飞速发展，现在一般的计算机都能达到上网配置的最低要求，所以这里不再赘述。当然，硬件的配置越高，上网的速度就越快、越方便。比如微处理器越好，上网速度越快；内存越大，上网时能够同时完成的任务就越多，而且速度也会越快；硬盘空间越大，就越能更多地保存网上资源；显示器和显卡的性能越好，显示的效果也就越好等。

本节主要针对单机用户通过电话线拨号上网进行介绍。

二、安装设置调制解调器

单机用户通过电话线拨号上网首先需要安装调制解调器。调制解调器有外置式与内置式2种，安装外置式调制解调器步骤如下：

(1)先把调制解调器的端口与计算机“COM1”或“COM2”端口连接，然后将电话线连接到调制解调器的线路输入插口(LINE)，再将调制解调器的电话线插口(PHONE)与电话连接。检查无误后，打开调制解调器电源。

(2)启动计算机，系统便报出发现新硬件，按照提示即可顺序安装好设备了。

三、设置连接网络

调制解调器硬件及其驱动程序安装完毕以后，需要对其参数进行设置，以便使调制解调器更好地工作。操作步骤如下：

双击“控制面板”窗口中的“网络和共享中心”图标，打开“网络和共享中心”对话框，点击“设置新的连接和网络”图标，出现“设置连接和网络”对话框，选择“连接到 Internet”选项中的“宽带连接—使用用户名和密码的连接”，按提示输入“用户名”和“密码”即可建立连接。

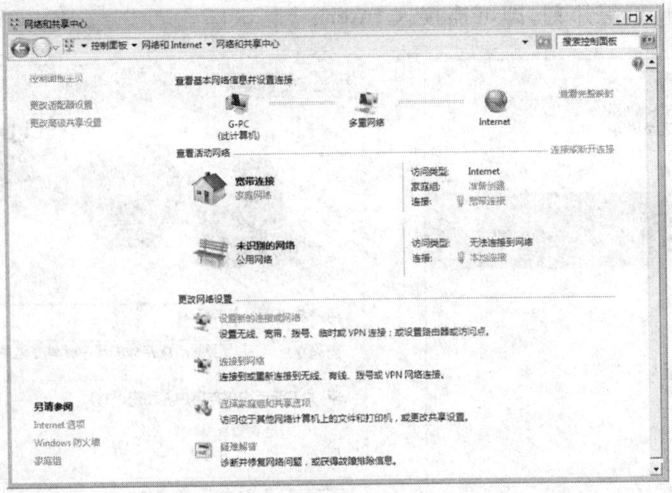

图7-1 网络和共享中心

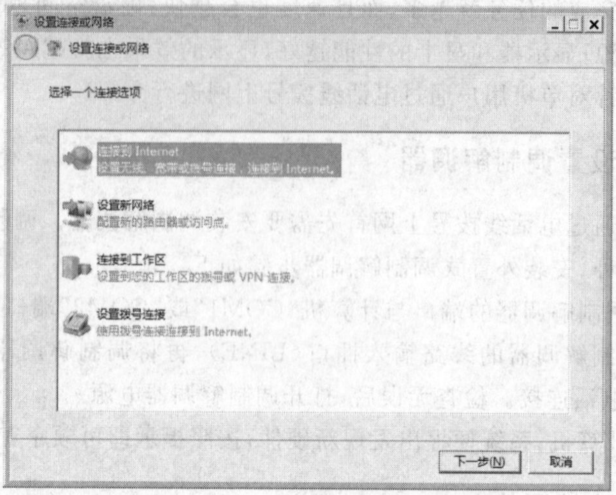

图 7-2 “设置连接和网络”对话框

四、连接 Internet

开机后第一次上网，还需要建立连接。只要按照系统提示的步骤，一步一步操作就可以很容易地建立连接了。

单击“状态栏”右侧的图标，出现如图 7-3 所示的选项，从中选择“宽带连接”项下方的“连接”按钮，出现如图 7-4 所示的对话框，输入用户名和密码后单击“连接”按钮，稍等片刻，即可连接入 Internet 了。

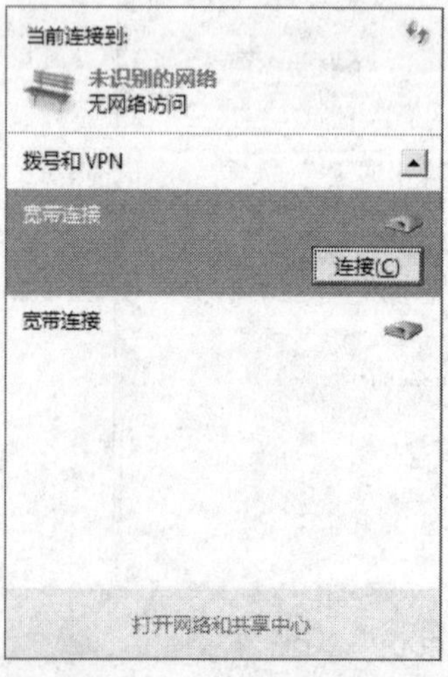

图 7-3 网络连接选项

图 7-4 “连接宽带连接”对话框

图 7-5　网络连接过程

第三节　IE 浏览器的使用

IE 浏览器是 Internet Explorer 的简称，是专门用于查看 Web 页的软件工具。

IE 浏览器是微软公司捆绑在 Windows 上的一套组合软件之一。这一套组合软件除了 Internet Explorer 8.0 浏览器以外，还有用于收发电子邮件和阅读新闻组的 Outlook Express；用于网络会议或网络电话的 Microsoft NetMeeting。本节我们主要介绍怎样用 IE 浏览器浏览网页的有关知识。

一、打开网页

拨号上网以后，双击桌面上 IE 浏览器图标，就可以打开网页，如图 7-6 所示新浪网页。

网页是一个 Web 的图形化用户界面。在界面上可以浏览 Internet 上的任何文档，这些文档与它们之间的链接一起构成了一个庞大的信息网，网上具有全世界差不多所有国家和地区的各类信息。

我们可以从一个网页跳转到另外一个网页，只要在地址栏中键入一个网址，按回车键就可以跳转到另外的网页。比如我们希望上“搜狐”网站，可以在地址栏中直接输入“http://www.sohu.com”并按回车键，就会打开“搜狐”网站的主页。

当我们输入一个网址时，地址栏中会出现相似的网址列表供选择，如图 7-6 所示。如果我们输入的网址有误，IE 浏览器会自动搜索类似的网址并找出匹配的

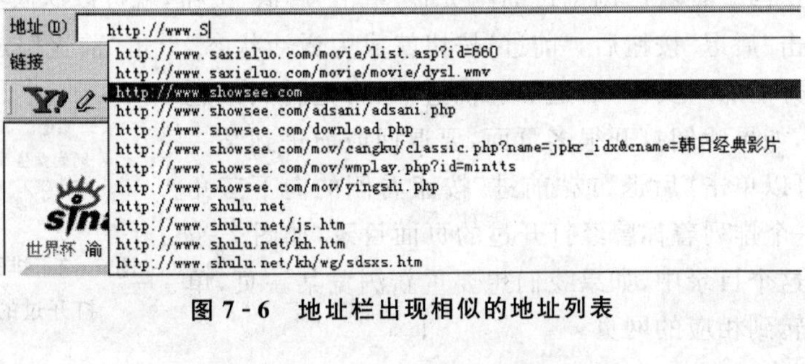

图 7-6　地址栏出现相似的地址列表

网址。

二、什么是主页

“主页”是网站设置的起始页，也是打开浏览器时开始浏览的那一页。

网站的主页一般都是栏目名称、内嵌了 Web 地址链接的目录等，当鼠标指向这些目录时，鼠标指针就变成了一个小手的形状，这时单击鼠标，就打开了所指名称或目录的页面，比如我们要浏览“新闻”，鼠标指向“新闻”，当指针变成小手形时单击鼠标就跳转到新闻页面。

主页也可以理解为某一个 Web 节点的起始页。它就像一本书的封面或者目录。当我们访问某个网站时，首先打开主页。通过主页提供的链接，我们可以方便快捷地访问该网站的其他页面。如果我们想要从一个页面跳转到另一个页面而又不知道怎么走时，可以回到主页寻找路径。就好比我们把上网浏览叫做网上冲浪，那么，主页就是每次冲浪的起点，当在网上迷失方向时，单击“主页”按钮，先回到网站的起始页面，再寻找路径继续浏览。

主页上的栏目和文档目录都是用超级链接内嵌的 Web 地址（又称为 URL——统一资源定位器）的文字和图形连接起来的。通过单击超级链接，就可以跳转到指定的页面。在 Web 节点上，超级链接的文字带下划线或与其他文字颜色不同，很容易辨认出来，只要将鼠标指向超级链接，光标就会变成一个小手形。

三、学会使用工具栏上的按钮

在 IE 浏览器的工具栏上有许多非常有用的按钮：

(1)“主页”按钮。无论在任何页面，单击该按钮，就会回到我们设置的主页。

(2)“后退”、“前进”按钮。在刚打开浏览器的时候，“后退”和“前进”按钮都是灰色的不可操作状态，当单击某个超级链接打开一个新的网页时，“后退”按钮就变成黑色的可操作状态。当我们浏览的网页逐渐增多，有时候会发现走错路了或者又想退回去查看已浏览过的网页时，单击“后退”按钮，就可以返回到浏览过的网页。单击“后退”按钮后，“前进”按钮就成为激活状态，单击“前进”按钮，就前进到刚才打开的那一页。“后退”或“前进”通常是转到最近的那一页，如果我们打开很多页面，要退回或前进到某一页面时，可以单击“后退”或“前进”按钮右侧的向下三角▼，打开一个排列着你曾经打开过的页面目录，如图 7-7 所示。在这个目录中，如果我们想要重新浏览某一页，单击它即可转到相应的网页。

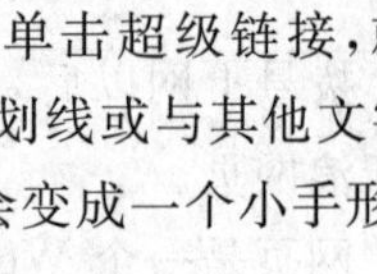

图 7-7 排列着曾经打开过的页面

(3)“刷新”按钮。当我们长时间浏览网页时，可能这一网页已经更新，特别是一些提供实时信息的网页，比如像股市行情、一些新闻性很强的图片等，这时，为了得到最新的网页信息，可以单击“刷新”按钮来实现网页的更新。另外，当网络比较拥堵时，网页上的有些图片不能显示或不能完全显示，这时单击“刷新”按钮，可以重新显示这些图片。

(4)“停止”按钮×。有时由于网络比较拥堵或其他原因，网上的传输速度会很慢，当使用IE打开一些数据较大的文件时，会等待很长的时间，或者当我们下载某个文件到一部分时，又改变主意，这时，单击工具栏上的“停止”按钮，就会立即终止浏览器的访问。

四、搜索需要的信息

网络是个信息的海洋，里面蕴藏着全世界差不多所有国家和地区的信息。我们要在这众多而庞杂的信息中找到自己需要的信息，将是一件很困难的事。网络上的搜索引擎，就是专门为了解决上述问题而设计的。搜索引擎专门搜集网上的各种信息，然后分门别类地保存起来，供大家查询，有了搜索引擎，我们就可以方便快捷地在网络信息的海洋中找到自己需要的信息了。

(一)常用的搜索引擎

1. 百度Baidu百度：

百度搜索是全球最大的中文搜索引擎，2000年1月由李彦宏、徐勇两人创立于北京中关村，致力于向人们提供“简单，可依赖”的信息获取方式。

2. 谷歌Google

2009年5月21日，谷歌中国发布谷歌搜索百宝箱，这是一个倡导“搜索以人为本”的搜索平台，用户无需再为选择“恰当的关键字”而烦恼，只要输入一个简单关键词，谷歌就可以根据用户的意图，重新提炼或者组织搜索结果，帮助用户获得更加贴切的信息。首批推出的百宝箱工具包括时光隧道、神奇罗盘、时间限制等7类搜索结果定制工具。

(二)用分类目录查找

网上有很多搜索引擎站点，它们收集了互联网上众多信息和站点，并且分门别类地保存着，就像图书馆中的分类目录一样，我们按照目录一层一层地查找，也可以找到需要的内容。

比如在新浪网最上面的导航栏中单击“搜索”链接，打开搜索栏目页面，我们可以看到许多分类目录，根据我们要找的信息类别，按目录一层一层地进行查找。

(三)用关键词查找

用关键词查找是一种非常有用而又简便的方法,我们只需在搜索引擎中输入要查找的关键词,关键词可以是一个词或几个词,也可以是一个句子,搜索引擎就会自动帮我们搜索到网上所有包含该关键词的站点或网页。

在搜索中使用合适的关键词可以高效、快速地搜索到结果。如果输入的关键词不合适,就会在结果中出现很多重复无用的信息,所以要分析所要查找信息的特点,输入最具有代表性的关键词,这样才能提高搜索的精确度,免得淹没在信息的海洋中。

搜索引擎的使用具有很多技巧,我们用得多了就会越用越精。

五、利用"收藏夹"收集和整理网址

(一)把自己喜欢的网址添加到收藏夹

通过将 Web 页添加到"个人收藏夹"列表方法,可以使浏览器保存一些需要经常访问的网址,以便下次访问时能够快速调出这些网页。

收藏网址的操作步骤如下:

(1)启动 IE 浏览器,找到我们喜欢的网页或网站。

(2)单击"收藏夹" 收藏夹 按钮,在屏幕的左边出现的收藏夹菜单中选择 添加到收藏夹... ▼。

(3)每次需要打开该网页时,无论你当前在何网页,只要单击工具栏上的"收藏"按钮,然后单击收藏夹列表中该页的名称即可。

(二)整理收藏夹

我们不断地往收藏夹添加信息,收藏夹里面的东西会愈来愈多,或者以前收藏的一些网址现在已没必要继续保存,所以需要整理收藏夹。整理收藏夹的操作步骤如下:

(1)单击"收藏夹"菜单中的"整理收藏夹"命令选项,打开"整理收藏夹"对话框。

(2)按照对话框中的提示对收藏夹进行整理。要删除某一选项,单击选中该选项,然后单击"删除"按钮。

(3)我们还可以新建一个文件夹,并将各个地址选项移动到文件夹中。要新建一个文件夹,可以单击"创建文件夹"按钮,这时"整理文件夹"对话框右边出现一个新建文件夹。

(4)要把地址选项移动到文件夹,先单击选中地址选项,然后单击"移动到文件夹”按钮，被选中的地址选项便移动到文件夹中了。

下次需要打开这些地址选项时，只要单击文件夹图标，就会打开文件夹，释放出各地址选项。

六、保存需要的网页

网络上有很多非常有用的信息。当我们在网上找到需要的信息时，可以将它们保存下来，以便日后使用。下面我们介绍几种保存网上信息的方法：

(一)保存当前页

(1)在已打开的网页中，单击“文件”菜单上的“另存为”命令选项，弹出对话框。

(2)在“保存在”下拉列表框中选择准备用于保存网页的盘符。

(3)双击用于保存网页的文件夹。

(4)在“文件名”下拉列表框中，键入网页的名称。

(5)在“保存类型”下拉列表框中，选择文件类型。

(6)我们还可以在不打开一个网页的情况下保存它，前提是在当前浏览的网页中有该网页的超级链接。右击想要保存的网页的超级链接，在弹出的快捷菜单中，单击“目标另存为”选项，出现“另存为”对话框，选择保存网页的路径并输入保存文件的名称，单击“保存”按钮，就可以保存这一未打开的网页。

(二)保存网页中的图片

浏览网页时，会有很多美丽的图片，如果想保存这些图片以备将来参考或与他人共享，操作步骤如下：

(1)选中要保存的图片，右击鼠标，弹出的快捷菜单。

(2)单击“图片另存为”命令选项，弹出“保存图片”对话框。

(3)在“保存图片”对话框中选择保存图片路径、输入文件名、选择好保存文件类型。

(4)单击“保存”按钮，图片保存完毕。

七、将网页中的图像设置成桌面墙纸(或背景)

如果要将网页中的图像设置为桌面背景，操作方法是：

右击网页上的图像，在弹出的快捷菜单中单击“设置为墙纸”(或“设置为背景”)。图像就设置成了桌面背景。

八、用电子邮件发送网页

如果我们的计算机上已经有设置好的电子邮件账户，可以将有用的网页用电子邮件发送给朋友，操作方法是：

选择好要发送的网页，在“文件”菜单上，指向“发送”，然后单击“电子邮件页面”或“电子邮件链接”。

在邮件窗口中填写有关内容，然后将邮件发送出去。

九、设置主页

主页是每次打开IE浏览器时最先显示的页面。需要经常浏览的网页，可将其设为主页，这样每次启动IE浏览器或单击工具栏上的“主页”按钮时就会显示该页。

设置操作步骤如下：

(1)打开要设置成主页的网页。

(2)在“工具”菜单中，单击“Internet 选项”。弹出“Internet 选项”对话框。

(3)单击“常规”标签，在“主页”区域，单击“使用当前页”即可。如果要恢复原来的主页，只要单击“使用默认页”即可。

第四节 电子邮件 E-mail

电子邮件是Internet最重要的服务项目和最早的服务形式之一，它的出现，使人类的交流方式发生了重大的改变。电子邮件不仅可以传送文字信息，而且可以传送图形、图像、声音等信息，它结合电话的实时快捷、邮政信件的方便等优点于一体，以迅速简便、高效节约、功能强大而受到全世界人的青睐。

下面我们就来介绍怎样使用电子邮件。

一、申请免费邮箱

电子邮件的收发需要电子邮箱。所以在使用电子邮件之前，需要申请一个电子邮箱。目前国内的大部分网站仍然提供免费邮箱，我们可以赶快申请一个免费邮箱。在各个网站申请免费邮箱的步骤大体相同。只要按步骤执行，顺序填需要的信息，记住“用户名”和“密码”即完成申请过程。

二、接收和阅读电子邮件

阅读电子邮件，首先要打开邮箱。点击收信，再单击相应的邮件即可阅读了。

在“阅读邮件内容”页面可以点击“上一封”或“下一封”来查看其他邮件。还可以点击其他热链接对当前邮件进行回复、转发、删除和转移等操作。

三、书写电子邮件

单击新浪邮件页面左侧的“写邮件”，进入写邮件页面。

1. 填写收件人地址

在收件人（To）、抄送（Cc）和密送（Bcc）的地址输入框内，分别输入对方的E-mail地址。当有多个地址时用逗号或分号分隔开，如果建有通讯录的话，也可以分别单击每个输入框前的蓝色链接打开“通讯录”窗口，选中收件人的地址，单击“确定”按钮，将所选地址添加到输入框。这种方法比直接输入更简单，而且准确，不容易出错。

需要说明的是，收件人可以看到“抄送（Cc）”中的地址，但看不到“密送（Bcc）”中的地址。如果没有抄送和密送，可以不填这两项。

2. 书写邮件的主题和正文

在“主题”栏中输入所写邮件的主题，该主题将显示在收件人收件夹的“主题”区，发送时如果没输入主题，将显示为“No Subject”。

书写正文。将光标定位在正文区内，然后输入邮件正文的内容。

四、发送电子邮件

发送电子邮件之前，要确认收件人地址、邮件主题和正文都正确无误。然后单击“发送邮件”按钮，系统便将邮件正文及其附件一同发送出去。

如果选择“提示发送成功”选项，发送成功后，系统将显示发送成功信息；如果没有选中该选项，发送成功后返回到收件夹页面。

还可以将本地硬盘、磁盘或光盘中的文件以附件的形式发送给对方。作为附件的文件类型不限，可以是文本、图像、图片或声音等不同内容以及不同格式的文件。每次最多可以发送五个文件。在“附件”右侧的地址框中输入要发送文件的绝对路径和名称，或者单击“浏览”按钮调出“选择文件”对话框。在“选择文件”对话框中通过单击要发送文件所在的盘符、文件夹，找到该文件并选中它，然后单击“打开”按钮，要发送文件的路径和文件名就自动添加到“附件”右侧的地址框中了。单击“发送邮件”，系统便将邮件正文和附件一同发送出去。收件人对收到的附件可直接打开，也可以通过网络下载到本地计算机上。

如果我们使用的是5 MB的免费邮箱，则每封邮件和所有的附件大小有的不能超过2 MB，如果超过2 MB，邮件也许不能保证可以发出。

五、处理邮箱中的邮件

(一)文件夹分类

为了方便管理邮件，系统为用户提供的邮件夹有：收件夹、寄件夹、垃圾桶和草稿夹，用户还可以新建邮件夹。单击任意一类邮件夹名称即可打开该邮件夹。

1. 收件夹

用来存储接收到的邮件，并列出包含的邮件总数、新邮件数及总容量。

2. 寄件夹

用来存储发送的邮件，并列出包含的邮件总数及总容量。在寄件夹中可以重新发送邮件。单击“邮件主题”进入“重新发送邮件”页面，重新发送邮件页面的所有信息都是原先已经写好的并且不允许修改，单击“重新发送”按钮即可重发邮件并返回寄件夹。

3. 垃圾桶

存储其他邮件夹删除的邮件。垃圾桶里的邮件在未清空以前，可以恢复，单击“邮件转移到”链接，可以把想要恢复的邮件夹恢复到其他邮件夹中。如果选中垃圾桶中的某一邮件并单击删除，则为永久性删除；如单击“清空垃圾箱”，则垃圾箱中的所有邮件便全部被永久性删除。

我们也可以建立新的邮件夹，单击页面下方“新建邮件夹”链接，弹出新建邮件夹窗口，输入新邮件夹名称后，按“确定”按钮即可。

(二)邮件管理

1. 重新命名邮件夹

对新建的邮件夹可以重新命名。单击要重新命名的邮件夹前的复选框选中该邮件夹，单击页面下方的“邮件夹更名”链接，弹出修改页面，更改为新的邮件夹名称后，单击“确定”按钮，邮件夹更名完毕。

2. 删除邮件

删除当前邮件，即已打开的邮件，直接单击邮件正文下方的“删除”链接，即可把该邮件删除到垃圾桶。

删除未打开的邮件夹，单击邮件左边的复选框，选中要删除的邮件，单击“删除”链接，邮件便被删除到垃圾桶。

3. 转移邮件

选中要转移的邮件，单击“选择目标信件夹”右侧的小图标打开下拉列表框，单击选择目标信件夹，然后点击“转移邮件到”热链接，即可把邮件转移到选中的目标信件夹中。

4. 删除邮件夹

选中要删除邮件夹左边的复选框，可以同时选中一个或多个邮件夹，单击页面下方的“删除邮件夹”链接即可删除。在删除邮件夹时，需要首先将邮件夹中包含的所有邮件转移或删除，即邮件夹是一个空的邮件夹，否则邮件夹无法被删除。

5. 返回收件夹

在进行完任意一项操作后要返回收件夹，单击左侧菜单中的“收件夹”即可返回“收件夹”页面。

此外，还可以设置邮件过滤功能，将不愿意接受的邮件设置在“拒绝接受的电子邮件地址”栏中，将愿意接受的邮件分类并分别设置到各种邮件夹中。读者可以自己练习设置。

第五节 网上聊天

网上聊天是现代社会人与人实时交流的又一种形式。这种时尚的人际交流形式受到了社会各界的广泛青睐。网上聊天的方式很多，现在大部分网站都添置了聊天服务项目，建立了自己的聊天室，如新浪网的“chat. sina. com”聊天室、网易的“chat. 163. com”聊天室、搜狐的“chat. chinaren. net”聊天室等，我们可以选择适合的网站的聊天室去聊天。除了在 WWW 下直接聊天以外，还有各种聊天软件，本节主要介绍最常用“QQ”聊天软件。

目前比较流行的国产聊天软件是深圳腾讯计算机公司开发和推广的一个网络即时通讯软件 QQ。腾讯公司成立于 1998 年 11 月，是目前中国最大的互联网综合服务提供商之一，也是中国服务用户最多的互联网企业之一。通过即时通信 QQ、腾讯网(QQ. com)、腾讯游戏、QQ 空间、无线门户、搜搜、拍拍、财付通等中国领先的网络平台，腾讯打造了中国最大的网络社区，满足互联网用户沟通、资讯、娱乐和电子商务等方面的需求。截至 2010 年 9 月 30 日，QQ 即时通信的活跃账户数达到 6. 366 亿，最高同时在线账户数达到 1. 187 亿。腾讯的发展深刻地影响和改变了数以亿计网民的沟通方式和生活习惯，并为中国互联网行业开创了更加广阔的应用前景。

QQ 是一个免费软件，可以在腾讯网站下载，也可以在腾讯公司授权的其他网站下载。将文件下载到个人计算机硬盘上，执行安装程序，就可以将 QQ 安装在自己的计算机上。注册后，就可以利用 QQ 聊天了。下面我们介绍 QQ 的下载和安装方法：

一、下载安装 QQ

(1)确认计算机已经联网成功。

(2)打开 IE 浏览器，在地址栏中输入 QQ 的网站地址："http://www.qq.com"稍等一会就会出现 QQ 官方网站，如图 7-8 所示。

图 7-8 腾讯官方网站

(3)单击"QQ 软件"链接，转到腾讯网站下载主页"http://pc.qq.com/"，如图 7-9 所示。

(4)QQ 有多种版本，选择合适的版本，单击"下载"链接，进入服务器页面，如图 7-10 所示。可以直接运行安装，也可保存至本地后再安装。整个安装结束。立刻，就有一个可爱的 QQ 小企鹅图标出现在桌面上。

二、申请 QQ 号码

(1)双击小企鹅图标，打开"QQ 用户登录"对话框，如图 7-11 所示。

(2)由于我们要注册 QQ，所以单击"注册"按钮，打开"申请 QQ 账号"页面，如图 7-12 所示，选择免费账号，单击"立即申请"按钮，按项目逐个填写，单击"确定

图 7 - 9　腾讯软件中心

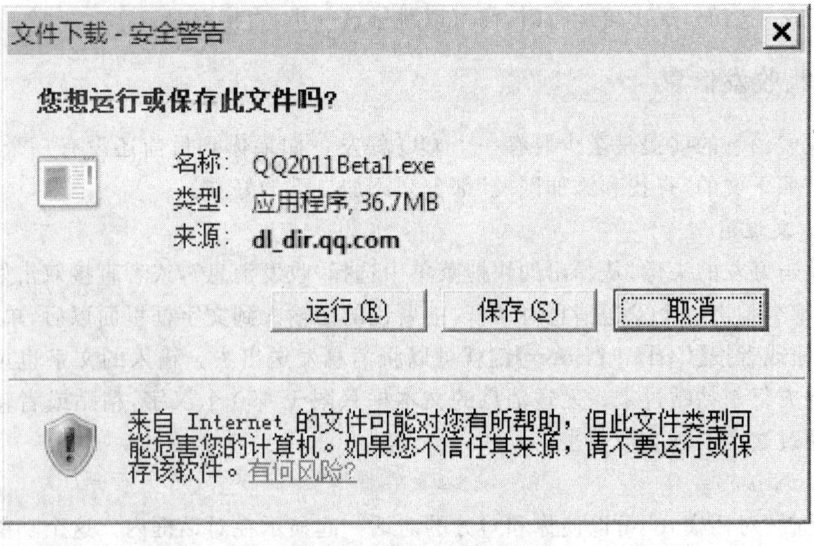

图 7 - 10　文件下载提示框

并同意以下条款”按钮即可完成 QQ 账号申请。系统会提示你牢记密码和密码提示问题及密码回答问题等信息。

图 7-11 “用户登录”对话框

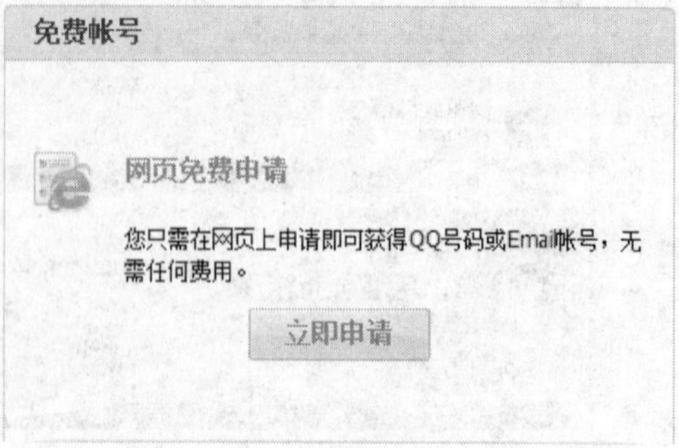

图 7-12 “申请免费 QQ 账号”选项

三、登录 QQ

每次使用 QQ 之前，必须先登录到服务器。登录的方法是：

双击 QQ 的小企鹅图标，打开“用户登录”界面。在“用户号码”框中输入你的 QQ 号码，然后填写密码，单击“登录”按钮，就可以登录到服务器。

如果你觉得每次登录都填写密码太麻烦，可以选中“记住密码”复选框，系统便帮你记忆了密码，下次再运行时，便可以跳过这一步，直接登录。

四、收发信息

收发消息的前提是至少要有一个 QQ 好友。如果你到目前还没有一个好友，可以按照下文的“查找和添加网友”部分来添加自己的好友。

1. 发送消息

单击好友的头像，从弹出的快捷菜单中选择“收发消息”，或者直接双击好友的头像，都会弹出一个发送消息对话框，把要说的话输入到文字框里面以后，单击“发送”按钮或者按【Ctrl】+【Enter】键就可以将消息发送出去。输入的文字也可以从其他地方复制粘贴过来。发送消息的文本框只限于 450 个汉字，粘贴或者输入的文字超过这个限额会被截去。

2. 对话模式

选择“对话模式”可以使你和对方的对话一起显示在对话框内。这个功能有利于观察全部对话过程，避免发错消息、遗忘前面的话或重复发送消息。再次选择“普通模式”就切换回原来的状态。

3. 接收消息

好友发送来消息后，如果你的 QQ 是打开的，可以及时收到，如果当时 QQ 没有打开，那么在以后 QQ 上线时收到消息，收到消息后有声音提示，同时在任务栏中出现闪动的头像，该头像是好友的头像，根据闪动的头像可大致判断是哪个好友的消息。双击该头像即可弹出“查看消息”对话框。

在查看消息的“来自”区域里显示好友的昵称、QQ 号码、E-mail 地址等信息；在消息框中显示其发来的信息，你可以根据情况回复。

五、查找和添加好友

单击 QQ 窗口单上的“查找”按钮 查找，弹出“查找联系人”对话框，如图 7-13所示，可以选择输入 QQ 号“精确查找”，也可以“按条件查找”。

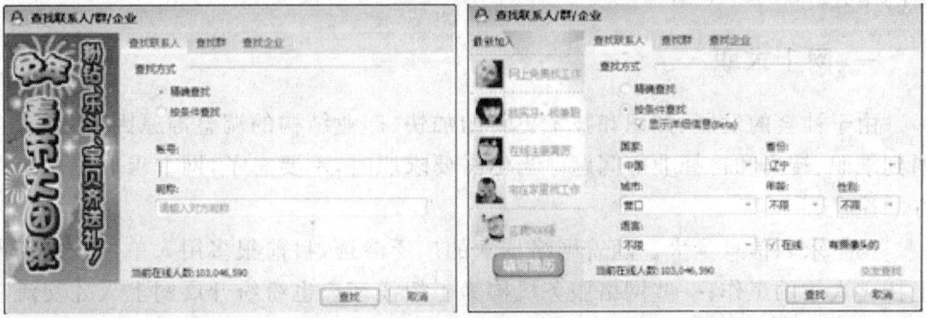

图 7-13　“查找联系人”对话框

六、改变 QQ 当前状态

任何时候，单击 QQ 小企鹅图标，可以弹出 QQ 的状态窗口，如图 7-14 所示。

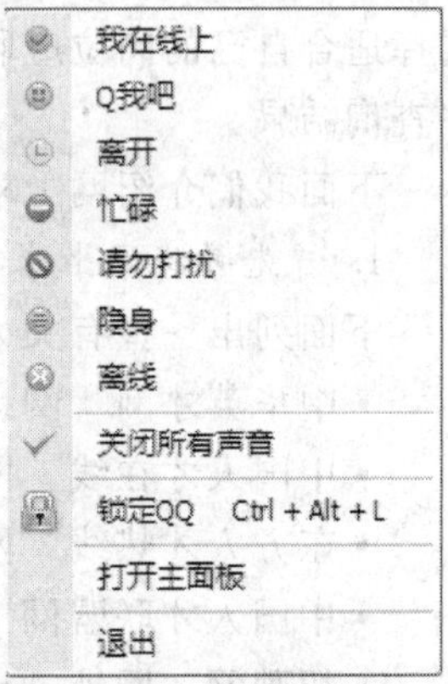

图 7-14　当前状态

4 种常用状态分别为：

(1)上线：表示登录成功，而且你的好友知道你在线。

(2)离开：登录成功，但是你有事需要暂时离开一会儿。鼠标指向“离开”在下级菜单中单击一项已经设置好的理由。这样，你的好友就会知道你在线并由于什么原因暂时离开。

(3)隐身：登录成功，但你的好友并不知道你在线，而你可以看到他人是否在线,并能正常使用 QQ 的所有功能。

(4)离线:登录没有成功,或者你主动断开了 QQ 与服务器的连接。

QQ 除了以上功能外,还有其他多项功能,比如传送文件、传送语音、BP 机短讯、手机短信、语音聊天等功能,这些功能的应用都非常简单,读者根据提示就可以一步一步操作,这里不再赘述。

第六节 网络应用

随着网络技术的飞速发展,网络对我们的影响日渐深入。我们可以通过网络办很多事情,享受网络给我们提供的各种便利,从网络上得到实实在在的好处。比如现在出现的网上求职、网上求知和求学、网上购物等就是网络对我们普通人最实际的用处。

一、网上求职

由于社会的发展、知识和技术更新的加快、产业结构的调整等原因,不少人会遇到求职、转岗和再择业等问题。当你需要求职时,不要忘了,网上求职是一个很好的途径。

网上求职信息量大。随着网络技术的广泛渗透,目前很多用人单位开展了网上招聘人才的工作;一些网络服务机构为了招揽客户也纷纷开展网上人才交流项目;一些相关人事部门也加入到这种时尚的人事管理工作中,这些无疑都是网上求职者的好机会。

网上求职省时省力、反应速度快。网上有大量的招聘广告,你可以足不出户,选择适合自己的岗位应聘,并可以通过电子邮件等形式很快发出自己的求职信件并查询结果。

下面我们介绍网上求职的大体步骤:

1. 首先寻找网上求职站点

下面列出一些有关人才招聘的网站,希望对求职者有所帮助:

- 中华英才网 网址:http://www.chinahr.com
- 中国人才在线 网址:http://www.cjol.com
- 东方人才热线 网址:http://www.ejol.com.cn
- 中国人才联盟网 网址:http://www.jobs.com.cn
- 招聘网 网址:http://www.zhaopin.com
- 高校毕业生求职中心 网址:http://www.cgcc.net

- 广东省人才网络市场　网址：http://www.sooncome.net
- 西部人力资源市场　网址：http://www.wmhr.com.cn
- 中国西部开发人才库　网址：http://www.xbkf.com.cn
- 中国国家人才网　网址：http://www.newjobs.com.cn
- 百大英才百大网　网址：http://www.baidajob.com
- 猎头在线　网址：http://www.lt86.com
- 南方人才网　网址：http://www.job168.com
- 华夏英才网　网址：http://www.hxyc.com
- 中国青年人才网　网址：http://www.54jobs.com

此外，读者可以在网上利用搜索引擎搜索更多的人才交流网站，从中选择适合个人条件的进行浏览和查询。

2. 登录人才招聘网站

确信计算机已经联网，将要登录的网站地址输入到网页地址栏中，或者单击已搜索到的网站名，打开该网页。比如我们要进入中国国家人才网，输入中国国家人才网址，打开该网页，如图 7 - 15 所示。

图 7 - 15　中国国家人才网

中国国家人才网是中华人民共和国人事部全国人才流动中心主办，是信得过的网站。也是一个非常友好的界面，有初学上网者很容易操作的求职步骤。

3. 个人注册

我们看到该网页有“求职顾问”、“招聘助理”、“猎头服务”等与求职相关的栏目，可以大致浏览一下。现在我们要为自己求职，单击“个人求职”，打开“个人求职”页面，在个人会员区域单击“注册”，或者直接单击网页左侧的“求职注册”链接，打开“个人注册”页面，如图 7-16 所示。

图 7-16 求职注册

按照“注册实用步骤”提示的顺序，先阅读协议，如果同意系统的协议条款，单击“接受”，进入“填写用户名、密码”页面。

注册表各项为必填项，填写完毕后，单击“注册”按钮，进入注册成功页面。

按照页面提示，如果需要修改，单击“修改”链接；如果想获得一份成形的简历，注意填写“教育历程”，单击“教育历程”链接。进入“教育历程”页面，填写完教育历程，按照提示操作进入“设置简历信息”页面。

在“简历状态设置”中有“休眠”和“发布”两个选项，系统分别介绍了两种状态的内容，我们要尽快求职，所以应选择“发布”，然后单击“确认”按钮，求职注册成功。

接下来你可以等待用人单位的招聘，也可以主动出击，查看“职位查询”网页。根据你输入的个人条件，“职位查询”系统会列出最近所有在该网站注册的用人单位要招聘的相关职位。可以选择一个合适的，单击它，就会弹出该单位招聘信息的简要情况和联系方式,可以按照系统所提供的联系方式与用人单位直接联系。

各网站的求职方式大同小异,如果你确实需要寻找就业岗位,不妨多查看几个网站,同样的,你可以按照系统提示的方法和步骤进行操作。

一旦得到了招聘信息,要及时联系,因为网上招聘岗位的空缺是非常短暂的,可能每时每刻都有竞争的对手,不要错失良机噢!

二、网上求知与求学

Internet 是一个信息的海洋,也是一个知识的海洋。有条件上网的人可以比其他人获得更多的知识和求知求学的渠道。

网上求知与求学的渠道很多。

1. 远程教育

国内的现代远程教育从开始到现在,虽然只有短短几年时间,但开展现代远程教育的大学已由最初的 4 所发展到几十所,网络大学的在校生已达四五十万人,办学范围从北京、上海等中心城市逐步扩散到包括西藏在内的全国 31 个省、自治区及直辖市。

有条件报考国内大学远程教育的学习者,足不出户就可以接受高等教育。网络教育突破时空限制,运用多种媒体形式,将教学声音、文字、图像、图形和数据等以交互式的方式传送于教与学之间,可以进行实时交互式学习,也可以在任意时间随时学习。无论什么地方,只要连通互联网,就可以获得想要的知识。

下面是几个远程教育网站:

- 清华大学远程教育网 网址:http://210.76.98.119/yuanchen/yuanch.asp
- 中国网络大学 网址:http://www.webc.com.cn
- 北京育才远程教育网 网址:http://www.yucaiedu.com
- 中国中小学远程教育网 网址:http://www.edu12.com
- 华夏远程网 网址:http://distance-education.com.cn
- 中国律师资格考试远程教育网 网址:http://www.lawee.com/home.jsp
- 民办高校远程教育网 网址:http://www.5678.edu.net
- 国家认证考试远程教育网 网址:http://www.celden.com
- 北京知识天地远程教育网 网址:http://www.k-center.com.cn

此外,网上还有计算机、英语等各种培训班招生通知;出国留学招生通知、招生广告等。如果我们真想在网上求学求知,网上还有很多渠道供选择。

2. 网上图书馆

资源共享是互联网最受人欢迎的特点之一。通过互联网,我们可以访问国内甚至世界各地的图书馆。在这些图书馆里，可以去检索目录，然后打开相关的网页，阅读和下载我们需要的图书和资料。

这些图书馆的目录导航中都有栏目链接，只要单击想要查阅的栏目，就可以打开该栏目的网页，有的网页还设有使用提示，根据提示，很容易找到我们想要阅读的文章或资料。如果想要下载资料，只要选中它，单击“复制”，然后单击“粘贴”就可以将哪怕是世界顶级的图书馆的资料为你所用。下面提供几个图书馆网址，读者可以利用“实名搜索”的方法找到更多的图书馆。

• 中国国家图书馆　网址：http://www.nlc.gov.cn
• 中国科学院图书馆　网址：http://www.bibll.las.ac.cen
• 清华大学图书馆　网址：http://www.lib.tsinghua.edu.cn
• 北京大学图书馆　网址：http://www.lib.pku.edu.cn
• 复旦大学图书馆　网址：http://www.libraty.fudan.edu.cn
• 同济大学图书馆　网址：http://www.lib.tongji.edu.cn
• 大英百科全书　网址：http://www.britannica.com

此外，还有公众图书馆和众多的地方图书馆，不再一一详述。

3. 网上书店

目前网上书店提供的服务有：网上购书、图书排行榜、推荐新书、顾客留言等。再继续深入，还可以看到图书的封面、内容提要、作者及出版社等信息。到网上书店购书省时省力。只要你打开一个网上书店，系统就会引导你怎样选书、怎样购书。下面是国内目前做得比较好的网上书店：

• 当当书店　网址：http://www.dangdang.com
• 融通飞华网上书店　网址：http://www.cyberbook.net
• 北京图书大厦　网址：http://www.bookbuilding.com.cn
• 金桥书城　网址：http://www.bookjqinfo.com
• 爱书屋　网址：http://www.jbook.net.cn
• 人民时空　网址：http://www.peoplespace.net.cn
• 翰林书院　网址：http://www.netbook.com.cn
• 北京万圣网上书店　网址：http://www.peopledaily.com.cn/allsages

三、网上购物

随着数字时代的到来，电子商务成为发展经济的巨大催化剂。反映到我们普通消费者面前的就是网上购物。网上购物是网络时代的产物，是商业流通领域一大变革。正确引导和发展，将成为经济增长的又一亮点，成为购销过程的一种发展方向。

网上购物跨越时空限制,可以在你暂时还无法到达的国家或地区远距离购买商品,并且在短时间内坐等送货上门;网上购物省时省力,足不出户就可以在多家网上商店选择商品,货比三家;网上购物节省费用,由于减少了流通环节,商家减轻了租用店面等众多费用,经营成本减少,商品价格降低,消费者省却购物路途费用,实际开支也会减少。

网上购物方法也很简单,先在网络上浏览商品信息,选中商品后发出购物订单,然后选择一种付款方式,便可以等待商家邮寄商品或送货上门了。下面我们以在"淘宝"商城购物为例,简单介绍网上购物的方法:

(1)在浏览器地址栏中输入淘宝网首页网址:http://www.taobao.com,进入"淘宝网"网页,如图 7-17 所示。

图 7-17　"淘宝网"首页

(2)我们看到有很多商城及各种类型的商品。比如我们要看一看"电器城"的计算机、照相机、手机等商品,单击"电器城"链接,打开该网页,如图 7-18 所示。

(3)单击一种商品后,进入"详细"链接,如图 7-19 所示,可查阅卖家信誉、产品质量、商品配置等详细信息,在决定购买该商品前,还需与卖家通过"旺旺"等软

图 7-18　电器城网页

件详谈：价钱、质量、运费等问题，做好决定后才可点击“立刻购买”按钮进行交易。在填写订单时要仔细检查，以免出错。

在网上付款方面，建议采用第三方提供商如“支付宝”等作为交易平台，以免受骗上当。

四、网上娱乐休闲

网上世界真是一个精彩而又奇妙的世界。如果你有时间而又不担忧上网费用问题（比如目前有的网络公司实行的上网费用包月制，即每月缴纳一定的费用，上网不用记数据流量或占用线路时间）的话，你就可以尽情地在网上娱乐休闲了。

网上可供娱乐休闲的项目太多了。我们可以选择自己感兴趣的在线欣赏或下载到自己计算机随时欣赏或调用。下面介绍几种：

1. 网上游戏

几乎所有网站都有自己的游戏项目，如“新浪”的游戏网页，打开新浪主页，单击“游戏”链接就可以转入热闹非凡的游戏页面，如图 7-20 所示。可以在这些网站在线游戏娱乐或把软件下载到本地计算机。

图 7-19　商品详细介绍网页

图 7-20　新浪游戏网页

2. 网上音乐

互联网也可以说是一个宝库，在这里我们可以找到最时尚的流行音乐、经久不衰的古典音乐或传统的民间音乐。比如打开“http://www.sogua.com”这个顶级的搜索网站，如图 7-21 所示，单击“音乐”链接，就可以跳转音乐歌手排行榜页面，在这里，我们尽可以选择我们喜爱的曲目在线欣赏或下载。

图 7-21 sogua 网站

3. 视频电影

此外还有网上影视节目。单击如图 7-21 所示的“影视”链接，就可以跳转到影视网页，目前提供在线播放或免费下载的影视节目的网站也多起来了，可以登录例如：搜狐视频 http://tv.sohu.com，新浪视频 http://video.sina.com.cn，中国网络电视台 http://www.cntv.cn/index.shtml，电影网 http://www.m1905.com 等网站，尽情享受网络电影电视节目带来的乐趣了。

习 题

一、选择题

1. 下列不是国际机构的域名后缀的是________。

A. com　　B. net　　C. int　　D. gov

2. 国家和地区代码为 ca 的国家是________。

A. 英国　　B. 加拿大　　C. 瑞典　　D. 韩国

3. 更改主页在 Internet 选项中的________选项卡中更改。

A. 连接　　B. 历史　　C. 常规　　D. 安全

二、填空题

1. 在域名“www. sohu. com”中“sohu. com”是指________。

2. 在 Internet Explorer 浏览器中，________代表的是每次打开浏览器时所看到的第一个网页，或称起始页。

3. Internet 上有许多应用，其中主要用来浏览网页信息的是________，用来传输文件的是________，用来发送电子邮件的是________。

4. 计算机接入 Internet 时，可以通过公共电话网进行连接。以这种方式连接并在连接时分配到一个临时性 IP 地址的用户，称为________连接方式。

5. 互联网络上的服务都是基于一种协议，WWW 服务基于________协议。

6. 符号“xuhao@mail. lnnzy. ln. cn”表示________，其中“mail. lnnzy. ln. cn”表示________。

7. Internet 的电子邮件系统遵循的协议通常是________和________两个协议。

8. 如果需要将刚撰写好的电子邮件作为邮件文件保存到本计算机中，应该使用________命令实现。

9. 在 Internet 上浏览网页，可采用________软件，收发电子邮件则可用________软件。

三、简答题

1. Internet 的含义是什么？如何在 Internet 上实现信息交流？

2. 常用连接 Internet 方式有哪几种？

3. 域名包括哪几部分？每部分的含义是什么？

4. 用 IE 浏览器将网页添加到收藏夹与将网页保存到计算机有什么区别？

5. 为什么要申请免费信箱，如何申请电子邮箱？

6. 邮箱的密码有什么用，如何修改密码？数字签名可靠吗？

7. 有多封信件需要写、发，如何操作效果最好？

8. QQ 有哪些参数设置？如何进行设置？

9. 网上购物有什么优点？发展网上购物要解决的要点是什么？

四、操作题

1. 将本机主页设置为 www. lnnzy. ln. cn。

2. 用 IE 搜索中国教育部网站，并将其添加到收藏夹。

3. 登录到一个网站，为自己申请一个免费信箱。

4. 将自己喜欢的站点如：http://www. tsinghua. edu. cn、http://www. net-big. com、http://game. yinsha. com 等添加到收藏夹中。

5. 整理收藏夹。在收藏夹中创建一个完善的目录结构，如考研、新闻、娱乐、教育、生活等不同主题的文件夹，并把不同主题站点的快捷方式分别存放到各文件夹中。

6. 利用 IE 的“Internet 选项”改变 IE 的安全级别，禁止使用 IE 下载文件。

7. 改变 IE 的安全设置，使得 IE 无法访问网站“www. qq163. com”，并且无法访问有“暴力”内容的网站。

8. 在网上下载一个最新的 QQ 软件，然后来申请 QQ 号码，并登录到 QQ 上。

9. 通过求职站点进行职位的搜索，填写求职简历，发送求职简历。

10. 试着进行网上购物搜索、网上购物、网上支付。

附录　部分国内外网址

A　WWW 资源

1. 综合网站

人民网：http://www.people.com.cn/

中国网：http://www.china.org.cn

新浪网：http://www.sina.com.cn

香港新浪网：http://www.sina.com.hk

台北新浪网：http://www.sina.com.tw

中文网址：http://www.3721.com

雅虎中国：http://cn.yahoo.com

搜狐：http://www.sohu.com

中浪网：http://joinnow.com.cn

天虎网：http://www.tyfo.com

天极网：http://www.yesky.com

多来米中文网：http://www.myrice.com

易得方舟：http://www.fanso.com

东方网景：http://www.east.cn.net

2. 党政机构

政府上网：http://www.gov.cn/

中国互联网中心：http://www.cnnic.net

辽宁省政府：http://www.ln.gov.cn/

国务院发展研究中心信息网：http://www.drc.gov.cn/

国家人事部：http://www.mop.gov.cn/

中国社会科学院：http://www.cass.net.cn/

上海市干部培训中心：http://www.21peixun.com.cn

北京党建：http://www.bjdj.gov.cn/

3. 科学教育

中国教育和科研网：http://www.edu.cn

中国教育网：http://www.cernet.edu.cn

中国科技网：http://www.cnc.ac.cn

中国教育信息网：http://www.chinaedu.edu.cn

中国教育网络：http://www.chinaeduweb.com

中国高校网：http://china.xianby.com/maindoc/school

清华大学：http://www.tsinghua.edu.cn

北京大学：http://www.pku.edu.cn

网上科普：http://www.kepu.com.cn/

辽宁农业职业技术学院 http://www.lnnzy.ln.cn

4. 文学艺术

中华书库：http://book.ok8.net

白鹿书院：http://www.oklink.net

三味书屋：http://www.ty.sx.cn/wenxue

黄金书屋：http://www.sciencetimes.net

中国图书网：http://www.bookschina.com

人文艺术：http://netbug.easthome.net/htmll/menart.html

美术星空：http://www.msxk.net

5. 新闻媒体

中央电视台：http://www.cctv.com

人民日报：http://www.peopledaily.com.cn

光明日报：http://www.gmw.com.cn

新华社：http://www.xinhua.org

中国日报：http://www.chinadaily.com

中国新闻网：http://www.chinanews.com.cn

凤凰卫视：http://www.phoenixtv.com

炎黄在线：http://www.chinese.com/

神州学人周刊：http://www.chisa.edu.cn

中国计算机报：http://ciw.ccid.cn.net

计算机世界日报：http://168.160.224.39

中国青年报：http://www.chinayouthdaily.com.cn

北京电视台：http://www.btv.org
北京青年报:http://fmfo.bta.net.cn/young/you-main.htm
北京晚报:http://www.ben.com.cn
新民晚报:http://www.xmwb.sh.cn
体坛周报:http://www.netsports.com.cn
大众软件:http://www.capital-online.com.cn
微电脑世界:http://www.computerWorld.com.cn/pcworld
大公报：http://www.takungpao.com
计算机应用文摘：http://www.pcdigest.com

6. 商业经济

中国电子商务：http://www.chinaeb.com
中国经济：http://www.cnjj.com/
新经济网：http://www.nem2000.com/
金融家:http://www.fn99.com
环球金融市场:http://www.g02market.com.cn
WTO信息查询：http://www.wtoinfo.org.cn/
WTO中文网：http://www.chinesewto.net/
金融在线:http://202.194.9.72
证券之星:http://www.stockstar.com
中国货币信息网:http://www.chinamoney.com.cn
北大财富信息网:http://www.sinocfo.com.cn
21世纪销售网络:http://www.salenets.com/index.htm
中国拍卖:http://www.youthexpress.com/cnaa

7. 软件游戏

软件屋:http://www.softhouse.com.cn
联众游戏网：http://www.ourgame.com
华军软件园:http://www.newhua.com
天网之驱动天下:http://202.100.13.41
游戏永远:http://wwwl.gameforever.com
黄金眼:http://www.goldeneye.net.cn
网络软硬大全:http://ftp.maoming.gd.cn/g/godgate
腾讯社区：http://www.tencent.com

8. 生活娱乐

流行 e 网通：http://www. poprice. com

流行百川：http://www. pubcul. com/pop

中国之路娱乐信息网：http://www. chinaroad. net

酷爱娱乐网：http://www. 10verc001. com

娱乐先锋：http://playpop. 188. net

好心情中文网：http://www. goodmood. com. cn

百度贴吧：ttp://tieba. baidu. com/

新浪微博：http://t. sina. com. cn/

中国名人聊天室：http://chat. bta. net. cn

人人网：http://www. renren. com/

9. 体育健身

中国体育网：http://www. sport158. com/

鲨威体坛：http://www. shawei. com/index. htm

今日体坛：http://www. xa. sn. cn/jinrititan/index. htm

体育竞技：http://www. pubcui. com/epublish/gb/paper5

球网：http://www. goal2k. com

足球之页：http://www. soccerpage. com

极限运动：http://www. sport. gov. cn/xgame/index. htm

中国军事网：http://www. chinaarmy. net

B FTP 资源

深圳万用网：ftp. szonline. net

中国工程信息网：ftp. cetsn. nelcn

中国下载：ftp. china. com. cn

网易：www2. nease. net. cn

吉通：ftp. gb. com. cn

sharewareshop：www. shareware - shop. com

filemine：www. ffiemine. com

Filez：www. homepage. com

Slaughterhouse：www. slaughterhouse. com

Softseek：www. softseek. com

北京大学：ftp. pku. edu. cn

曙光:ftp. ncic. ac. cn
北京邮电:ftp. bupt. edu. cn
北方交大:ftp. njtu. edu. cn
西南:ftp. uestc. edu. cn
福州大学:ftp. fzu. edu. cn
哈工大:ftp. hit. edu. cn
北大图书馆:ftp. 1ib. pku. edu. cn
中科院网络中心:ftp. cnc. ac. cn
金桥网络中心:ftp. csg. sjtu. edu. cn
微软清华镜像站:mssite. tsinghua. edu. cn

C BBS 资源

C1 教育类

清华大学 水木清华:smth. org 202. 112. 58. 200
北京大学 一塌糊涂:ytht. dhs. org 162. 105. 21. 117
中科院 曙光站:bbs. ncic. ac. cn 159. 226. 41. 99
南开大学 我爱南开:bbs. nankai. edu. cn 202. 113. 16. 117
复旦大学 日月光:bbs. fudan. sh. cn 202. 120. 224. 9
中国科技大学 瀚海星云:bbs. ustc. edu. cn 202. 38. 64. 3
深圳大学 荔园站:bbs. szu. edu. cn 210. 39. 3. 50
西北大学:bbs. nwu. edu. cn 202. 117. 97. 88
一网情深:bbs. szptt. net. cn 202. 96. 134. 135
网际新空间:bbs. cmspace. com 202. 103. 134. 15
黄金海岸:bbs. st. gnet. gd. cn 202. 96. 144. 222

C2 部分国际站点

1. 科学教育
科学中心:http://www. scicentral. com
历史网络:http://www. thehistorynet. com
海洋学:http://www. whoi. edu
大学网:http://www. collegenet. com
研究生院:http://www. gradschools. com

网络学校:http://www.netschool.com

2. 文学艺术

古希腊文学:http://classics.mit.edu

维多利亚文学:http://www.indiana.edu/letrs/vwwp

拉美文学:http://www.mercado.com/literatura

短篇小说:http://www.bnl.com/shorts

戏剧资源:http://www.theatre-central.com/dir/res

艺术资源:http://www.art.net

法国卢浮宫博物馆:http://www.10uvre.fr

美国国家艺术博物馆:http://www.nmaa.si.edu

洛杉矶国家艺术博物馆:http://www.1acma.org

3. 媒体杂志

纽约时报:http://www.nytimes.com

华盛顿邮报:http://www.washingtonpost.com

芝加哥论坛报:http://www.chicago.tribune.com

泰晤士报:http://www.the-times.co.uk

商业周刊:http://www.businessweek.com

PC 杂志:http://www.pcmag.com

新加坡联合早报: http://www.zaobao.com

4. 商业经济

股票市场数据:http://www.stockmaster.com

美国股票交易:http://www.amex.com

全球贸易中心:http://vyww.tradezone.com

亚洲在线:http://www.asia-inc.com

工业网:http://www.industry.net

货币网页:http://www.moneypage.com

投资信息网:http://networth.quicken.com

商务要闻:http://www.cnnfn.com

网络书店:http://www.amazon.com

5. 电脑技术

微软公司:http://www.microsoft.com

Windows 软件库:http://www.tucows.com

每日优秀软件:http://www.coolt001.com

Windows 游戏软件：http://www.happypuppy.com

Linux：http://www.linux.org

Web 索引：http://www.webreference.com

硬件指南：http://sysdoc.pair.com

计算机安全：http://csrc.ncsl.nist.gov

站长站：http://www.chinaz.com

大宝库：http://www.dabaoku.com

6. 生活娱乐

美国在线：http://www.aol.com

好莱坞：http://www.hollywood.com

通俗音乐：http://www.jg.org/folk

音乐资源：http://www.wco.com/~jrush/music

喜剧中心：http://www.comcentral.com

卡通：http://www.megalink.net/~cooke/toonlink.html

幽默档案：http://www.intermarket.net/laughweb

7. 体育健身

体育资源信息：http://www.sportsnetwork.com

NBA：http://www.nba.com

国际足联：http://www.fifa.com

AC 米兰俱乐部：http://www.acmilan.it

国际米兰俱乐部：http://www.inter.it

尤文图斯俱乐部：http://www.juventus.it

曼联俱乐部：http://www.manutd.uk

巴塞罗那俱乐部：http://www.fcbarcelona.es

网球：http://www.tennis.com

参 考 文 献

1. 李贺江. 计算机应用基础. 北京:中国农业大学出版社. 2007.
2. 麓山文化. 中文版 Windows 7 从入门到精通. 北京:机械工业出版社. 2010.
3. 胡欣杰等. 中文版 Office 2007 宝典. 北京:电子工业出版社. 2007.
4. 梁晓明,张文娟. Office 2007 中文版入门实战与提高. 北京:电子工业出版社. 2008.
5. 龙腾科技. 中文版 Word 2007 循序渐进教程. 北京:希望电子出版社. 2008.
6. 司清亮等. Excel 2007 办公应用高手成长手册. 北京:中国铁道出版社. 2009.
7. 墨思客工作室. PowerPoint 经典应用实例. 北京:化学工业出版社. 2008.
8. 林杭等. Office 2007 办公应用终极技巧金典. 北京:电子工业出版社. 2008.